TRSim 自主仿真软件系列丛书

# TRSim-Pre V1.0 从入门到精通

主 编 蔡希鹏 程建伟

西南交通大学出版社
·成 都·

图书在版编目（CIP）数据

TRSim-Pre V1.0 从入门到精通 / 蔡希鹏，程建伟主编. -- 成都：西南交通大学出版社，2024.11.
(TRSim 自主仿真软件系列丛书 / 蔡希鹏总主编).
ISBN 978-7-5774-0181-2

Ⅰ．TP391.92

中国国家版本馆 CIP 数据核字第 2024FQ6292 号

TRSim 自主仿真软件系列丛书

TRSim-Pre V1.0 Cong Rumen Dao Jingtong

**TRSim-Pre V1.0 从入门到精通**

| | |
|---|---|
| **总主编** / 蔡希鹏 | 策划编辑 / 李芳芳　张少华　余崇波 |
| **主　编** / 蔡希鹏　程建伟 | 责任编辑 / 余崇波 |
| | 责任校对 / 左凌涛 |
| | 封面设计 / 墨创文化 |

西南交通大学出版社出版发行
（四川省成都市金牛区二环路北一段 111 号西南交通大学创新大厦 21 楼　610031）
营销部电话：028-87600564　　028-87600533
网址：http://www.xnjdcbs.com
印刷：成都市新都华兴印务有限公司

成品尺寸　185 mm×260 mm
印张　14.75　　字数　323 千
版次　2024 年 11 月第 1 版　　印次　2024 年 11 月第 1 次

书号　ISBN 978-7-5774-0181-2
定价　59.00 元

课件咨询电话：028-81435775
图书如有印装质量问题　本社负责退换
版权所有　盗版必究　举报电话：028-87600562

# TRSim 自主仿真软件系列丛书
## 编委会

主编单位：南方电网科学研究院有限责任公司
主　　任：蔡希鹏
副 主 任：章　彬　卢　勇
委　　员：赵林杰　喇　元　张　巍　程建伟
　　　　　杨家辉　吴泽华　郭伊宇　张　曦
　　　　　王增超　李炳昊　王　颂　李　昊
　　　　　邓　军　彭庆军　张　群　刘玉峰
　　　　　韩业鹏　赵佳欣

# 《TRSim-Pre V1.0 从入门到精通》
## 编写组

主　　编：蔡希鹏　程建伟
副 主 编：赵林杰　张　巍　吴泽华　郭伊宇
参　　编：张　曦　杨家辉　李炳昊　黎文浩
　　　　　黄克捷　辛璐名　丁　可　张俊杰
　　　　　赵佳欣　王　腾

# 前　言

多物理场计算技术已成为电力装备设计优化和运行评估的重要手段。多物理场计算软件是开展设备电、磁、热、力、流、声分析的必要工具，20世纪以来得到了快速发展并取得了诸多进步。南方电网科学研究院有限责任公司自2013年组建仿真计算团队起，不断积累研发经验与基础代码，逐步打造出一支计算高电压工程学及软件研发技术团队，面向国家重大需求开展研发攻关，联合国内头部CAD、CAE软件研发企业，成功开发出具备全流程、全自主内核的高压电力装备多物理场计算专用软件TRSim V1.0。该软件涵盖授权管理、前处理、电磁、固体传热、结构力学、流体力学、多场耦合、并行计算、数据库等九大功能模块，包含七款TRSim系列软件产品，为多物理场计算软件的国产替代、推广应用和生态构建提供了技术基础。

前处理是多物理场计算的重要环节。TRSim-Pre V1.0是高压电力装备多物理场计算专用前处理软件，具有全自主可控的几何建模内核和网格剖分引擎，适配工程师使用习惯，简洁易用。TRSim-Pre的几何建模模块支持二维草图、三维实体、三维装配建模及几何编辑功能，兼容包括.x_t、.stp、.dwg等在内的25种主流CAD文件格式；具备几何布尔运算、几何检查、几何清理与简化功能，可处理大规模复杂几何模型的微小特征，为复杂电力装备几何结构建模提供了可靠工具。TRSim-Pre的网格剖分模块具备电-磁-热-力-流多物理场仿真要求的高质量网格生成功能，支持网格扫略、局部加密和高低阶单元剖分，可实现自适应网格生成，具备共节点兼容网格、网格单元质量检查和修复等功能。TRSim-Pre基于一体化软件架构，支持一键切换仿真功能，可实现从几何建模、网格剖分到仿真计算的无缝衔接和高效前处理。

随着计算机图形学和软件技术的逐步发展，面向多物理场计算的复杂结构几何建模和网格剖分逐步趋向功能流程化、应用专业化，并形成了诸多高级功能，使软件在使用上具有一定门槛。TRSim系列软件开发之初已对此进行了充分考量，融入了丰富的工程仿真经验，但对于初学者而言，采用TRSim软件处理复杂工程仿真问题仍存在一定的困难。因此，为帮助使用者更快、更好地学习TRSim软件使用方法，组织编写了"TRSim自主仿真软件系列丛书"。

《TRSim-Pre V1.0从入门到精通》是"TRSim自主仿真软件系列丛书"第一册，试图将作者团队在电力装备研发、运行中的仿真实践和研究成果结合起来，帮助初学者深刻理解并掌握 TRSim-Pre 软件。本书内容包括 TRSim-Pre 的界面布局、功能介绍和操作指引，从章节编排和介绍方式上尽可能贴合软件架构和分析逻辑，可作为 TRSim-Pre 应用工程师的入门教程，亦可作为职业学校和高等教育的实践课程教材。

本书第 1 章由李炳昊撰写，介绍了 TRSim-Pre 的应用基础、架构设计和功能模块；第 2 章由丁可撰写，详细阐述了基准面/基准轴的生成方法；第 3、4 章由吴泽华撰写，介绍了 TRSim-Pre 二维建模的功能和操作方法；第 5、6 章由程建伟撰写，介绍了三维建模的功能、操作方法和几何体装配流程；第 7 章由辛璐名撰写，详细介绍了几何模型简化和修复功能；第 8~10 章由郭伊宇撰写，给出了复杂几何体网格剖分的功能和操作方法。全书由程建伟、吴泽华校阅和定稿。

由于编者水平与经验有限，书中难免存在不当或错漏之处，恳请广大读者批评指正。

编 者

2024 年 10 月

# 目录

## 第1章　TRSim-Pre 应用基础 … 001
### 1.1　TRSim-Pre 的基本操作 … 001
#### 1.1.1　首次进入 TRSim-Pre … 001
#### 1.1.2　新建几何文件 … 002
#### 1.1.3　保存文件和打开文件 … 006
#### 1.1.4　输入文件和输出文件 … 007
#### 1.1.5　图形界面中的鼠标功能 … 010
### 1.2　TRSim-Pre 用户界面简介 … 010
#### 1.2.1　工具面板设置 … 011
#### 1.2.2　管理器窗口 … 011
#### 1.2.3　选择及显示设置 … 021
### 1.3　多窗口模型显示 … 026
### 1.4　快捷键 … 027

## 第2章　基准面/基准轴 … 029
### 2.1　基准面 … 029
### 2.2　基准轴 … 034

## 第3章　草　图 … 039
### 3.1　草图几何 … 039
#### 3.1.1　建立及退出草图 … 039
#### 3.1.2　绘　图 … 041
#### 3.1.3　2D 直线 … 043
#### 3.1.4　圆 … 045
#### 3.1.5　圆弧及多段圆弧 … 047
#### 3.1.6　矩形及正多边形 … 049
#### 3.1.7　椭　圆 … 053
#### 3.1.8　点/点在曲线上 … 054
#### 3.1.9　绘制文字 … 056
#### 3.1.10　槽及槽口 … 058
#### 3.1.11　曲　线 … 058

## 3.2 草图标注和约束 · · · · · · · · · · · · · · · · · · · · · · · · · · · · · · · · · · · · · · · · · · · · · · · · · · · · 065
### 3.2.1 草图标注 · · · · · · · · · · · · · · · · · · · · · · · · · · · · · · · · · · · · · · · · · · · · · · · · · · · · · · · 066
### 3.2.2 草图约束 · · · · · · · · · · · · · · · · · · · · · · · · · · · · · · · · · · · · · · · · · · · · · · · · · · · · · · 068
## 3.3 草图编辑和查询 · · · · · · · · · · · · · · · · · · · · · · · · · · · · · · · · · · · · · · · · · · · · · · · · · · · 070
### 3.3.1 草图编辑 · · · · · · · · · · · · · · · · · · · · · · · · · · · · · · · · · · · · · · · · · · · · · · · · · · · · · · 070
### 3.3.2 草图查询 · · · · · · · · · · · · · · · · · · · · · · · · · · · · · · · · · · · · · · · · · · · · · · · · · · · · · · 082
## 3.4 草图其他操作 · · · · · · · · · · · · · · · · · · · · · · · · · · · · · · · · · · · · · · · · · · · · · · · · · · · · · 087

# 第 4 章 曲 面 · · · · · · · · · · · · · · · · · · · · · · · · · · · · · · · · · · · · · · · · · · · · · · · · · · · · · · · · 089
## 4.1 基础面建模 · · · · · · · · · · · · · · · · · · · · · · · · · · · · · · · · · · · · · · · · · · · · · · · · · · · · · · · 089
### 4.1.1 FEM 面 · · · · · · · · · · · · · · · · · · · · · · · · · · · · · · · · · · · · · · · · · · · · · · · · · · · · · · · 089
### 4.1.2 N 边形面 · · · · · · · · · · · · · · · · · · · · · · · · · · · · · · · · · · · · · · · · · · · · · · · · · · · · · · 090
### 4.1.3 圆 顶 · · · · · · · · · · · · · · · · · · · · · · · · · · · · · · · · · · · · · · · · · · · · · · · · · · · · · · · · 091
## 4.2 面编辑 · · · · · · · · · · · · · · · · · · · · · · · · · · · · · · · · · · · · · · · · · · · · · · · · · · · · · · · · · · · 093
### 4.2.1 扩大面 · · · · · · · · · · · · · · · · · · · · · · · · · · · · · · · · · · · · · · · · · · · · · · · · · · · · · · · 093
### 4.2.2 偏 移 · · · · · · · · · · · · · · · · · · · · · · · · · · · · · · · · · · · · · · · · · · · · · · · · · · · · · · · · 094
### 4.2.3 延伸面 · · · · · · · · · · · · · · · · · · · · · · · · · · · · · · · · · · · · · · · · · · · · · · · · · · · · · · · 095
### 4.2.4 分 割 · · · · · · · · · · · · · · · · · · · · · · · · · · · · · · · · · · · · · · · · · · · · · · · · · · · · · · · · 098
### 4.2.5 面操作 · · · · · · · · · · · · · · · · · · · · · · · · · · · · · · · · · · · · · · · · · · · · · · · · · · · · · · · 105
### 4.2.6 炸 开 · · · · · · · · · · · · · · · · · · · · · · · · · · · · · · · · · · · · · · · · · · · · · · · · · · · · · · · · 108
### 4.2.7 2D 自动布尔 · · · · · · · · · · · · · · · · · · · · · · · · · · · · · · · · · · · · · · · · · · · · · · · · · · 108
## 4.3 边编辑 · · · · · · · · · · · · · · · · · · · · · · · · · · · · · · · · · · · · · · · · · · · · · · · · · · · · · · · · · · · 109
### 4.3.1 删除环 · · · · · · · · · · · · · · · · · · · · · · · · · · · · · · · · · · · · · · · · · · · · · · · · · · · · · · · 109
### 4.3.2 替换环 · · · · · · · · · · · · · · · · · · · · · · · · · · · · · · · · · · · · · · · · · · · · · · · · · · · · · · · 110
### 4.3.3 反转环 · · · · · · · · · · · · · · · · · · · · · · · · · · · · · · · · · · · · · · · · · · · · · · · · · · · · · · · 111

# 第 5 章 造 型 · · · · · · · · · · · · · · · · · · · · · · · · · · · · · · · · · · · · · · · · · · · · · · · · · · · · · · · · 113
## 5.1 基础造型 · · · · · · · · · · · · · · · · · · · · · · · · · · · · · · · · · · · · · · · · · · · · · · · · · · · · · · · · · 113
### 5.1.1 快速造型 · · · · · · · · · · · · · · · · · · · · · · · · · · · · · · · · · · · · · · · · · · · · · · · · · · · · · 113
### 5.1.2 拉 伸 · · · · · · · · · · · · · · · · · · · · · · · · · · · · · · · · · · · · · · · · · · · · · · · · · · · · · · · · 116
### 5.1.3 旋 转 · · · · · · · · · · · · · · · · · · · · · · · · · · · · · · · · · · · · · · · · · · · · · · · · · · · · · · · · 117
### 5.1.4 放 样 · · · · · · · · · · · · · · · · · · · · · · · · · · · · · · · · · · · · · · · · · · · · · · · · · · · · · · · · 118
### 5.1.5 扫 掠 · · · · · · · · · · · · · · · · · · · · · · · · · · · · · · · · · · · · · · · · · · · · · · · · · · · · · · · · 131
## 5.2 工程特征 · · · · · · · · · · · · · · · · · · · · · · · · · · · · · · · · · · · · · · · · · · · · · · · · · · · · · · · · · 145
### 5.2.1 圆 角 · · · · · · · · · · · · · · · · · · · · · · · · · · · · · · · · · · · · · · · · · · · · · · · · · · · · · · · · 145
### 5.2.2 倒 角 · · · · · · · · · · · · · · · · · · · · · · · · · · · · · · · · · · · · · · · · · · · · · · · · · · · · · · · · 146
### 5.2.3 孔 · · · · · · · · · · · · · · · · · · · · · · · · · · · · · · · · · · · · · · · · · · · · · · · · · · · · · · · · · · 147

# 第 6 章　几何编辑 · 148

## 6.1　实体编辑 · 148
### 6.1.1　布尔操作 · 148
### 6.1.2　分割和修剪 · 149
### 6.1.3　阵列几何体/镜像几何体 · 151
### 6.1.4　移动/复制/缩放 · 152

## 6.2　简　化 · 153
### 6.2.1　边简化 · 153
### 6.2.2　面简化 · 154
### 6.2.3　几何特征简化 · 155
### 6.2.4　自动简化 · 157

# 第 7 章　几何修复 · 158

## 7.1　修复/分析 · 158
## 7.2　显示开放权 · 159
## 7.3　检查边 · 160
## 7.4　缝合边缝隙 · 161
## 7.5　闭合空隙 · 162
## 7.6　填充缝隙 · 163

# 第 8 章　装　配 · 164

## 8.1　装配体操作 · 164
### 8.1.1　新建装配体文件 · 164
### 8.1.2　零部件基础编辑 · 169

## 8.2　约束方式 · 170
## 8.3　装配体查询 · 175

# 第 9 章　网格剖分 · 179

## 9.1　基础设置 · 179
### 9.1.1　更新网格 · 179
### 9.1.2　网格引用设置 · 179

## 9.2　兼　容 · 179
### 9.2.1　几何压印 · 179
### 9.2.2　兼容对 · 180
### 9.2.3　合并网格节点 · 182

## 9.3　网格剖分 · 182

- 9.3.1 生成自适应网格 ················································ 182
- 9.3.2 1D/2D/3D 网格 ················································ 184
- 9.3.3 重划分 ·························································· 184
- 9.3.4 边界层网格 ···················································· 185
- 9.3.5 3D 扫描 ························································· 186
- 9.3.6 扫掠网格 ························································ 187

9.4 网格视图 ································································ 188
- 9.4.1 显示/隐藏网格和显示全部 ································ 188
- 9.4.2 右键功能 ························································ 188

9.5 检查信息 ································································ 189
- 9.5.1 网格质量 ························································ 189
- 9.5.2 网格错误信息 ·················································· 190
- 9.5.3 单元检查和网格信息 ········································ 191

## 第 10 章 工程案例和综合应用 ··········································· 192

10.1 变压器绕组二维几何建模实例 ···································· 192
- 10.1.1 模型建立 ······················································· 192
- 10.1.2 仿真模型预处理 ·············································· 196
- 10.1.3 网格剖分 ······················································· 198

10.2 变压器绕组二维模型导入及修复实例 ·························· 198
- 10.2.1 模型导入 ······················································· 198
- 10.2.2 模型修复 ······················································· 201
- 10.2.3 仿真模型预处理 ·············································· 204

10.3 复合绝缘子串三维几何建模实例 ································ 206
- 10.3.1 模型建立 ······················································· 206
- 10.3.2 仿真模型预处理 ·············································· 217
- 10.3.3 网格剖分 ······················································· 218

10.4 变压器有载调压分接开关触头三维模型导入及修复实例 ········ 219
- 10.4.1 模型导入 ······················································· 219
- 10.4.2 模型修复 ······················································· 222
- 10.4.3 仿真模型预处理 ·············································· 224

# 第 1 章 TRSim-Pre 应用基础

本章详细介绍 TRSim-Pre 软件的基本操作和主界面功能，主要包括：创建几何、网格文件；打开已有文件和保存文件的操作；用户界面的介绍；如何使用 TRSim-Pre 软件中的菜单栏、工具面板、管理器窗口等；模型的显示设置、过滤选择和外观编辑。

## 1.1 TRSim-Pre 的基本操作

### 1.1.1 首次进入 TRSim-Pre

在安装 TRSim 软件并成功激活许可证（前后处理）后，双击系统桌面上 TRSim 快捷图标，如图 1-1 所示，进入 TRSim。

启动加载结束后自动打开 TRSim 软件图形界面，如图 1-2 所示。

图 1-1　TRSim 快捷方式

图 1-2　TRSim-Pre 图形界面

TRSim 首次启动时，图形界面文字默认设置为英文，如需改为中文界面，操作过程如图 1-3 所示。首先点击软件右上角①处打开设置窗口，在②处通用菜单栏中的语言选项下选择简体中文（③处），点击④处的"OK"按钮。根据图 1-4 弹窗的提示框，点击"Yes"，待重启 TRSim 软件完成后，整体切换为中文界面。本书后续章节均以 TRSim 软件中文界面为基础进行介绍。

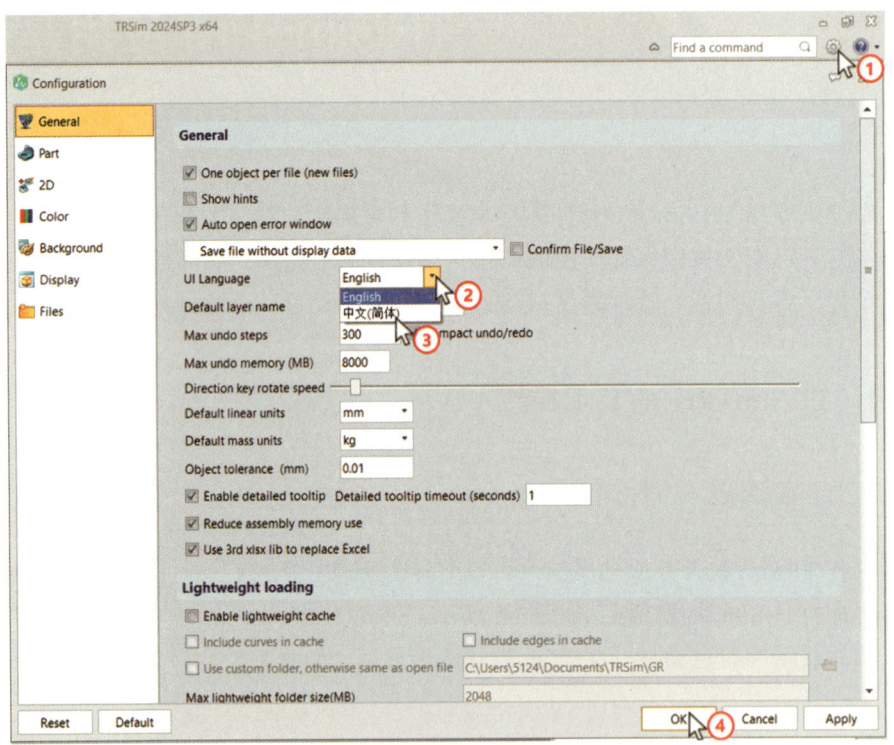

图 1-3　TRSim 软件的设置窗口及中文界面切换步骤

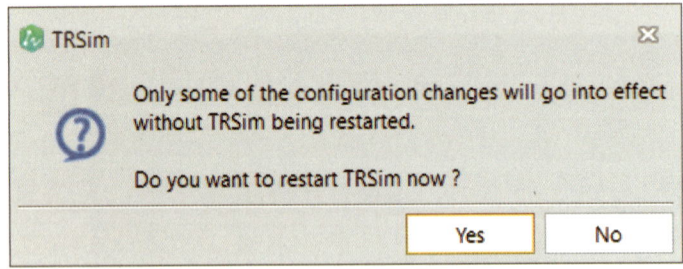

图 1-4　切换中文界面后的软件重启提示框

## 1.1.2　新建几何文件

点击 TRSim 软件启动页面上的"新建"图标，如图 1-5 所示，或按快捷键[Ctrl+N]，弹出"新建文件"图形窗口。

# 第 1 章　TRSim-Pre 应用基础

在新建窗口的"类型"栏中选择"几何","子类"栏中出现"零件""装配体"两个选项,根据功能需要点击相应选项;在"信息"栏中的"唯一名称"下方文本框输入文件名称,最后点击"确定"按钮,完成新几何文件的创建。

创建几何文件后,进入 TRSim-Pre 的软件使用界面。此时,开始进入 TRSim-Pre 软件的几何建模和网格剖分功能中。

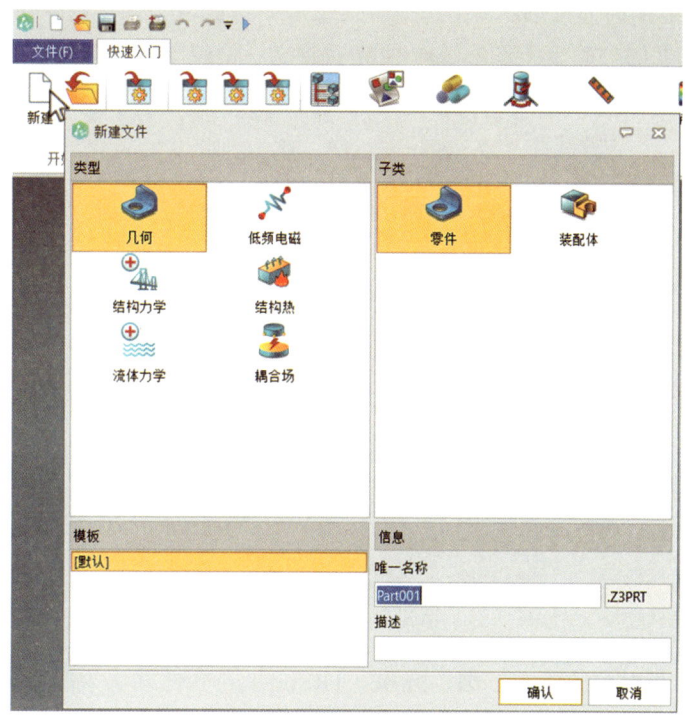

图 1-5　新建几何文件

TRSim-Pre 有两种基本几何文件格式:零件(.Z3PRT)、装配体(.Z3ASM)。零件文件用于建立基本的几何模型,如图 1-6 中①所示;装配体文件用于组装不同的零件并形成部件或整体模型,创建各个零件之间的约束关系,如图 1-6 中②所示。

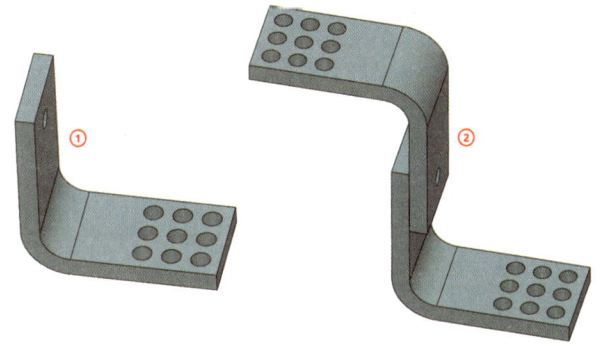

图 1-6　TRSim-Pre 的 2 种基本几何文件

下面以简易螺栓的几何建模对软件进行初步介绍,读者可根据案例初步了解 TRSim-Pre 软件的功能特点。后续本书还将详细介绍 TRSim-Pre 软件的各功能模块。简易螺栓的建模步骤如下:

(1)建立"零件"几何文件后,进入"零件"初始图形界面(具体在"1.2 TRSim-Pre 用户界面"小节中详细描述),如图 1-7 所示。点击图中①处"草图",进入"草图"功能面板;此时参考平面为待选状态,选择②处图形显示窗口中 XY 基准面。最后点击"草图"功能面板③处的"确定"图标 ✓ 便成功建立一个位于 XY 基准面的草图。

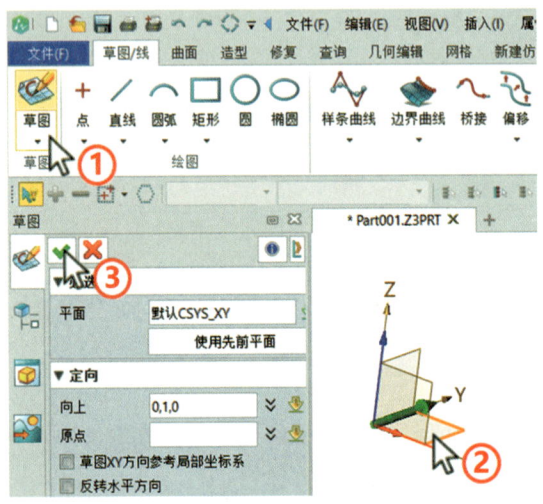

图 1-7　建立草图

(2)单击图 1-8 中①所示"圆"选项。TRSim-Pre 软件默认为圆心半径模式,直接选择图形显示窗口中②处所示的原点作为圆心。点击③处所示"半径"右侧文本框,输入所需半径。单击④处"确认"按钮,完成草图平面的圆形创建。

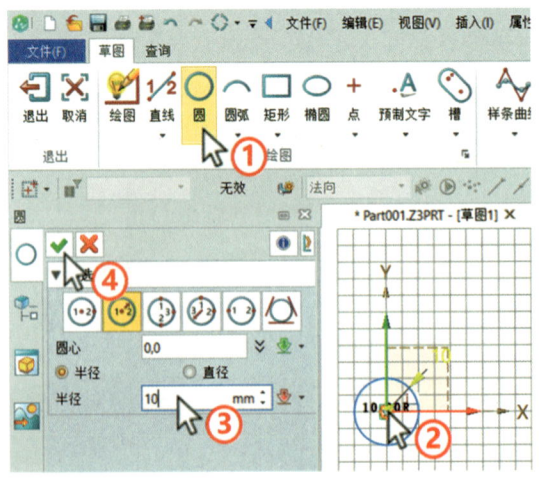

图 1-8　绘制圆

(3)单击"退出",退出草图,如图 1-9 所示。

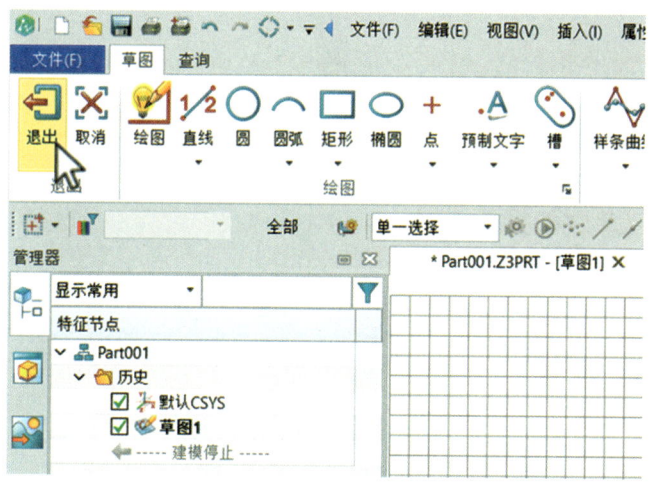

图 1-9　退出草图

(4)如图 1-10 所示,点击①处"造型",进入造型功能面板,选择②处"拉伸"功能。在图形显示窗口中③处选择之前绘制的草图轮廓。在④处"结束点 E"右侧文本框输入所需拉伸距离。最终,点击⑤处的 进行确认,完成螺栓头部的拉伸。

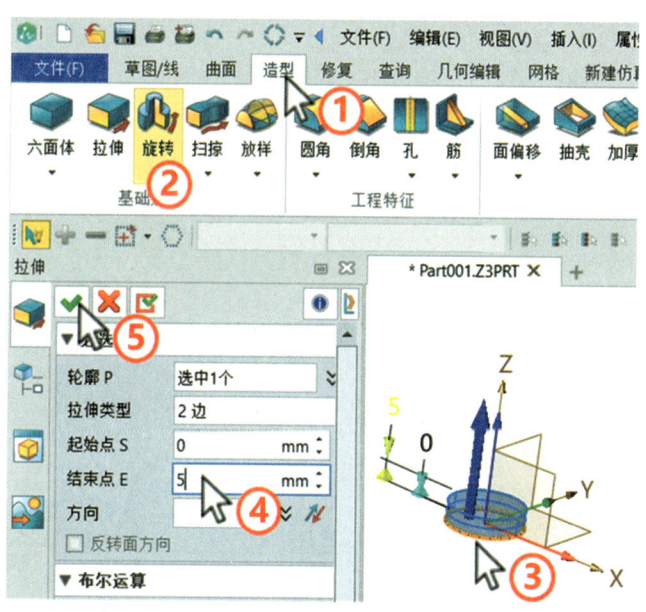

图 1-10　拉伸螺栓头部

(5)以螺丝头部上表面为基准面建立草图,以草图原点画半径为 5 mm 的圆,完成螺杆草图轮廓绘制。重复步骤(4)对该轮廓拉伸 50 mm,完成简易螺栓几何建模,如图 1-11 所示。

图 1-11　简易螺栓几何模型

### 1.1.3　保存文件和打开文件

#### 1.1.3.1　保存文件

新建的几何文件在编辑之后，应进行命名保存。保存的具体步骤为：

（1）单击左上方的"保存"按钮，如图 1-12 中①所示；或者按快捷键[Ctrl+S]。

（2）软件将会弹出"保存为"图形窗口，选择保存该文件的路径，并在"文件名"右侧②处文本框中输入命名文本。

（3）最后点击③处"保存"按钮，完成该文件保存。

需要注意的是，TRSim-Pre 当前版本（V1.0）要求文件路径及文件名必须为全英文。

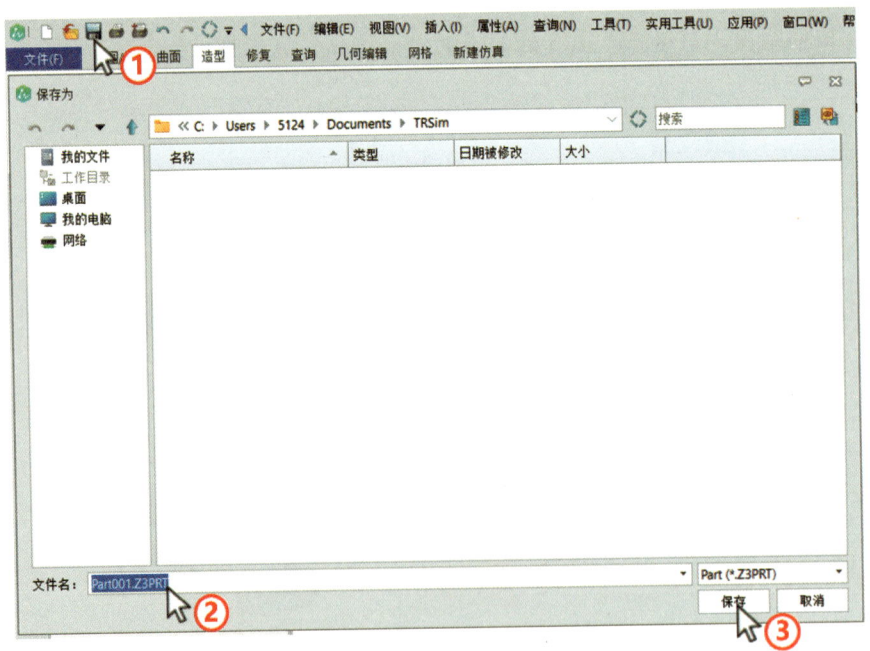

图 1-12　TRSim-Pre 文件保存

#### 1.1.3.2　打开文件

如需使用 TRSim-Pre 打开已有的几何文件并查看和编辑，则点击"打开"按钮，如图 1-13 中①所示；或者按快捷键[Ctrl+O]。

软件将会弹出"打开"图形窗口，这时进入所要打开文件的路径，选择相应的模型文件，双击直接打开或单击后点击②处"打开"按钮，即可确认打开文件。

图 1-13　打开文件

### 1.1.4　输入文件和输出文件

#### 1.1.4.1　输入文件

TRSim-Pre 具有与多种不同几何文件的格式转换协议，因此，可以将不同文件格式的几何模型输入到 TRSim-Pre 中进行查看和更改。具体步骤如下：

（1）单击左上角"文件"按钮，进入文件界面，如图 1-14 中①所示。

（2）点击"输入"按钮，选择"输入..."功能，如图中②③所示。

（3）软件弹出"选择文件输入"图形窗口，如图 1-15 所示。此时进入所要输入文件的路径，选择几何文件，双击直接确认输入文件，或单击后点击"输入"按钮即可确认输入文件。

（4）弹出几何文件输入具体设置窗口，窗口示例如图 1-16 所示。所输入的几何文件格式不同，窗口也会不同，具体设置完成后，点击"确定"，几何文件的输入操作便全部完成。

图 1-17 还中列出了 TRSim-Pre 所支持的输入几何文件格式。

 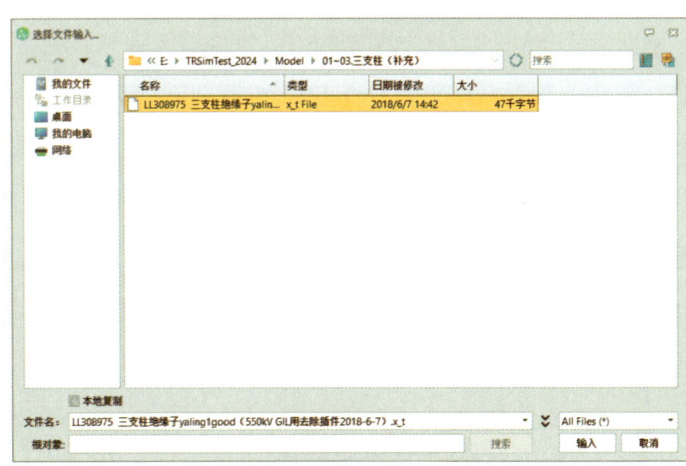

图 1-14　输入几何文件　　　　　　图 1-15　选择文件输入

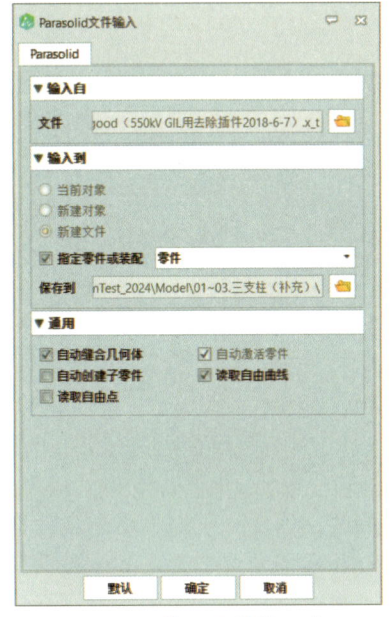 

图 1-16　输入具体设置窗口　　　　图 1-17　支持的输入几何文件格式

### 1.1.4.2　输出文件

TRSim-Pre 有多种几何文件格式转换协议，支持将 TRSim-Pre 几何文件转换为其他几何文件格式。具体步骤如下：

（1）单击左上角"文件"按钮，进入文件界面，如图 1-18 中①所示。

（2）点击"输出"按钮，选择"输出…"功能，如图中②③所示。

（3）软件弹出"选择输出文件"图形窗口，这时进入所要输出文件的文件夹，在"文件名"右侧文本框输入名字，如图 1-19 所示；在"文件名"输入文本框右侧选择想要打开的文件类型，最终点击"输出"即可。

第 1 章　TRSim-Pre 应用基础

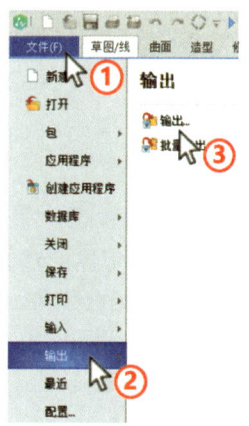

图 1-18　输出几何文件

图 1-19　选择输出文件名称位置

图 1-20 中列出了 TRSim-Pre 所支持的输出几何文件格式。

图 1-20　支持的输出几何文件格式

### 1.1.5 图形界面中的鼠标功能

#### 1.1.5.1 鼠标左键

单击左键时可选择图形显示窗口中的实体。

双击左键可以直接对几何对象进行属性管理，在图形显示窗口中会进行整图缩放。

在图形显示窗口中拖动左键可实现框选实体的功能。在默认选择设置中，从左向右拖动会框选内部实体，从右向左拖动会框选相交实体。

#### 1.1.5.2 鼠标中键

单击中键时可重复上一步操作。每次打开文件时，单击中键会进行基准坐标系创建。

在图形显示窗口中拖动中键可实现平移视图的功能。

在图形显示窗口中滚动中键可实现放大缩小的功能。

#### 1.1.5.3 鼠标右键

单击右键时会出现快捷菜单。

在图形显示窗口中拖动右键可实现视图旋转的功能。

## 1.2 TRSim-Pre 用户界面简介

新建几何文件后，TRSim-Pre 的"零件"初始图形界面如图 1-21 所示。主界面中主要分为菜单栏、工具面板、选择及显示设置、管理器窗口、布局选项、信息输入输出框等。

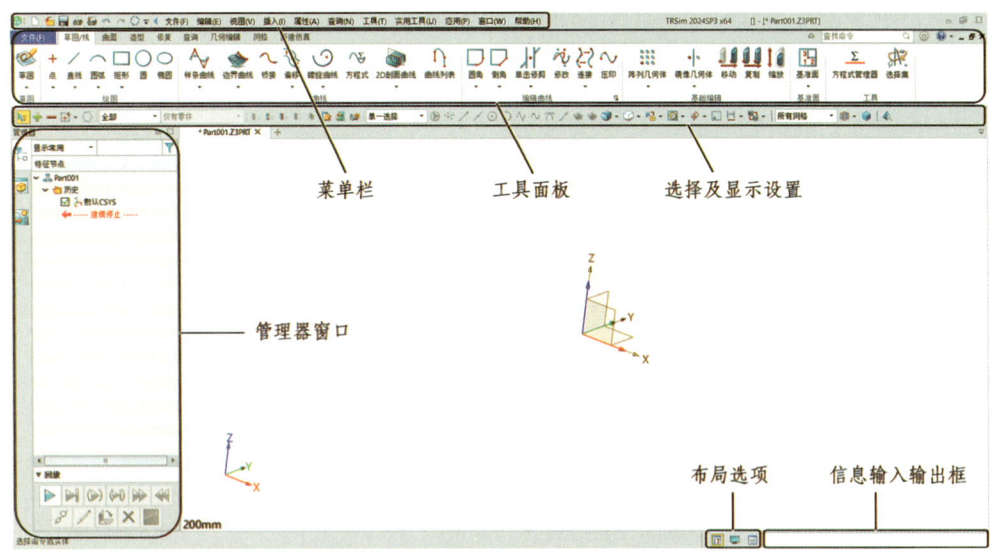

图 1-21　TRSim-Pre 零件基本界面

主界面中还会显示 TRSim-Pre 预设的一个默认直角坐标系示意，包括 XY、XZ、YZ 基准面和位于 3 个基准面交点的原点。

菜单栏主要用于常见的快捷操作和软件的各个功能选项；工具面板集成了多物理场计算前处理的功能，并根据流程步骤进行了分类；选择及显示设置面板用于对提供边界的模型选择和可视化工具；管理器窗口方便对模型的组部件、建模步骤、处理步骤进行可视化展示；布局选项用于控制管理器、文件浏览器和信息输出的显示和隐藏。本章主要介绍通用功能选项，面向多物理场计算前处理应用的功能在后续章节介绍。

### 1.2.1　工具面板设置

由于 TRSim-Pre 提供给用户的几何操作功能丰富，当用户需要经常使用工作面板没有涵盖的操作命令时，可以对工作面板进行个性化调整，以适应用户的日常操作习惯。具体步骤如下：

（1）点击全部菜单栏中的"工具"，如图 1-22 中①所示。
（2）在弹出的详细菜单中点击"自定义..."，如图 1-22 中②所示。
（3）弹出"自定义"图形窗口，点击"转换"按钮，如图 1-23 中①所示。
（4）将左侧"命令列表"中的操作命令拖动到右侧"环境"的"Robbin 栏"中，可以将所需命令添加到工作面板中，如图 1-23 中②所示。
（5）右键单击"Robbin 栏"中的操作命令，再点击"删除"，可以将不需要的命令从工作面板中删除，如图 1-23 中③所示。

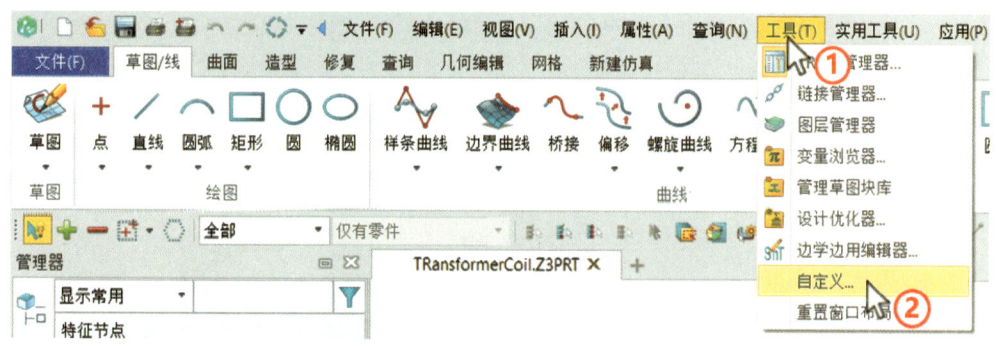

图 1-22　自定义工具面板位置

### 1.2.2　管理器窗口

管理器窗口包含三个模块：历史管理器、视图管理器和视觉管理器，如图 1-24 所示。

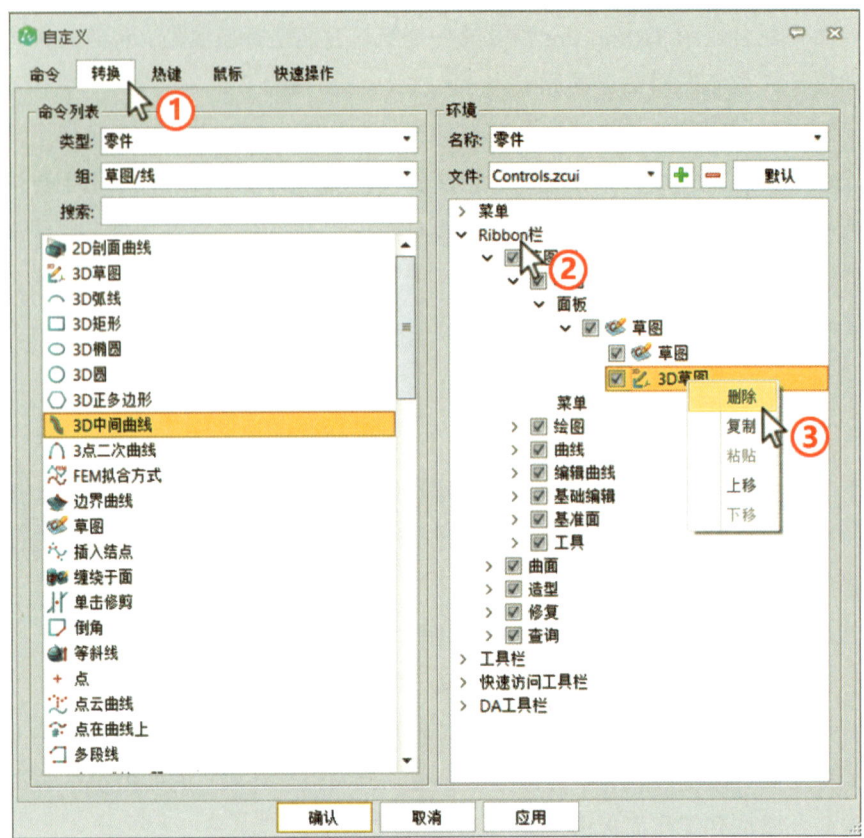

图 1-23 自定义工作面板操作

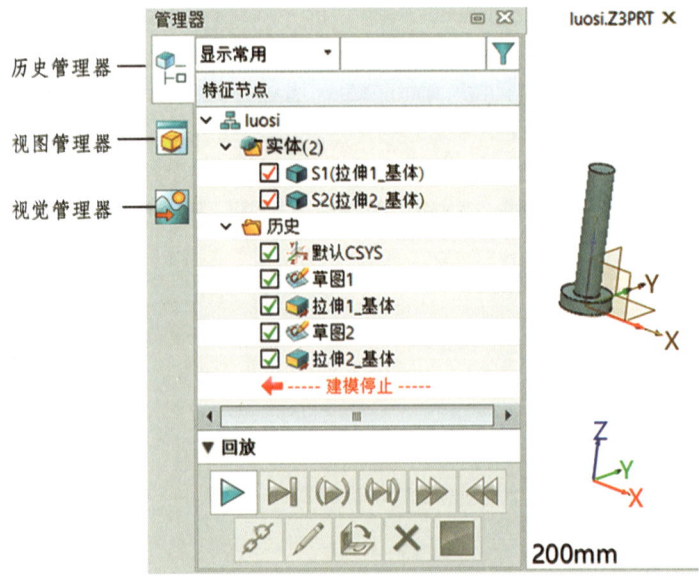

图 1-24 管理器窗口

## 1.2.2.1 历史管理器

历史管理器如图 1-25 所示,主要由筛选、特征节点、回放组成。

**1. 筛　选**

筛选功能位于特征节点上方,点击可以有选择地展示历史中的操作,具体选择可分为显示常用、全部显示、显示草图、显示方程式组、显示曲线列表、显示备份状态、显示 3D 草图,如图 1-25 所示。

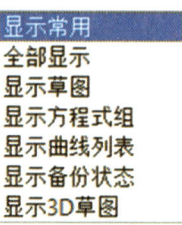

图 1-25　历史管理器筛选

**2. 特征节点**

特征节点包括根节点、几何和历史。

(1)根节点:右键菜单包含属性、材料、重命名文件、参数设置、查询、输出、自定义菜单,如图 1-26 所示。"属性"中可以查看几何文件属性,含有创建信息、规模信息、物理信息、预览信息。"材料"中可设置零件密度属性(详细设置需在物理场仿真模块中进行)。"参数设置"中可修改零件公差、物理单位。

图 1-26　几何管理根节点右键菜单

(2)几何:右键菜单具有删除、显示、隐藏操作,几何内部右键菜单主要包含几何特征操作及显示操作。

(3)历史:按操作顺序罗列自建立文件以来的几何操作步骤。"历史"的主要功能是调整几何操作步骤顺序、增减几何操作步骤。下方的建模停止可以被拖动,以进行不同几何操作阶段的几何展示。

013

## 3. 回　放

回放中功能按钮如图 1-27 所示，从左到右、从上到下依次是：回放下一操作、回放操作、抑制/释放抑制下一操作、回放和自动抑制失败操作、下一个已保存的零件状态、上一个已保存的零件状态、解除/强制下一步操作、编辑下一个操作、重新定位草图/组件/坐标平面、删除下一步操作、结束回放。回放要是与建模停止配合使用，可方便地对几何操作步骤进行调整。

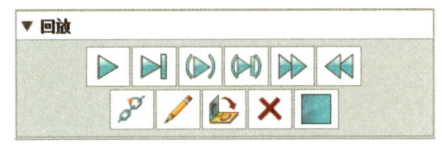

图 1-27　回放

### 1.2.2.2　视图管理器

视图管理器窗口界面如图 1-28 所示，分为标准视图、默认仅显示视图、自定义视图、剖面视图、PMI（快速标注）功能。

图 1-28　视图管理器

## 1. 标准视图

标准视图中具有辅助视图、轴测图、俯视图、左视图、前视图、右视图、后视图、仰视图这些常用视图。选择某一视图后右键菜单中包含激活、方向、基于该视图新建视图、查询、指定 PMI 基准面，如图 1-29 所示。视图共包含三个方面：模型方向、模型大小和模型可见性（若视图未设置模型可见性，则保持当前模型可见性；标准视图均未设置模型可见性）。

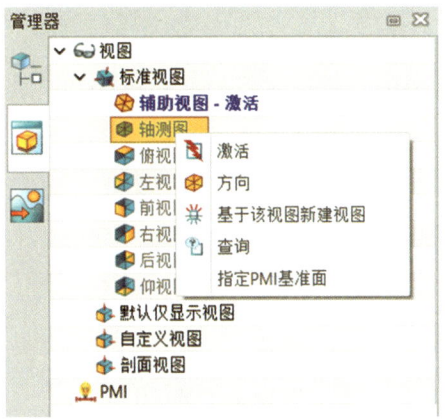

图 1-29　标准视图内右键菜单

（1）"激活"：以选择视图的模型方向、模型大小与模型可见性展示模型。
（2）"方向"：仅以选择视图的模型方向展示模型，模型大小与模型可见性不变。
（3）"基于该视图新建模型"：以选择视图建立自定义视图，方便后期进行个性化操作。
（4）"查询"：会弹出窗口展示视图详细数据信息，如图 1-30 所示。
（5）"指定 PMI 基准面"：会将选择视图的图形显示窗口正对面设置为 PMI 基准面。

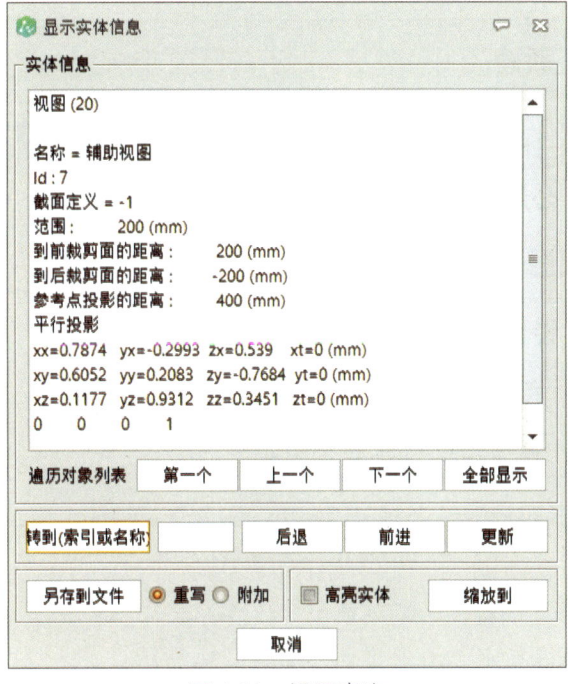

图 1-30　视图查询

### 2. 默认仅显示视图

其右键菜单包含激活、基于该视图新建视图，如图 1-31 所示。激活步骤与上述一致。

图 1-31　默认仅显示视图右键菜单

### 3. 自定义视图

其右键菜单包含新建、删除所有视图，如图 1-32 所示。

图 1-32　自定义视图右键菜单

"新建"会选择图形显示窗口中目前视图作为基础，选择是否保存当前层的可见性、是否保存当前对象显示状态，来建立自定义视图，如图 1-33 所示。若保存当前层的可见性，则目前几何层可见性设置会继承到自定义视图中。若保存当前对象显示状态，则目前几何对象可见性设置会继承到自定义视图中。"删除所有视图"会将所有自定义视图删除。

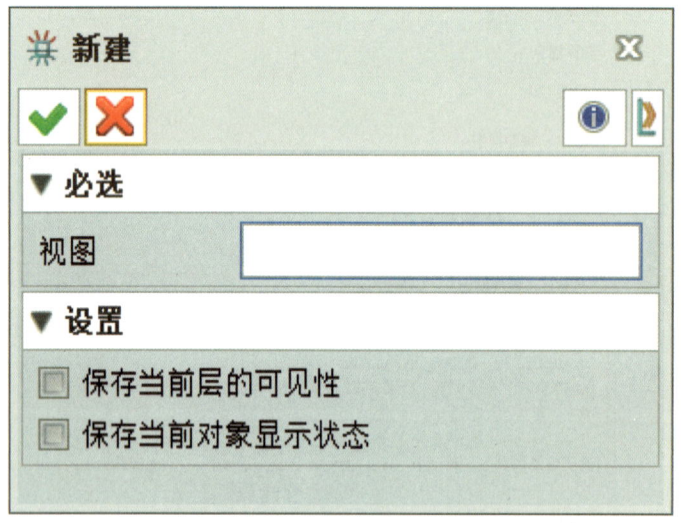

图 1-33　新建自定义视图

自定义视图内新建的视图右键菜单包含激活、方向、重命名、删除、查询、记录、基于该视图新建视图和指定 PMI 基准面，如图 1-34 所示。

图 1-34　自定义视图内右键视图

4. 剖面视图

TRSim-Pre 软件支持剖面。这意味着用户可以在某个零件上进行操作，也可以激活先前定义的切割平面。定义剖面后，零件本身不会改变，只有零件的显示会受到影响。使用剖面视图方便对线框显示模式或消隐显示模式中不容易见到的零件的各个区域进行操作。

剖面视图右键菜单包括新剖面、删除所有剖面视图，如图 1-35 所示。

图 1-35　剖面视图右键菜单

点击"新剖面"后进入剖面视图窗口，如图 1-36 所示。新建剖面有多个种类：通过平面显示界面（单剖面）、通过切割面显示界面（双剖面）、通过三个平面界面（三剖面）、通过线框平面显示截面（六剖面）、通过轮廓显示截面（多剖面）。剖面位置通过对齐平面、轮廓与偏移确定。剖面显示控制、剖面曲线设置用以改变剖面视图下几何及剖面的显示效果。在剖面上可插入基准面、曲线列表。组件设置中可以选择排除或包含选定组件（组件及装配体中零件）。

点击"删除所有剖面视图"，新建的剖面视图会被删除。

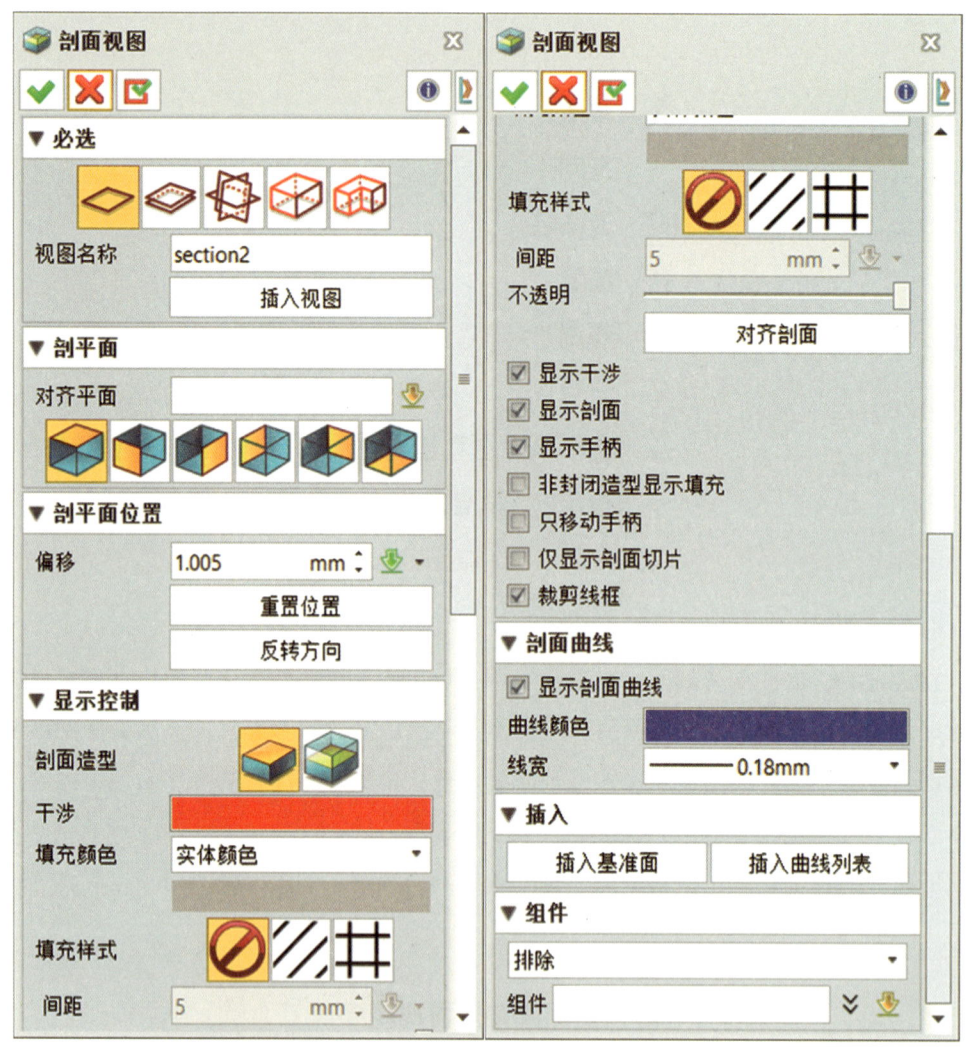

图 1-36 新建剖面

#### 1.2.2.3 视觉管理器

视觉管理器位于下部,如图 1-37 所示,分为光源、阴影、基准面、表达式、边、背面色、三重轴、回应、属性标签显示、贴图纹理显示、材料显示、性能选项。下面对上述功能进行详细讲述。

1. 光　源

"光源"下拉菜单包含显示标记、像素照明、光源。

右键下拉菜单中光源,包括添加光源、删除所有光源,如图 1-38 所示。"添加光源"可以增添环境光源、方向光源、点光源、聚光源、眼光源、屏幕方向光源,下方可设置光源位置、颜色、亮度、高光、投影,如图 1-39 所示。

2. 阴　影

阴影中包含显示阴影、偏移。"显示阴影"可调整阴影可见性。"偏移"可调整阴影距几何最底部（默认-Z 为下方）的相对位置。

3. 基准面

基准面中包含局部显示、全局显示、显示隐藏、外部显示、自动缩放、彩色显示、名称显示。

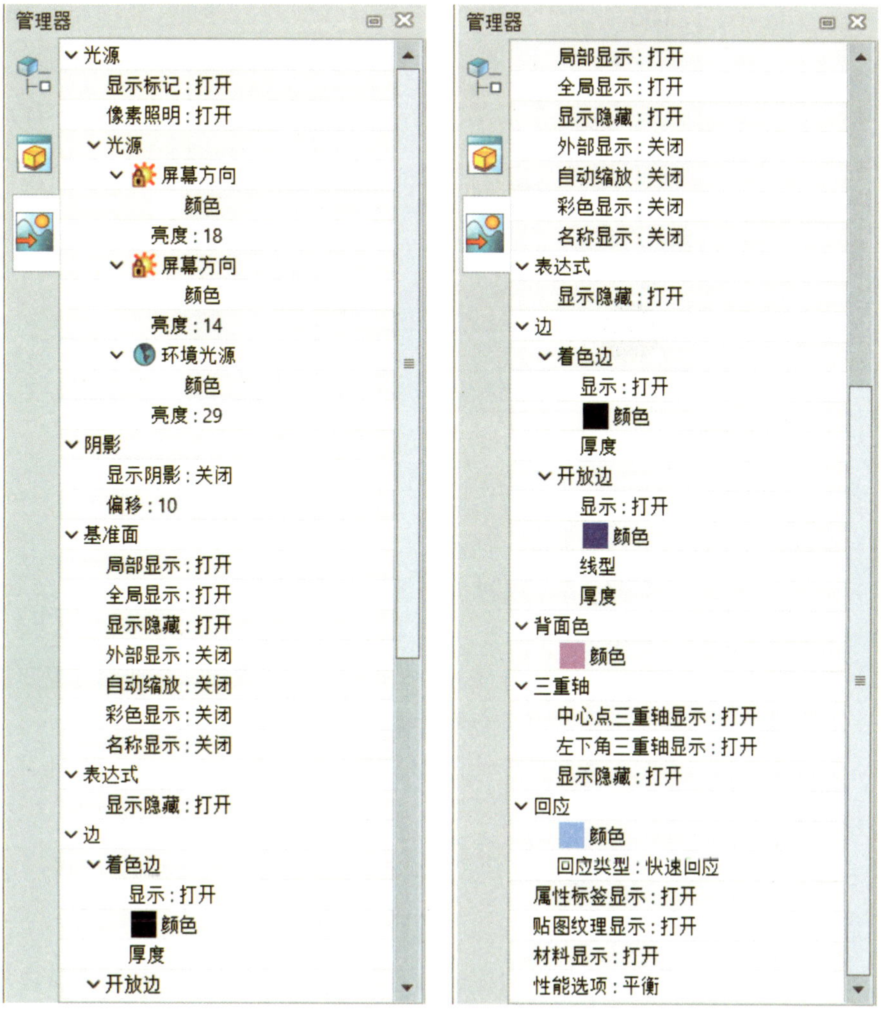

图 1-37　视觉管理器

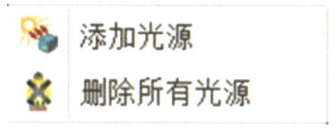

图 1-38　光源右键菜单

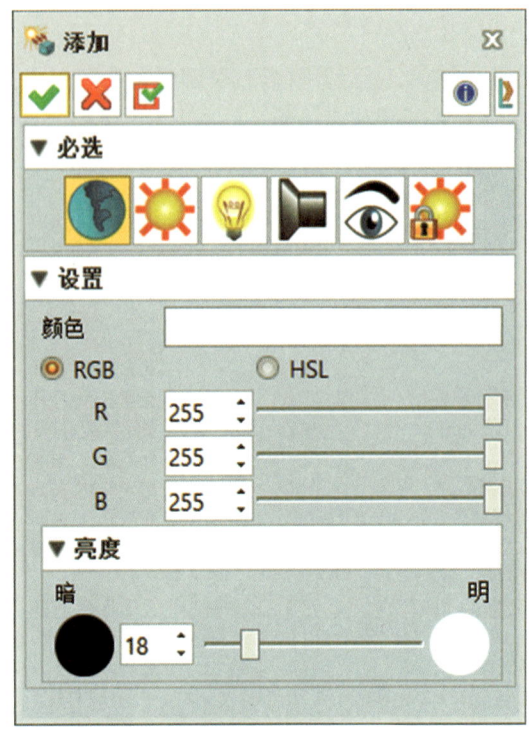

图 1-39 添加光源

（1）局部显示会切换局部基准面可见性；
（2）全局显示会切换全局基准面可见性；
（3）显示隐藏会切换局部、全局基准面可见性；
（4）外部显示会进行显示切换；
（5）自动缩放会根据几何大小调整局部、全局基准面，以增加基准面可视度；
（6）彩色显色会切换基准面单色、彩色显示模式；
（7）名称显示可以调整基准面名称是否显示。

4. 表达式

表达式中可调整表达式是否显示。

5. 边

边中包含着色边、开放边。着色边为边两侧均有或均无相邻面的边，开放边为边仅有一侧相邻面的边：
（1）着色边可调整显示与否、颜色、厚度（线宽）；
（2）开放边可调整显示与否、颜色、线型、厚度。

6. 背面色

背面色可调整几何内表面内侧颜色。

## 7. 回　应

回应为造型设置时特征预览，在视觉管理器中可改变回应颜色、回应类型。回应类型又包括快速回应、真实回应、无回应。"快速回应"会简化特征几何，以能快速跟进设置改变显示预览几何。"真实回应"会完全展示特征几何。"无回应"则会关闭回应。

### 1.2.3　选择及显示设置

#### 1.2.3.1　选择设置

在选择及显示设置中包含多种选择设置，如图 1-40 所示。

图 1-40　选择设置栏

图中：

①为标准拾取，操作逻辑遵守默认设置，可以添加与删除实体选择，单击仅可选择一个实体。

②为添加选择，可以单击依次选择多个实体。

③为删除选择，可以单击依次将单个实体从多选中去除。

④为框选功能选择。默认为"内部/相交"，从左向右拖动会框选内部实体，从右向左拖动会框选相交实体；"内部"不论拖动方向都会框选内部实体；"外部"不论拖动方向都会选择框外实体；"相交"不论拖动方向都会框选相交实体；"外部/相交"，从左向右拖动会选择框外实体，从右向左拖动会框选相交实体。

⑤为多段线选择，可以在图形显示界面中画出多段线形状，将多段线形状替代矩形依据框选功能选择逻辑进行实体选择。

⑥为过滤器列表，在几何实体类型中进行选择。其中"特征"为造型操作命令生成的几何，如"圆角""拉伸"等；"造型"为几何体；"曲线"是不依附于体的线条；"边"包括所有的线条。

⑦为拾取范围列表，可在"仅有零件""零件和组件""整个装配"中选择。

⑧为选择所有，选择拾取范围内所有过滤器列表几何实体。

⑨为取消最后一次选择。

⑩为取消全部选择。

⑪为取消全部丢失项。

⑫为反转拾取。

⑬为忽略隐护实体，在选择时不会选择被遮盖的几何实体。

⑭为忽略透明实体，在选择时不会选择透明显示的几何实体。

⑮为链选设置，具体设置如图 1-41 所示，可以将边、曲线、面根据相邻筛选条件进行选择。

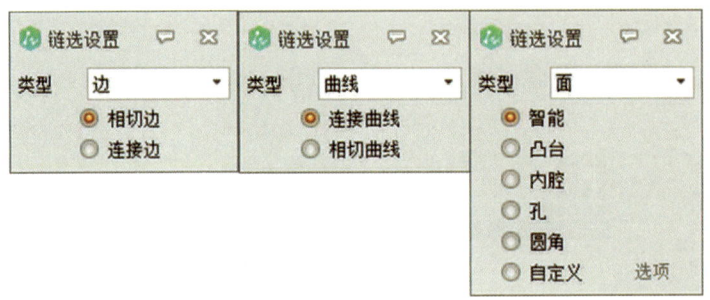

图 1-41　链选设置

⑯为拾取策略列表，可以根据实体特征类型进行选择。

⑰为选择关键点。

⑱为现有点。

⑲为终点。

⑳为中点。

㉑为中心点。

㉒为圆象限点。

㉓为控制点。

㉔为插入点。

㉕为相交点。

㉖为点在曲线。

㉗为边上的点。

㉘为面上的点。

#### 1.2.3.2　显示设置

在选择及显示设置中包含多种显示设置，如图 1-42 所示。

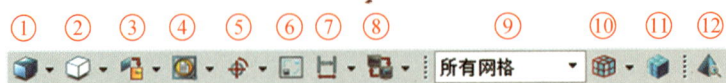

图 1-42　显示设置栏

图中：

①为显示模式，用以调整整体几何显示方式。其中具有线框、着色、消隐、分析、组合五种显示模式，如图 1-43 所示。

②为边显示模式，用以调整边与曲线的显示方式。具有隐藏消隐线/消隐线虚线、着色模式显示边/着色模式隐藏边、显示高亮消隐线/隐藏高亮消隐线，如图 1-44 所示。

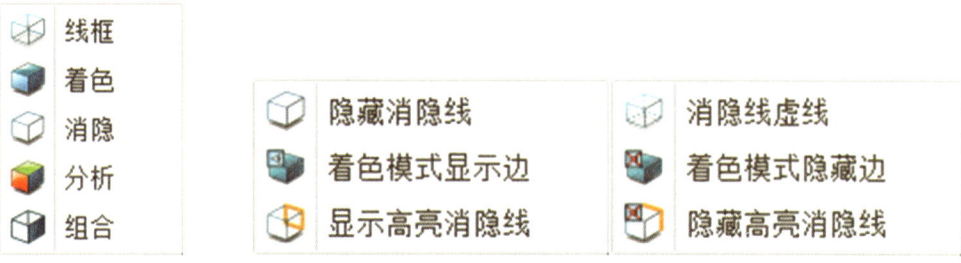

图 1-43　显示模式　　　　　图 1-44　边显示模式

③为视图选择，用以调整几何朝向。包含辅助视图、俯视图、等轴测视图、左视图、前视图、右视图、后视图、仰视图、正二测试图、自动对齐、对齐方向，如图 1-45 所示。

图 1-45　视图选择

④为放大缩小，用以调整视野区域。包含整图缩放、放大、缩小、局部缩放、范围缩放，如图 1-46 所示。

图 1-46  放大缩小

⑤为旋转中心设置,用以调整鼠标右键拖动旋转时所选取的旋转中心。包含智能旋转中心、绕视图原点、绕包络框中心、绕鼠标位置,如图 1-47 所示。

图 1-47  旋转中心设置

⑥为显示目标,使用该命令显示激活对象(包括该对象的所有子组件、草图等)。所有其他对象都隐藏不显示。

⑦为辅助建模工具显示设置,能够切换标注、基准面等辅助建模工具的显示状态。其中包括打开/关闭标注、显示/隐藏外部基准面、剖面开/关、切换基准面显示状态、切换基准轴显示状态、切换基准 CSYS 显示状态,如图 1-48 所示。

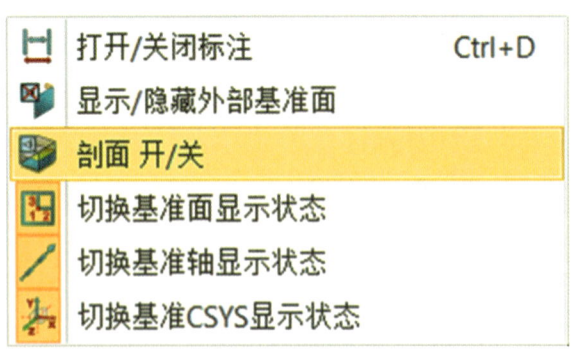

图 1-48  辅助建模工具显示设置

⑧为实体可见性设置,可以对实体的显示隐藏状态进行切换。其中包含隐藏、显示、显示全部、转换实体可见性、可见性管理器,如图 1-49 所示。

图 1-49 实体可见性设置

⑨为网格显示列表，选择网格显示类型。其中包括所有网格、1D 网格、2D 网格、3D 仅网格、隐藏 1D 网格、隐藏 2D 网格、隐藏 3D 网格，如图 1-50 所示。

图 1-50 网格显示列表

⑩为网格显示设置，可以改变网格单元、线的显示模式。其中包含着色单元和网格线、着色单元和特征线、着色单元、线框仅蒙皮、线框单元，如图 1-51 所示。

图 1-51 网格显示设置

⑪为显示相邻单元，在建立网格任务后，图形界面中会出现"显示/隐藏网格"按钮（具体功能在后续讲解），通过"显示/隐藏网格"功能隐藏部分网格后，使用该功能会显示目前所显示网格的相邻网格单元。

⑫为几何条件搜索，可设置搜索条件，在条件内对在实体、面、边、孔中进行全部或部分选择，如图 1-52 所示。

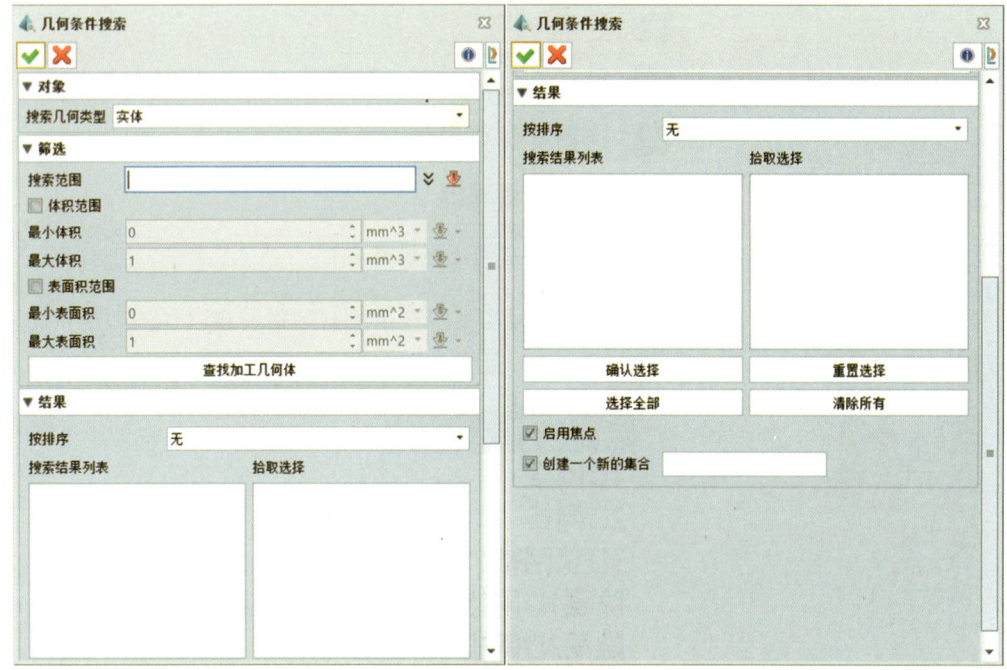

图 1-52　几何条件搜索

## 1.3　多窗口模型显示

TRSim-Pre 图形界面可以像 Windows 系统一样将多个模型同时用不同的图形窗口显示。具体操作如下：

打开多个几何模型。点击"窗口"按钮，如图 1-53 中①所示，或右键单击模型标签栏，②所示选择多模型窗口展示模式。平铺显示如图 1-54 所示。

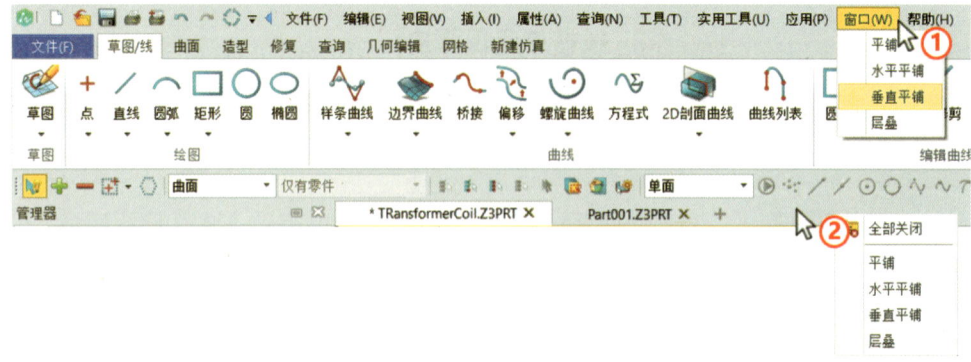

图 1-53　多模型显示设置

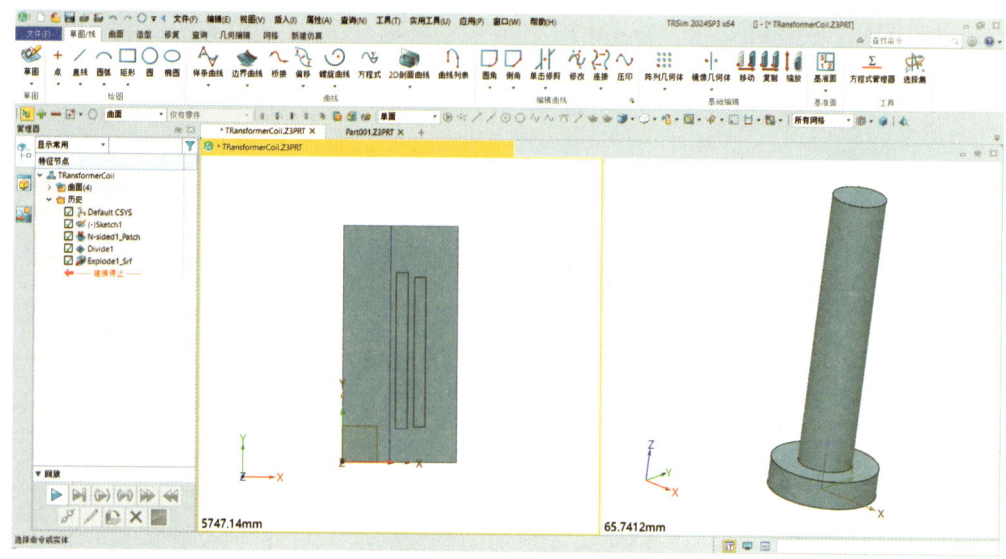

图 1-54 平铺窗口

## 1.4 快捷键

TRSim-Pre 的快捷键和鼠标操作与 Windows 操作系统类似，单击鼠标左键可选择/取消选择几何实体，[Ctrl]+鼠标左键单击可以进行多个几何实体的选择/取消选择，常见的默认快捷键见表 1-1。

表 1-1 常用的默认快捷键

| 分类 | 快捷键 | 功能 |
| --- | --- | --- |
| 文件类 | Ctrl+N | 新建 |
|  | Ctrl+O | 打开 |
|  | Ctrl+S | 保存 |
|  | Ctrl+Alt+S | 另存为 |
|  | Ctrl+P | 打印/绘图 |
| 编辑类 | Ctrl+Z | 撤销 |
|  | Ctrl+Y | 重做 |
|  | Ctrl+2 | 多线段选择 |
|  | Ctrl+Del | 取消最后一次选择 |
|  | Esc | 退出当前命令 |

续表

| 分类 | 快捷键 | 功能 |
| --- | --- | --- |
| 视图类 | Ctrl+R | 全部重写 |
| | F5 | 重画 |
| | F11 | 上一视图 |
| | F12 | 下一视图 |
| | Ctrl+PgUp | 上一字段 |
| | Ctrl+PgDown | 下一字段 |
| | F9 | 自动对齐 |
| | Ctrl+1 | 设置旋转中心 |
| | Ctrl+D | 打开/关闭标注 |
| | Ctrl+G | 栅格 |
| | Ctrl+K | 坐标 |
| | Ctrl+E | 快照 |

# 第 2 章 基准面/基准轴

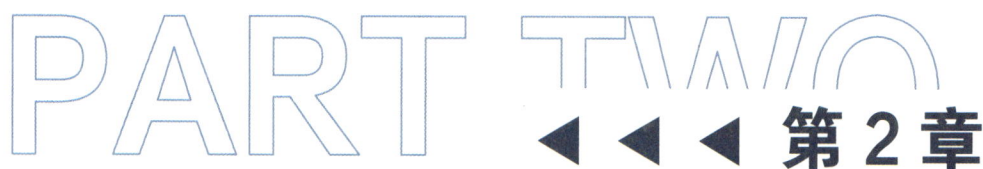

基准面/基准轴是生成几何特征的基础。构建几何特征通常需要选择 1 个基准面或基准轴，来确定构建模型所在的位置和几何关系。除了几何文件默认生成的 3 个基准面外，也可以选择已建模的"零件"上的几何面。当没有满足需求的可用几何面时，则需构建新的基准面。基准轴也经常用于辅助构建部分几何特征，如旋转、圆周阵列等。

本章将对如何生成基准面/基准轴进行阐述。

## 2.1 基准面

基准面功能位于工具面板→"草图/线"→"基准面"模块，其中列表默认显示"基准面"，如图 2-1 所示，单击即可进入构建基准面设置面板。

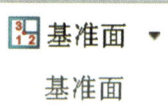

图 2-1 基准面

基准属性可进行自定义，包括：基准面颜色、基准面边界线型、基准面边界线宽、基准面的基准显示格式（仅 X-Y 轴、X-Y 轴和矩形、X-Y-Z 轴和矩形、仅矩形）、基准面缩放大小（默认、自动缩放、参考、大小），如图 2-2 所示。

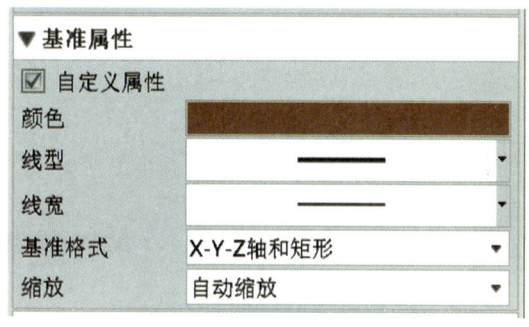

图 2-2 基准面基准属性

方向属性可进行自定义，包括偏移（法向偏移）、原点（确定基准面局部原点）、X点（确定局部 X 轴）、X 轴角度（令基准面绕局部 X 轴顺时针旋转一定角度）、Y 轴角度（与 X 轴角度同理）、Z 轴角度（与 X 轴角度同理），如图 2-3 所示。部分构建基准面方法的方向属性中，可设置项会少于上述设置项。

构建基准面共有 7 种方法，如图 2-4 所示，从左向右依次是几何体法、偏移平面法、与平面成角度法、3 点平面法、在曲线上法、视图平面法、动态法。

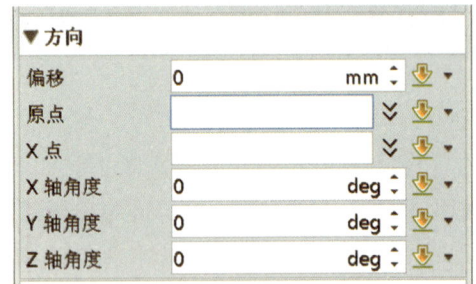

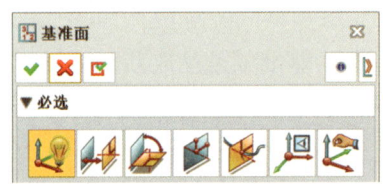

图 2-3　基准面方向属性　　　　　图 2-4　构建基准面

（1）几何体法：可最多选择点、曲线、边、曲面、基准面中的 3 个几何作为参考几何，通过基准面与参考几何的几何关系，包含重合、相切、同心、平行、垂直、角度、距离、置中，确立构建基准面。根据参考几何选择数量、类型不同，软件会更改可选择几何关系。点击"备选解"可依次更换几何关系改变基准面。可选反转 Z 轴方向。几何体法效果和设置如图 2-5 所示。

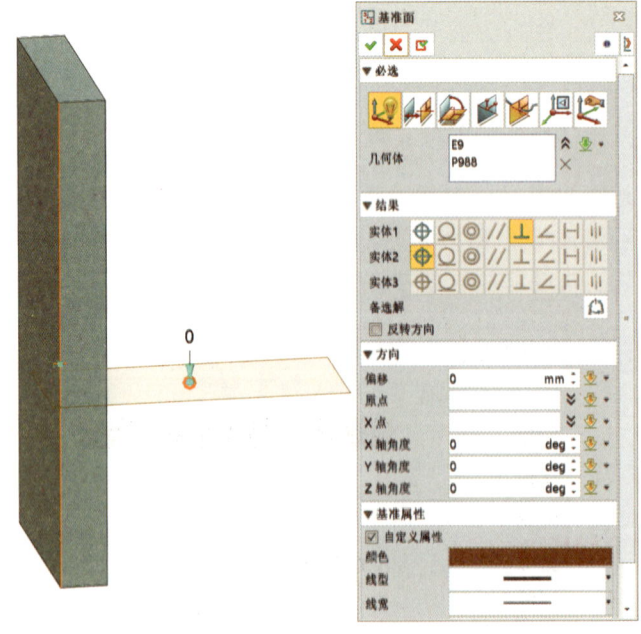

图 2-5　基准面几何体法

（2）偏移平面法：通过选择参考平面，设置偏移距离及与参考平面的平行距离，确定构建参考平面。偏移平面法效果和设置如图2-6所示。

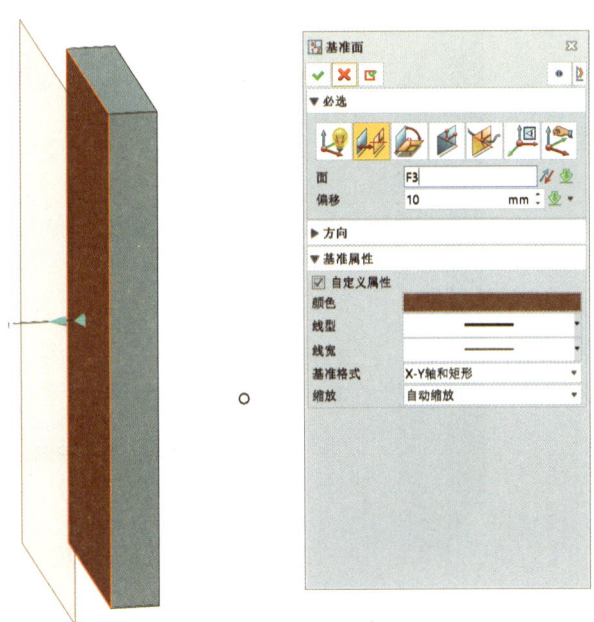

图2-6　基准面偏移平面法

（3）与平面成角度法：通过选择参考平面，再选择一条在参考平面上或与参考平面平行的边作为基准面旋转轴，最后输入基准面从参考平面开始绕旋转轴逆时针旋转的角度，确定构建基准面。与平面成角度法效果和设置如图2-7所示。

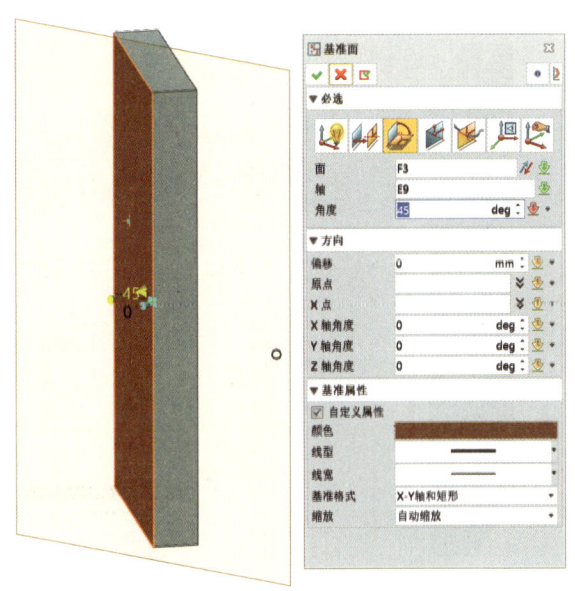

图2-7　基准面与平面成角度法

（4）3 点面法：通过选择 3 个参考点，确定构建基准面。3 点面法效果和设置如图 2-8 所示。

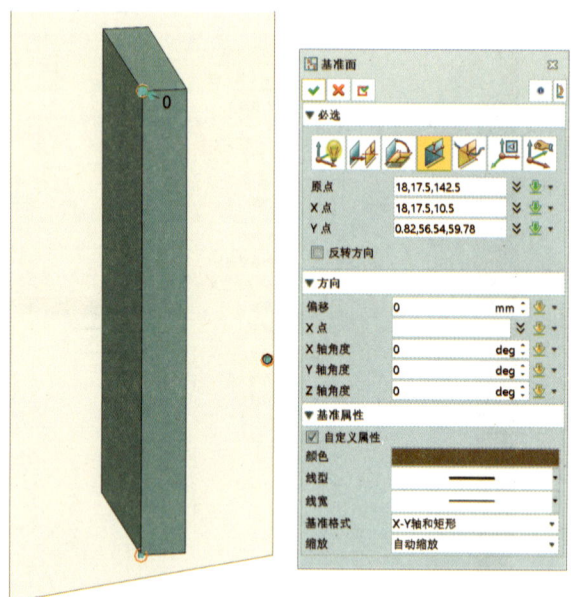

图 2-8　基准面 3 点平面法

（5）在曲线上法：首先选择一条曲线，通过百分比或者距离确定曲线上一点作为基准面原点，然后选择基准面方向，其中共有四个选项：垂直（垂直于原点处曲线）、相切（相切于原点处曲线）、垂直于曲线（需另选一条直线，垂直于该直线）、曲线切向（与垂直于曲线同理），确定构建基准面。在曲线上法效果和效果如图 2-9 所示。

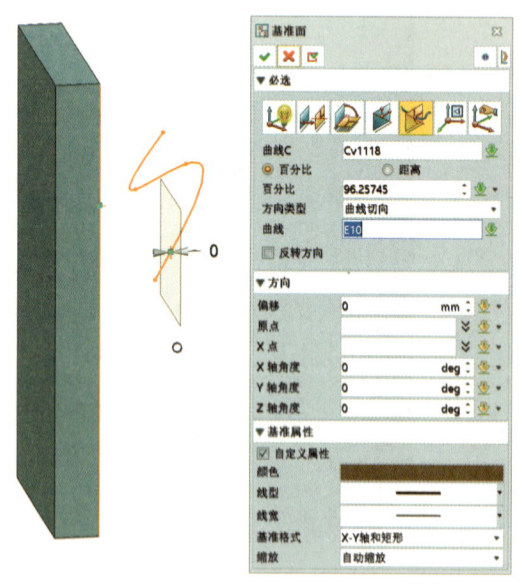

图 2-9　基准面在曲线上法

（6）视图平面法：需要先选择一点作为基准面原点，构建平行于当前视图平面的基准面。视图平面法效果和设置如图 2-10 所示。

图 2-10　基准面视图平行法

（7）动态法：可通过原点坐标及 X、Y、Z 轴方向向量确定构建基准面。动态法效果和设置如图 2-11 所示。

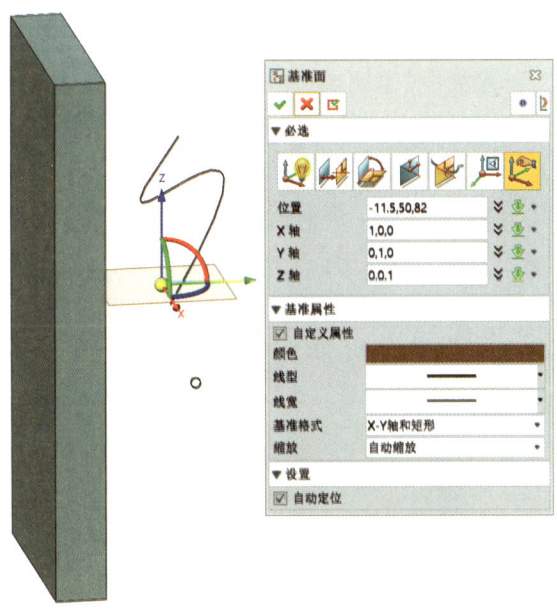

图 2-11　基准面动态法

打开工具面板→"草图/线"→"基准面"模块中的列表,其中有"拖拽基准面",如图 2-12 所示。点击"拖拽基准面"后,选择一个基准面,该基准面上会出现拖拽点。拖动拖动点可改变基准面大小。拖延基准面效果和设置如图 2-13 所示。

图 2-12　基准面列表

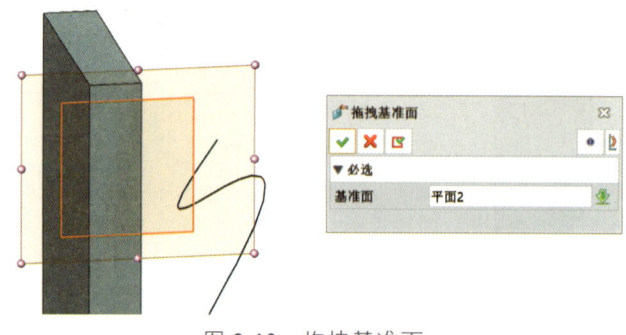

图 2-13　拖拽基准面

## 2.2　基准轴

基准轴功能位于工具面板→"草图/线"→"基准面"模块,其中列表具有"基准轴",如图 2-12 所示,单击即可进入构建基准轴设置面板。

基准轴中显示、方向、基准属性可进行自定义,包括显示轴长度、反转轴方向、基准轴颜色、基准轴线型、基准轴线宽、基准轴显示格式(直线、箭头),如图 2-14 所示。

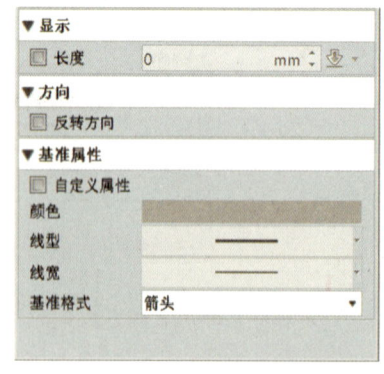

图 2-14　基准轴构建方法共有属性

构建基准轴共有 7 种方法，如图 2-15 所示，从左向右依次是几何体法、中心轴法、两点法、点和方向法、相交面法、角平分线法、在曲线上法。

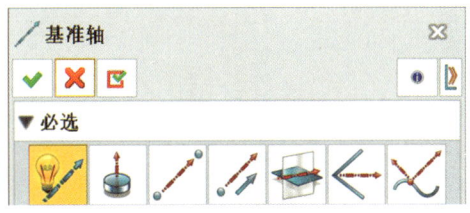

图 2-15　构建基准轴

（1）几何体法：可最多选择点、曲线、边、曲面、基准面、基准轴中的 2 个几何作为参考几何，通过基准轴与参考几何的约束关系，包含重合、相切、同心、平行、垂直、置中，确立构建基准轴。根据参考几何选择数量、类型不同，软件会更改可选择几何关系。点击备选解可依次更换几何关系改变基准轴。几何体法效果和设置如图 2-16 所示。

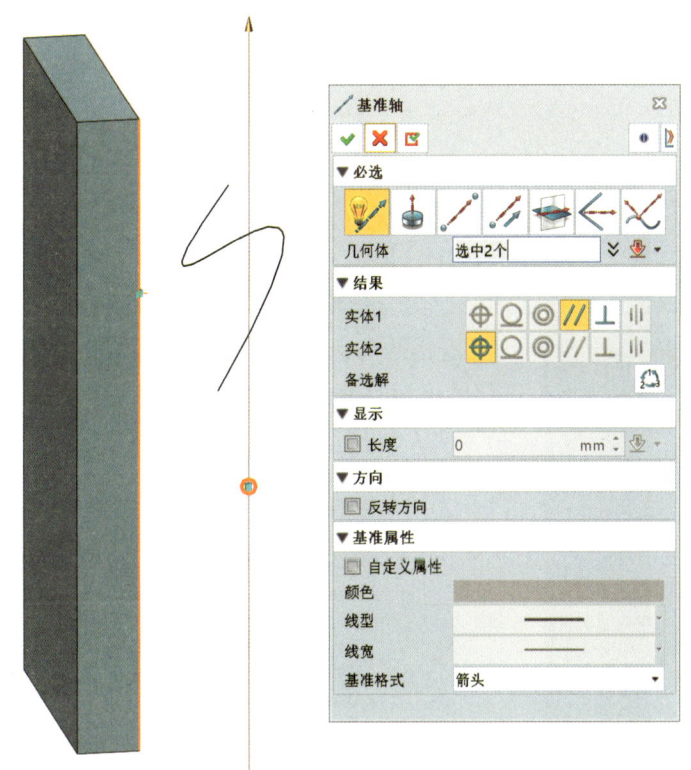

图 2-16　基准轴几何体法

（2）中心轴法：需要选择圆曲面、圆边、圆曲线其中一种作为参考几何，构建穿过圆心并垂直于参考几何的基准轴。中心轴法效果和设置如图 2-17 所示。

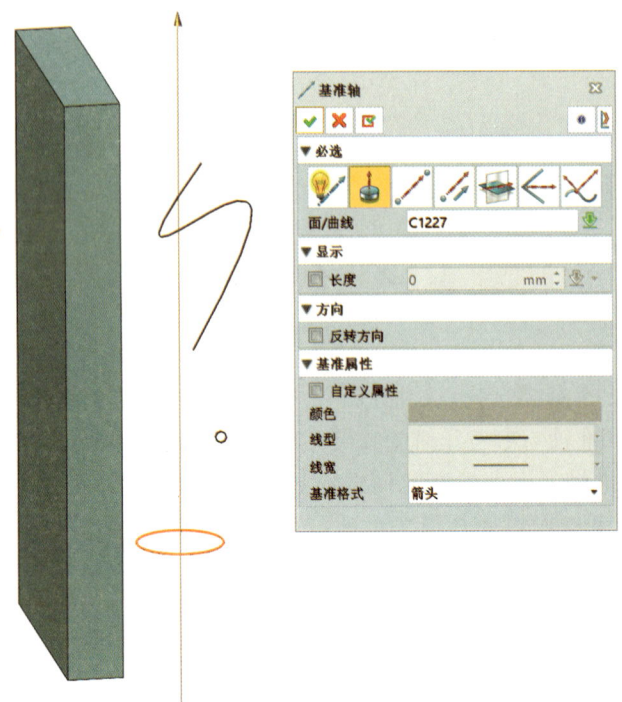

图 2-17　基准轴中心轴法

（3）两点法：通过两点坐标，确定构建基准轴。两点法效果和设置如图 2-18 所示。

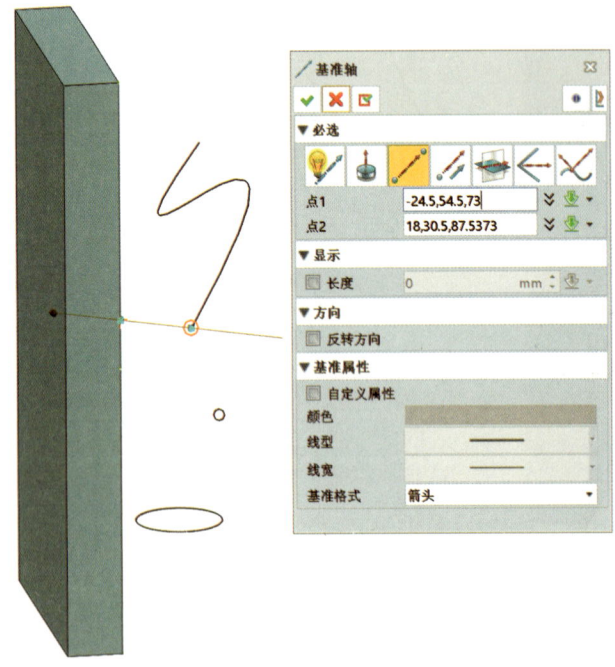

图 2-18　基准轴两点法

（4）点和方向法：首先需要确定参考轴上一点，后需要选择参考方向向量，可通过输入向量，或在图形显示窗口中选择边、曲线上的起始平行方向以及面的垂直方向，再选择基准轴与参考方向向量的关系，包括平行、垂直，确定构建基准轴。点和方向法效果及设置如图 2-19 所示。

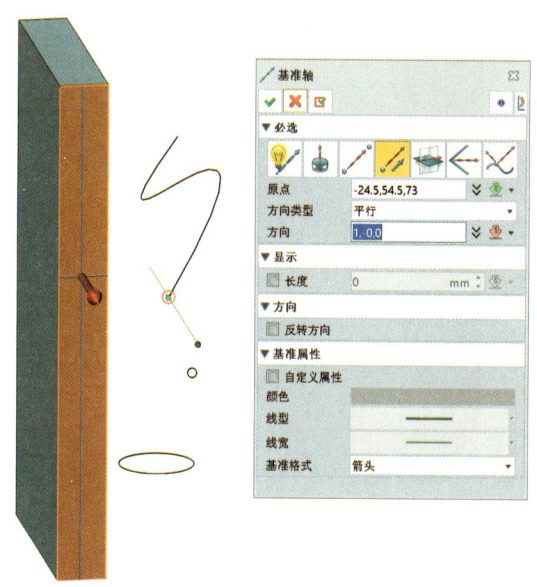

图 2-19　基准轴点和方向法

（5）相交面法：需选择两个面，以两个面的相交线作为基准轴。相交面法效果和设置如图 2-20 所示。

图 2-20　基准轴相交面法

（6）角平分线法：需选择两个相交边、曲线，将两条边、曲线的交点作为基准轴上一点，将两条边、曲线所构成的面作为基准轴所在面，将两条边、曲线相交处夹角平分线作为基准轴方向，确定构建基准轴。角平分线法效果和设置如图 2-21 所示。

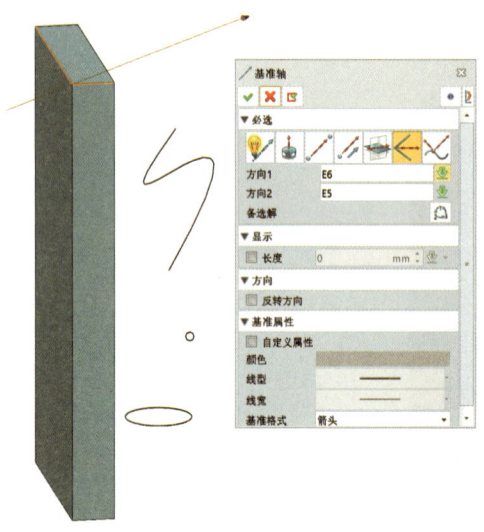

图 2-21　基准轴角平分线法

（7）在曲线上法：首先选择一条曲线，通过百分比或者距离确定曲线上一点作为基准轴上一点，然后选择基准轴方向，其中共有四个选项：垂直（垂直于轴上点处曲线）、相切（相切于轴上点处曲线）、垂直于曲线（需另选一条直线，垂直于该直线）、平行于曲线（与垂直于曲线同理），确定构建基准轴。在曲线上法效果和效果如图 2-22 所示。

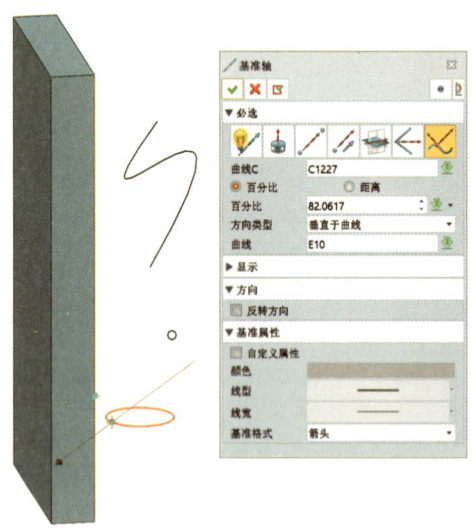

图 2-22　基准轴在曲线上法

# 第 3 章 草 图

TRSim-Pre 软件中草图独立于二维和三维几何体,主要用于造型特征的构建基础。若在创建造型特征时需要新建草图:对于构建实体特征,所用草图不能自相交;对于构建表面特征,所用草图可以自相交。

本章主要介绍草图的基本操作,内容分为草图几何、草图标注和约束、草图编辑和查询以及草图其他操作。

## 3.1 草图几何

### 3.1.1 建立及退出草图

#### 3.1.1.1 建立草图

在图形界面工具栏左侧点击"草图/线",之后点击"草图",再点击下方"草图"(即二维草图),如图 3-1 所示。弹出"草图设置"窗口,如图 3-2 所示。

图 3-1 新建草图

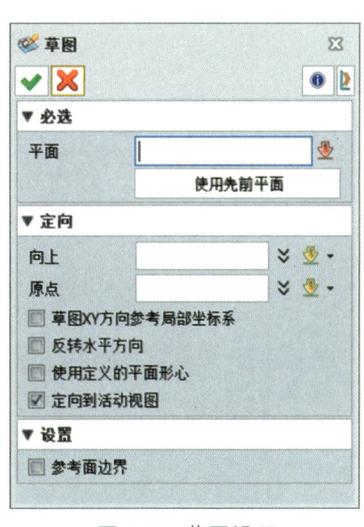

图 3-2 草图设置

若此时不做任何设置,直接点击 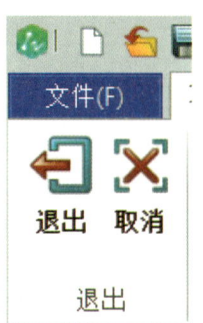 图标,则会默认将 XY 平面作为草图绘制平面构建草图。

草图设置中主要包含三个部分:平面、定向、参考面边界。

(1)"平面"用以确定草图绘制平面。可以选择基准面或曲面作为绘制平面,也可直接使用先前平面。

(2)"定向"中主要确定草图的局部坐标系。"向上"用以明确 Y 轴正方向,若选择"定向到活动视图",则新建草图后,软件会直接将视图定位到草图平面。

(3)"参考面边界"勾选后,软件会自动在草图中将草图边界线映射为参考线。

### 3.1.1.2 退出草图

完成草图绘制后,点击工具面板中的"草图",在工具面板内最左侧出现"退出""取消",如图 3-3 所示。点击"退出"即可直接退出。若草图内未绘制几何,则会跳出窗口提示"最后草图没有几何体,是否删除?",如图 3-4 所示:点击"是"即可退出草图并删除当前空草图;点击"否"则会退出并保留当前空草图。点击"取消",若本次进入草图进行了几何修改,则会跳出窗口提示"此处的变更不会被保留,是否继续?",如图 3-5 所示:点击"是",则会退出并取消此次草图变更;点击"否",则会留在当前草图中。

图 3-3 草图退出及取消

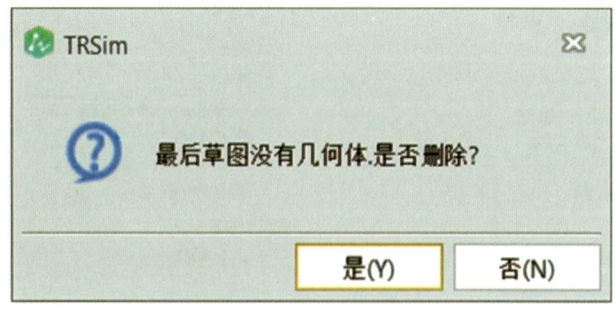

图 3-4 退出空草图提示

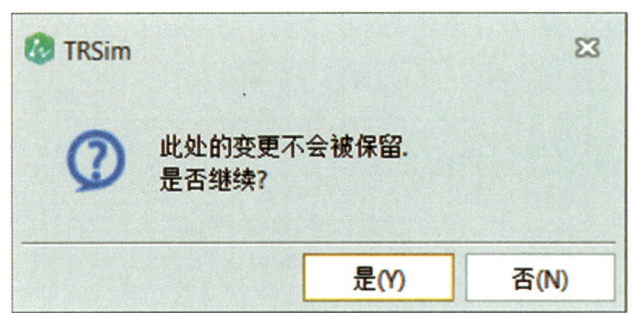

图 3-5　取消变更草图提示

### 3.1.2　绘　图

如图 3-6 所示，点击"绘图"后进入快速绘图模式，可以连续绘制直线、圆弧、G2（曲率连续）圆弧、圆，直至按[Esc]退出、点击其他几何操作或所有本次绘制点均已闭合自动结束。同时快速绘图模式可以在过程中捕捉几何特征，如中点、相切等，方便草图绘制。以下对直线、圆弧、G2（曲率连续）圆弧、圆的快速绘制方法进行详细讲述：

（1）直线绘制：点击草图一处，确定直线一端点，随后点击草图另一处，则将直线两端点全部确定，如图 3-7 所示。

（2）圆弧绘制：在绘制直线一端点已经固定时，长按 Alt 进入圆弧绘制模式，点击草图另一处，圆弧两端点全部确定，之后松开 Alt 再点击第三处，确定圆弧锚点完成圆弧绘制，如图 3-8 所示。

（3）G2（曲率连续）圆弧绘制：在圆弧绘制时，草图右上角会出现"G2（曲率连续）圆弧"复选框，勾选即可进入 G2（曲率连续）圆弧绘制模式，如图 3-9 所示。

（4）圆绘制：在全部端点都没确定或刚进入快速绘图模式阶段，长按[Alt]进入圆绘制模式，点击草图一处，确定圆心，随后点击草图另一处，确定圆边位置，如图 3-10 所示。

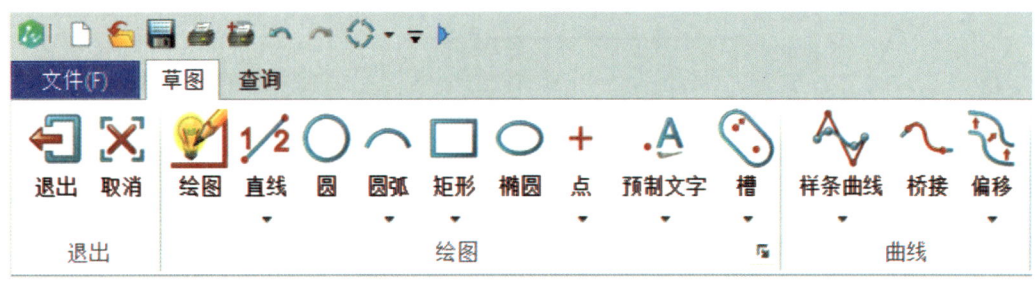

图 3-6　草图几何工具面板

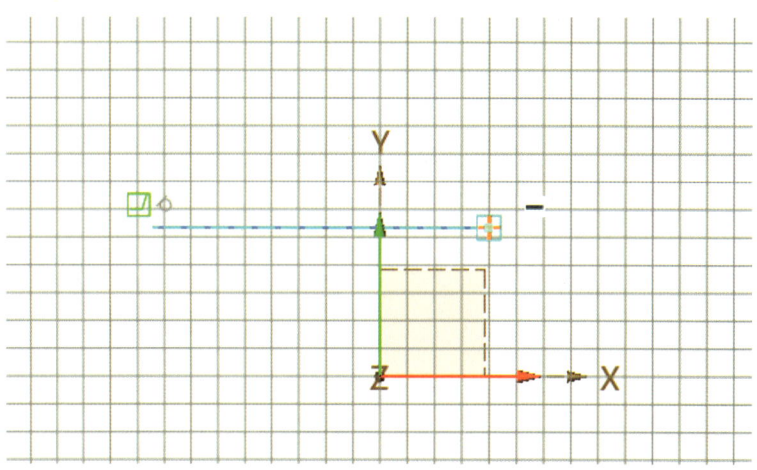

图 3-7　直线绘制

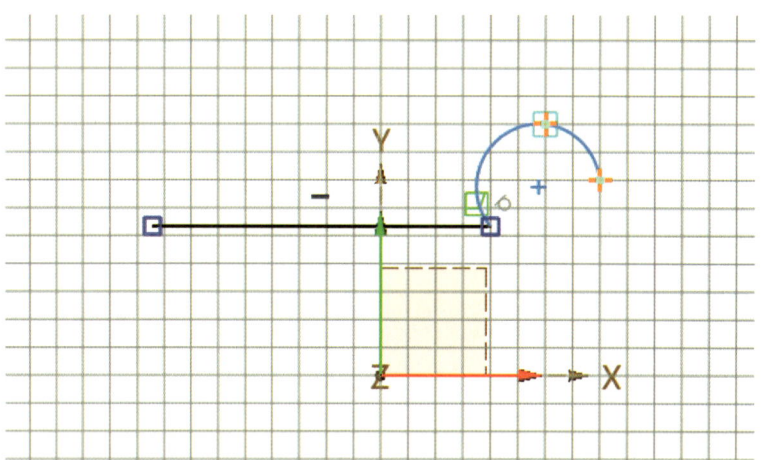

图 3-8　圆弧绘制

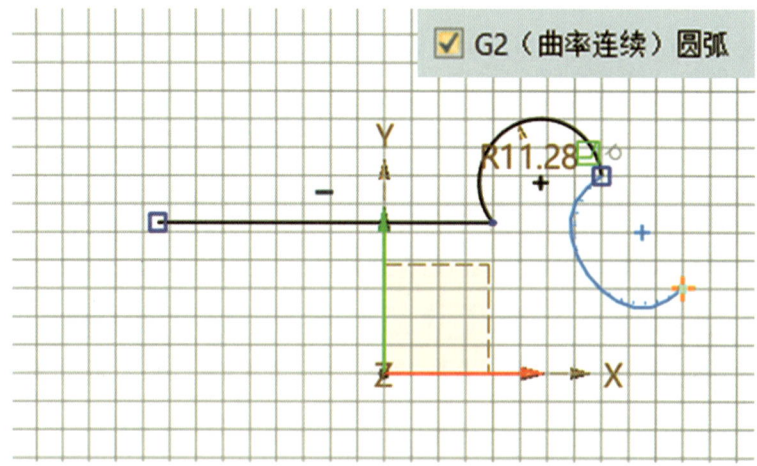

图 3-9　G2 曲率连续圆弧绘制

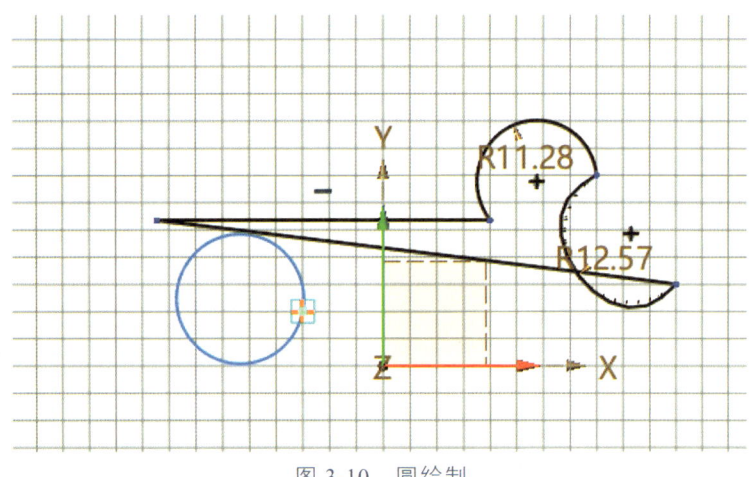

图 3-10　圆绘制

### 3.1.3　2D 直线

"2D 直线"位于"绘制"右侧，其中包含直线、多段线、双线和轴。

#### 3.1.3.1　直　线

直线共包含 8 种创建方法，如图 3-11 所示，从左向右依次是两点法、平行点法、平行偏移法、垂直法、角度法、水平法、竖直法和中点法。下面对 8 种方法进行详细阐述：

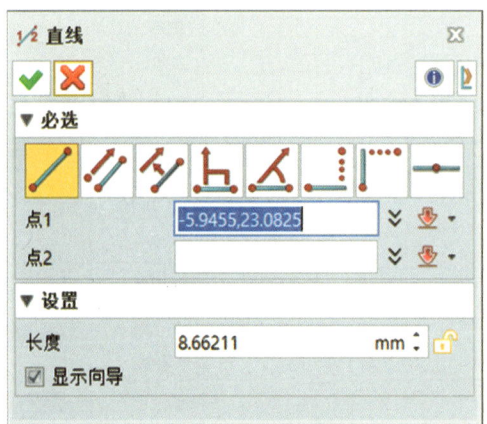

图 3-11　直线设置

（1）两点法：通过选择两个点，在两点间创建一条直线。

（2）平行点法：先选择一条参考线，然后选择起点和终点，创建直线将以参考直线为起点，依照所选点间路径，复制参考线。

（3）平行偏移法：先选择一条参考线，再输入参考线法向复制偏移数值，进行创建。

（4）垂直法：先选择一条参考线，再选择经过点 1 且垂直于参考线的方向上的点 2，即可创建垂直于参考线、起止于两点的直线。

（5）角度法：相较于垂直法，多了角度输入。先选择一条参考线和一个点，再选择经过点 1 且与参考线夹角成输入角度的方向上的点 2，即可创建与参考线夹角成输入角度、起止于两点的直线。

（6）水平法：用于创建与 X 轴平行的直线。

（7）竖直法：用于创建与 Y 轴平行的直线。

（8）中点法：选择直线中点，再选择直线两侧端点。

### 3.1.3.2 双　　线

"双线"可以建立多端两条相互平行的线。双线的路径可以直接在草图中依次点击确定，也可在设置板中依次输入坐标。双线的宽度可通过更改左宽、右宽来调节，左宽、右宽分别为两线距中间虚拟线条的垂直距离。双线路径及宽度设置如图 3-12 所示。在设置板中还具备了"闭合双线""在直角插入圆弧"的功能，功能效果分别如图 3-13、图 3-14 所示。

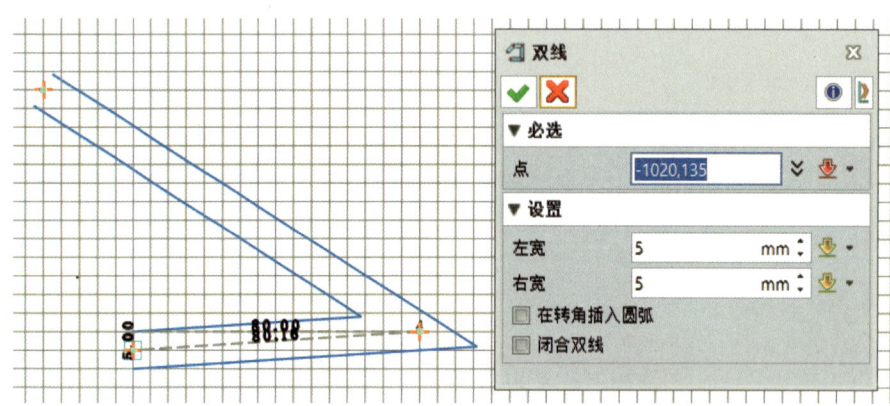

图 3-12　双线路径及宽度

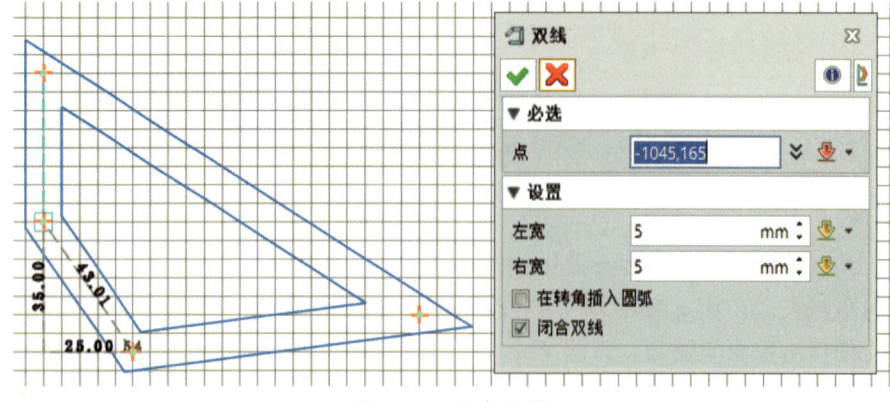

图 3-13　闭合双线

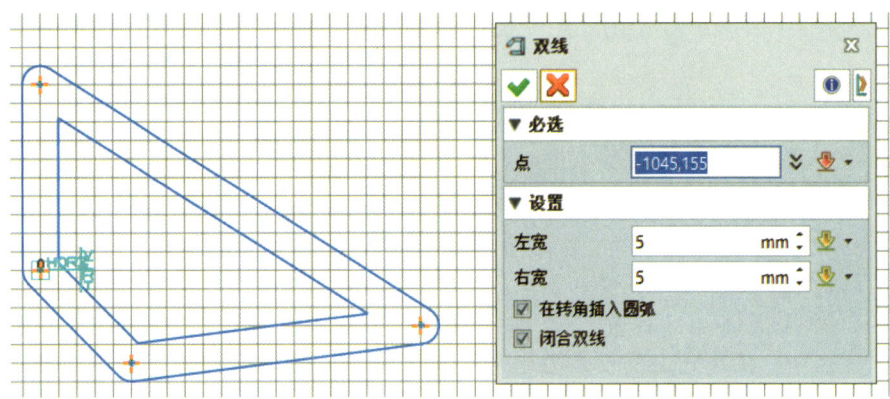

图 3-14　在转角插入圆弧

### 3.1.4　圆

圆有 6 种创建方法，如图 3-15 所示，从左向右依次是边界法、半径法、3 点法、两点半径法、两点法和三切圆法。下面对 6 种方法进行详细阐述：

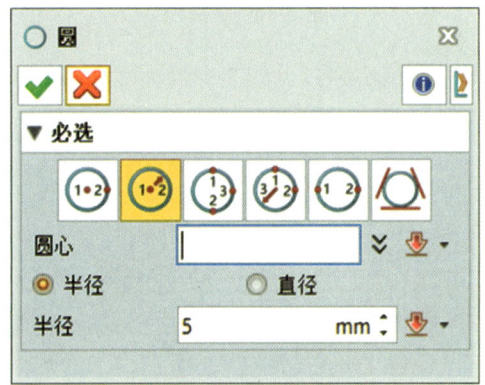

图 3-15　圆设置

（1）边界法：先确定圆心，再确定圆边上的点，即可构建圆，如图 3-16 所示。

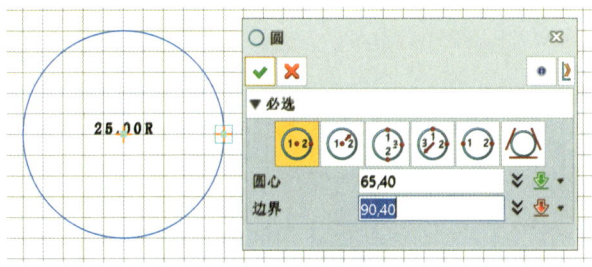

图 3-16　边界法

（2）半径法：先确定圆心，之后输入半径数值，如图 3-17 所示。

045

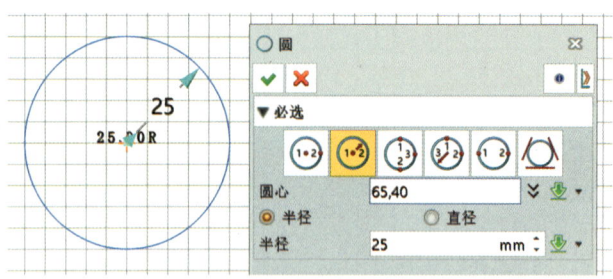

图 3-17　半径法

（3）3 点法：依次确定位于圆边上的 3 个点，如图 3-18 所示。

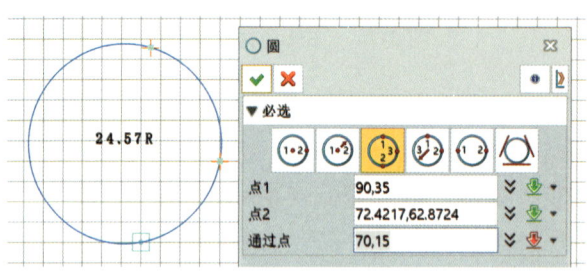

图 3-18　3 点法

（4）两点半径法：先确定位于圆边上的 2 个点，之后将鼠标移至所要构建圆的方向上，最后输入半径数值，如图 3-19 所示。

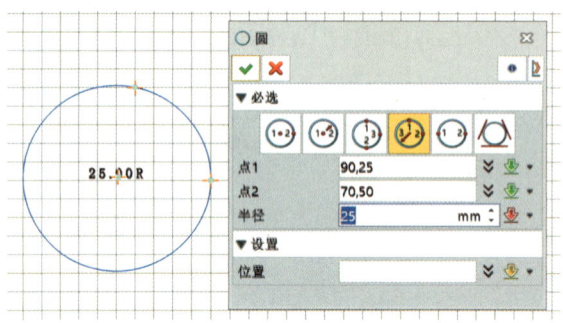

图 3-19　两点半径法

（5）两点法：确定位于直径两端的 2 个端点，如图 3-20 所示。

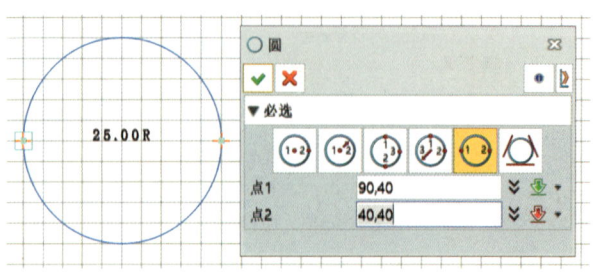

图 3-20　两点法

（6）三切圆法：选择 3 条曲线，即可构建出与三条曲线及其延伸线相切的圆，如图 3-21 所示。

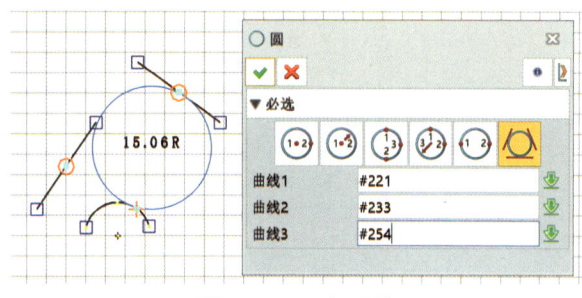

图 3-21　三切圆法

### 3.1.5　圆弧及多段圆弧

#### 3.1.5.1　圆　弧

圆弧具有 4 种创建方法，如图 3-22 所示，从左向右依次是 3 点法、半径法、圆心法、角度法。下面对 4 种方法进行详细阐述：

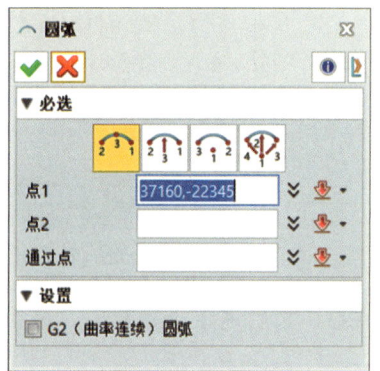

图 3-22　圆弧设置

（1）3 点法：确定圆弧两侧端点及圆弧上一点，如图 3-23 所示。

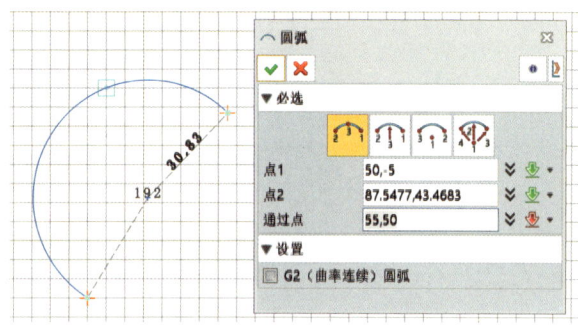

图 3-23　圆弧 3 点法

（2）半径法：确定圆弧两侧端点及圆弧半径，如图 3-24 所示。

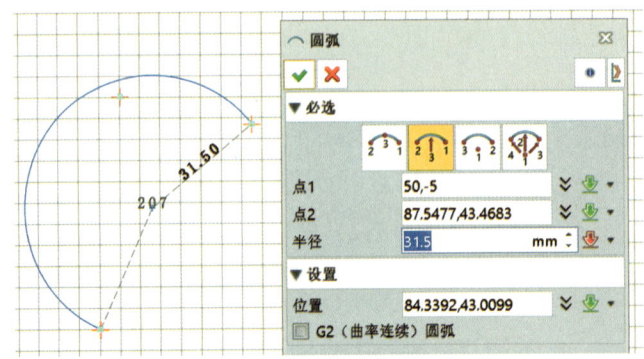

图 3-24　圆弧半径法

（3）圆心法：确定圆弧圆心，之后确定圆弧两侧端点，再确定圆弧转动方向，如图 3-25 所示。

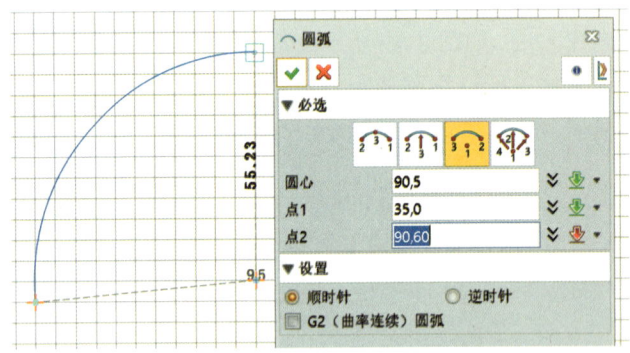

图 3-25　圆心法

（4）角度法：确定圆弧圆心，之后确定半径数值，最后确认开始点角度及弧角，如图 3-26 所示。

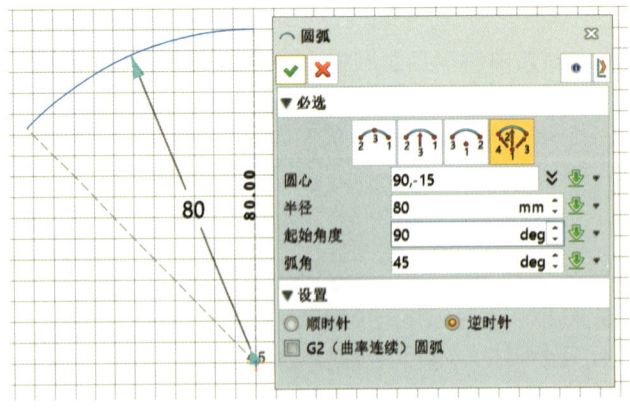

图 3-26　角度法

### 3.1.5.2 多段圆弧

"多段圆弧"可以创建一串首尾相连且相切的圆弧。其创建过程为：先选择一个起始点和第一段圆弧的起始相切角度（起始相切角度须在信息输入输出框中输入），其次选择各个相互连接圆弧的结束点，如图 3-27 所示。

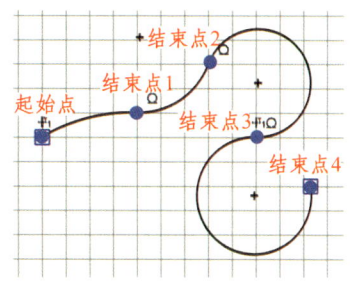

图 3-27　创建多段圆弧

### 3.1.6 矩形及正多边形

#### 3.1.6.1 矩　形

矩形具有 5 种创建方法，如图 3-28 所示，从左向右依次是中心法、角点法、中心角度法、角点角度法、平行四边形法。下面对 5 种方法进行详细阐述：

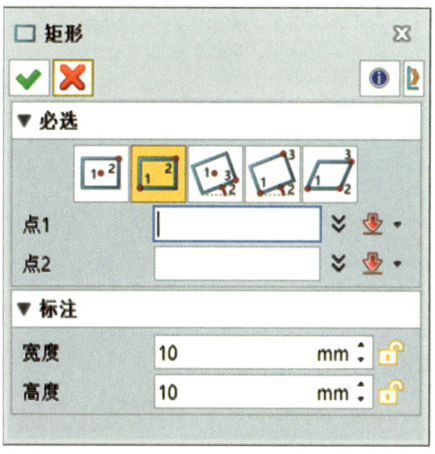

图 3-28　矩形设置

（1）中心法：先确定中心点，之后确定一个对角点。该方法只能创建水平或垂直的矩形，如图 3-29 所示。

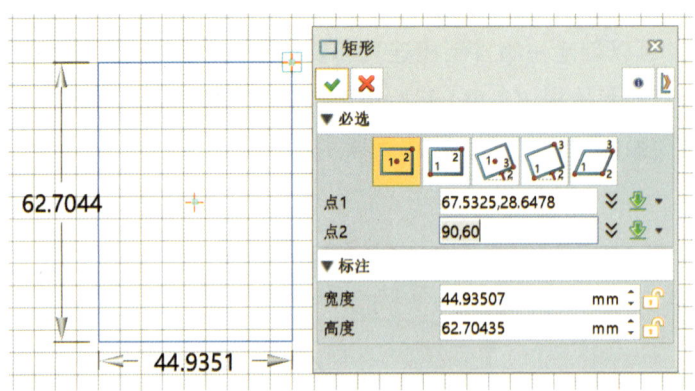

图 3-29 矩形中心法

（2）角点法：只需确定两个对角点。该方法同样只能创建水平或垂直的矩形，如图 3-30 所示。

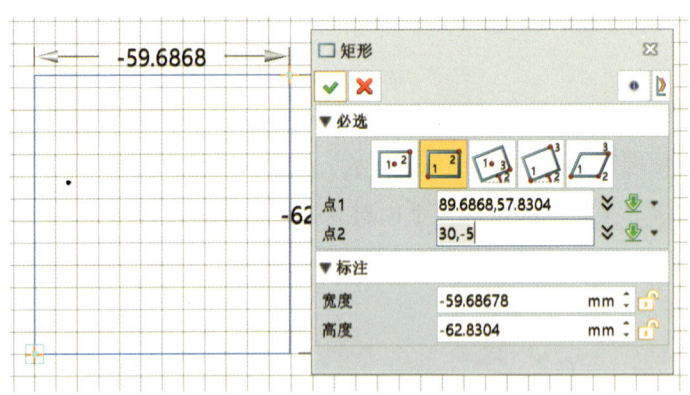

图 3-30 角点法

（3）中心角度法：在中心法的基础上加入了角度（据 X 正半轴逆时针夹角）设置。该方法可以创建任意形状矩形。

（4）角点角度法：在角点法的基础上加入了角度（据 X 正半轴逆时针夹角）设置。该方法可以创建任意形状矩形。

（5）平行四面形法：通过三个对角点来创建矩形。

### 3.1.6.2 正多边形

正多边形具有 6 种创建方法，如图 3-31 所示，从左向右依次是内接半径法、外接半径法、边长法、内接边界法、外接边界法和边长边界法。下面对 6 种方法进行详细阐述：

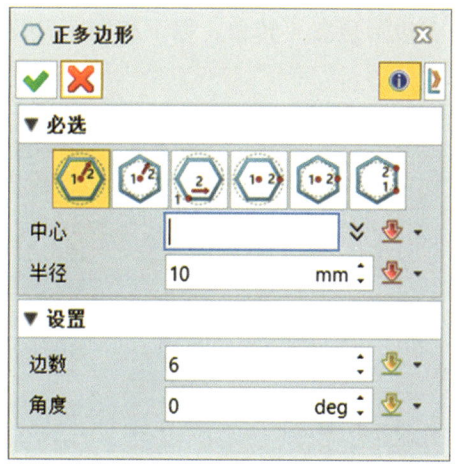

图 3-31　正多边形设置

（1）内接半径法：通过中心点、半径构建一个虚构圆，通过边数、角度（据 X 正半轴逆时针夹角，以下相同）在圆内构建正多边形，如图 3-32 所示。

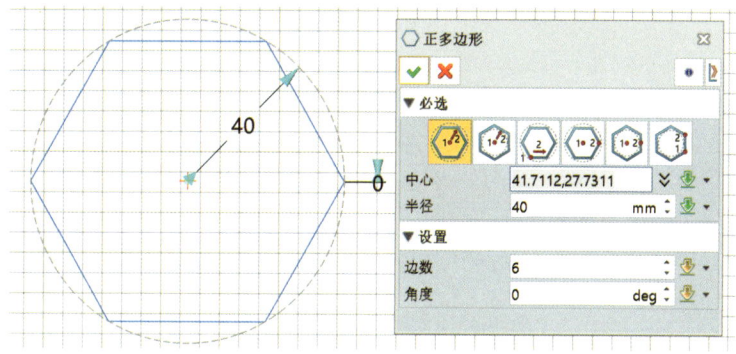

图 3-32　正多边形内接半径法

（2）外接半径法：通过中心点、半径构建一个虚构圆，通过边数、角度在圆外构建正多边形，图 3-33 所示。

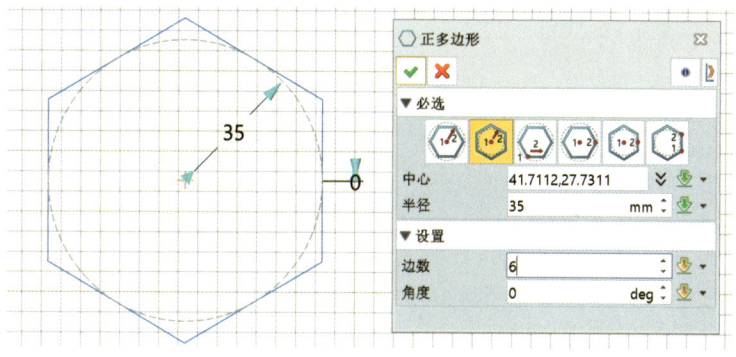

图 3-33　正多边形外接半径法

(3)边长法：通过正多边形顶点（转角，以下相同）、边长、边数、角度构建正多边形，如图 3-34 所示。

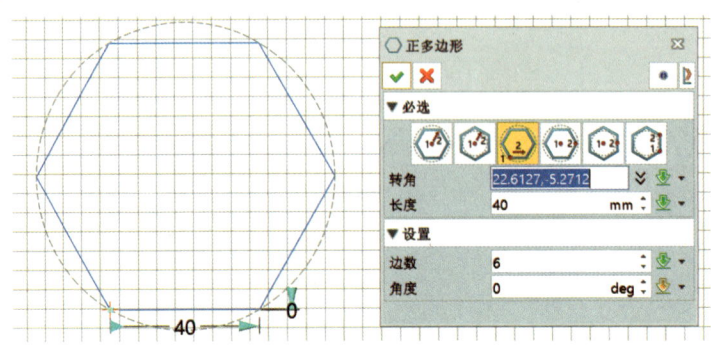

图 3-34　正多边形边长法

(4)内接边界法：通过中心点、顶点构建一个虚构圆，通过边数、角度在圆内构建正多边形，如图 3-35 所示。

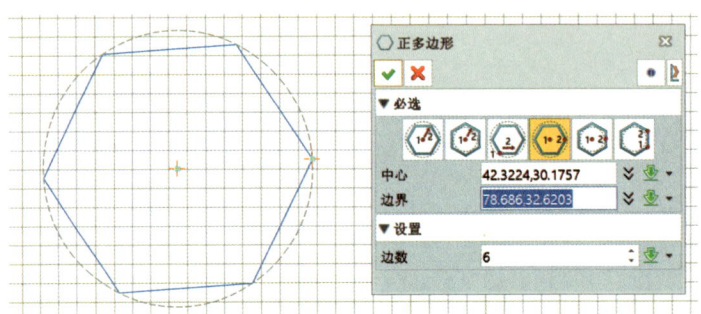

图 3-35　正多边形内接边界法

(5)外接边界法：通过中心点、边界点构建一个虚构圆，通过边数、角度在圆外构建正多边形，如图 3-36 所示。

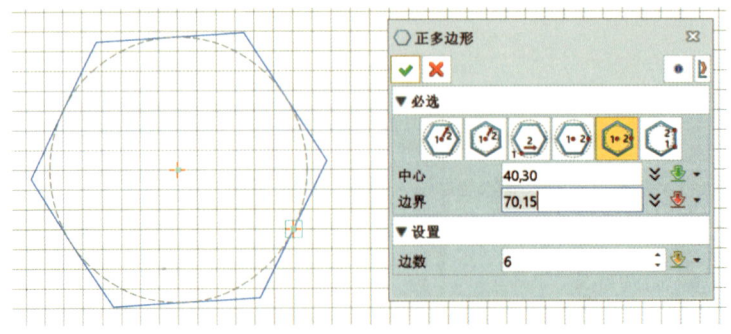

图 3-36　外接边界法

(6)边长边界法：通过确定一条边的两个顶点及边数构建正多边形，如图 3-37 所示。

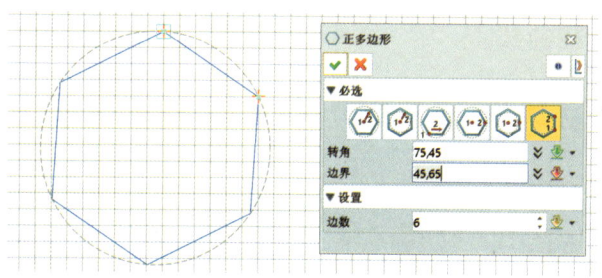

图 3-37　边长边界法

### 3.1.7　椭　圆

椭圆有 5 种创建方法，如图 3-38 所示，从左向右依次是中心法、角点法、中心角度法、角点角度法和半径法。

前四种方法均是在矩形对应方法基础上，在虚构矩形内构建椭圆，此处不再赘述。

半径法是通过确定长/短轴的 2 个端点，后通过另一个点确定另一轴长度，如图 3-39 所示。

上述 5 个创建方法均可通过调整起始角度、结束角度来构建非闭合椭圆曲线。

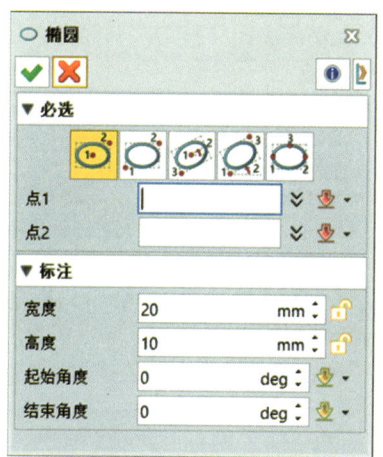

图 3-38　椭圆设置

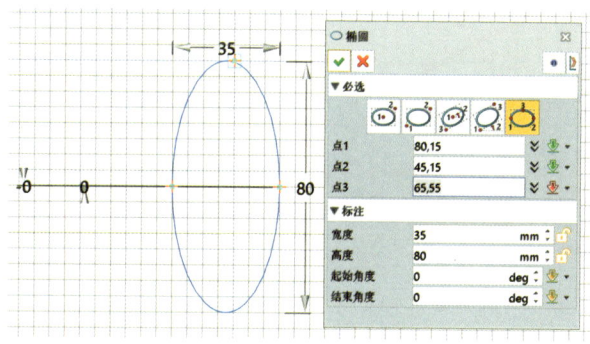

图 3-39　椭圆半径法

### 3.1.8 点/点在曲线上

点/点在曲线上通过输入坐标或直接在草图中选择位置来构建，点设置窗口如图 3-40 所示。

图 3-40　点设置

点在曲线上有 4 种构建方法，如图 3-41 所示，从左向右依次是均匀分布点、等距离多个点、等距离 N 个点、按百分比 N 个点。下面对 4 种方法进行详细阐述：

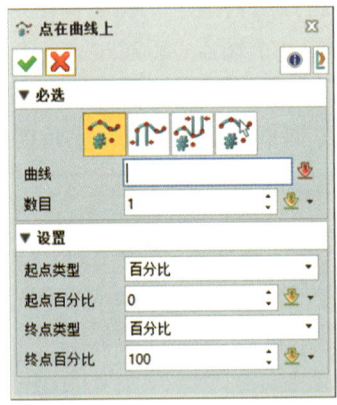

图 3-41　点在曲线上设置

（1）均匀分布点：可根据数量在曲线范围内均匀构建点，如图 3-42 所示。起点类型、终点类型有百分比、距离、点三种，可通过改变数值进而调整点分布范围，以下方法相同。

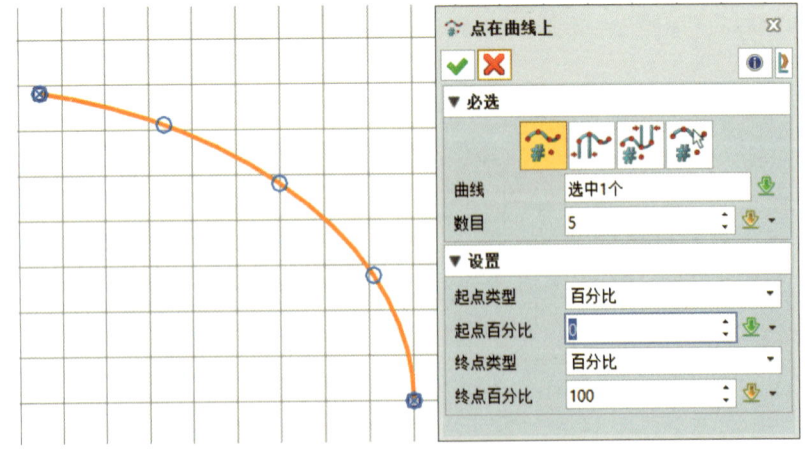

图 3-42　均匀分布点

（2）等距离多个点：可根据距离在曲线范围内均匀构建点，如图 3-43 所示。

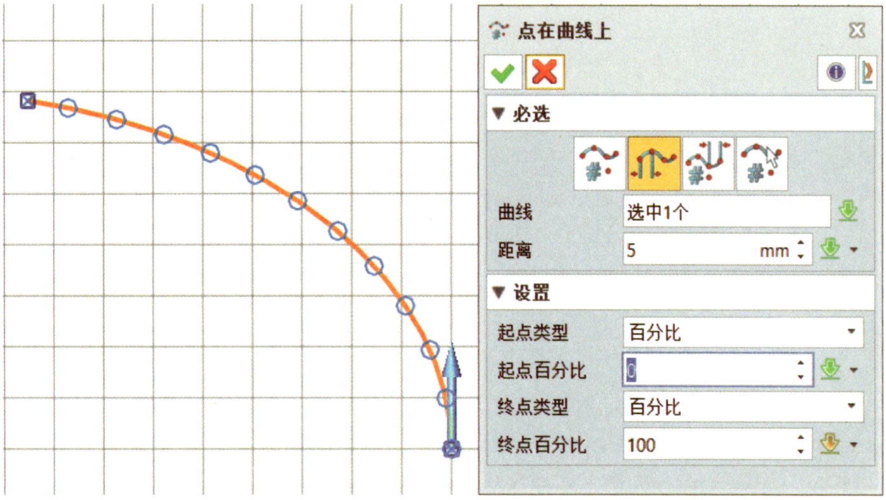

图 3-43　等距离多个点

（3）等距离 N 个点：较等距离多个点会限制点的数量，如图 3-44 所示。

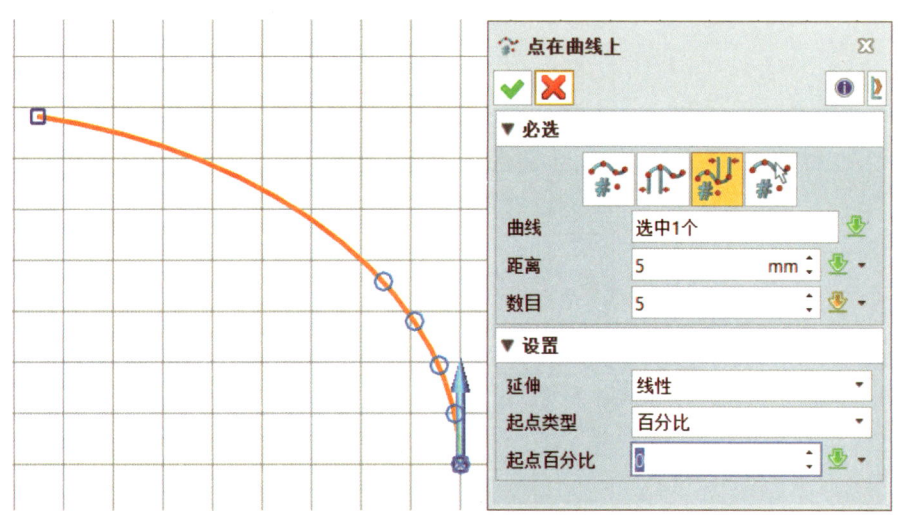

图 3-44　等距离 N 个点

（4）按百分比 N 个点：可以多次在百分比输入不同数值，点击下方"加载按钮"依次在曲线构建点，如图 3-45 所示。

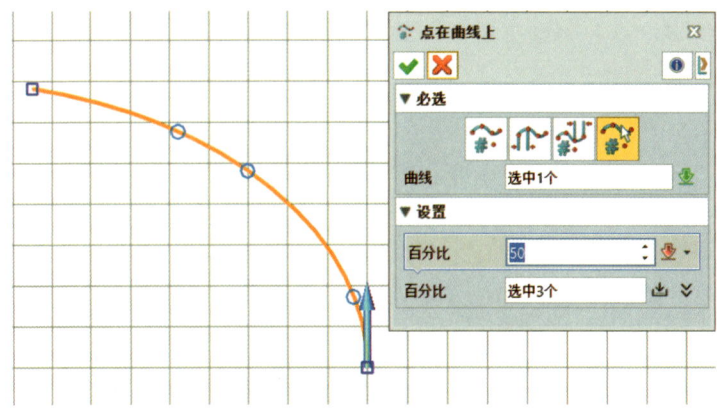

图 3-45　按百分比 N 个点

### 3.1.9　绘制文字

"文字列表"中共有 3 种模式：文字、预制文字和气泡文字。气泡文字分为气泡文字标注、气泡图片标注。下面仅对文字、预制文字进行详细阐述。

#### 3.1.9.1　文　字

文字有 3 个构建方法，如图 3-46 所示，从左向右依次是点坐标法、对齐文字法、方框文字法。下面对 3 种方法进行详细阐述：

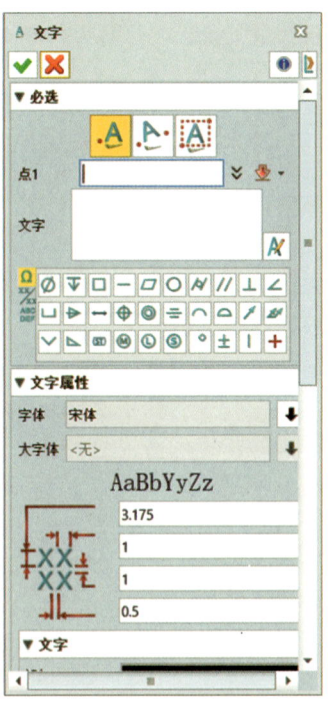

图 3-46　文字设置

（1）点坐标法：创建从某点开始的左对齐文字。可通过文字属性对话框对新文本进行设置，也可以通过编辑器输入选项加入特殊字符。首先输入文字或单击右键选择编辑器，然后选择一个点，以定位文本。

（2）对齐文字法：创建从某一点开始的左对齐文字，第二个点用于定义文本角度，如图 3-47 所示。可通过文字属性对话框对新文本进行设置，也可通过下面的"可选输入"对其进行修改，还可通过编辑器输入选项指定另一种文本字体，或加入特殊字符。

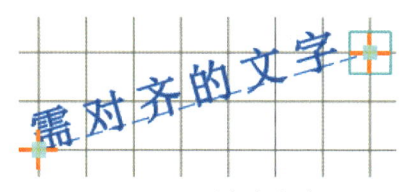

图 3-47 对齐文字法

（3）方框文字法：创建由两点定义的方框中垂直居中的文字，如图 3-48 所示。可通过文字属性对话框对新文本进行设置，也可通过下面的"可选输入"对其进行修改，还可以通过编辑器"输入"选项指定特殊字符。如果将"可选输入"的更多选项卡中的"水平对齐"设为居中，文字将在水平方向上居中。该框只用于对齐，不能更改文字高度以适应文本框。

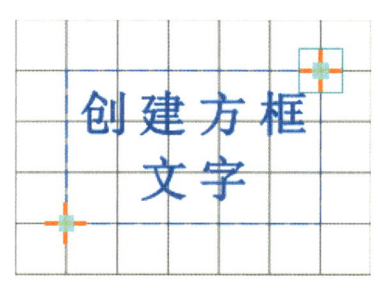

图 3-48 方框文字法

#### 3.1.9.2 预制文字

"预制文字"会创建沿水平或曲线的文本，如图 3-49 所示。对于设计文本标识，以及在设计特征中使用的其他文本来说，这非常有用。比如，包含此文本的草图可放置到平面或非平面零件面上，然后利用其创建一个下沉或上浮的特征。

双击预制的草图文字，弹出修改预制文字串对话框，可对选中的文字进行修改。

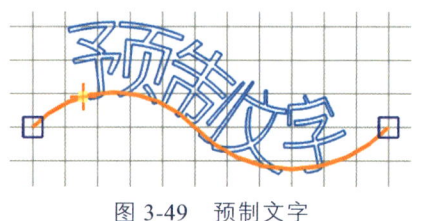

图 3-49 预制文字

### 3.1.10 槽及槽口

#### 3.1.10.1 槽

槽有 4 种构建方法，如图 3-50 所示，从左向右依次是直线法、中心直线法、穿过圆弧法和中心圆弧法。直槽为常用形式，故下面仅对前 2 种方法进行详细阐述：

（1）直线法：先确定两个中心圆点，后确定槽半径、直径或边界点来构建槽，如图 3-50 所示。

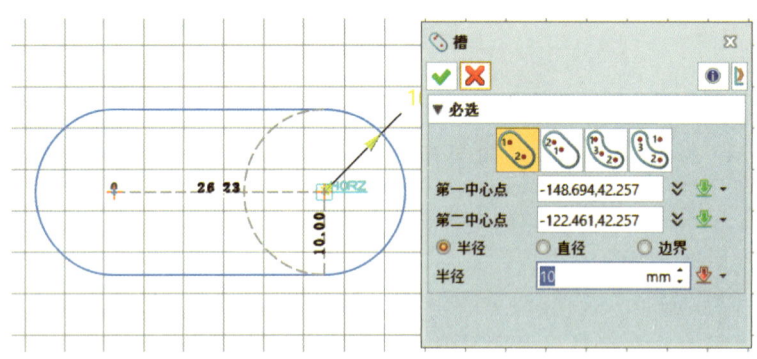

图 3-50　槽直线法

（2）中心直线法：先确定槽中点及一个中心原点，后确定槽半径、直径或边界点来构建槽，如图 3-51 所示。

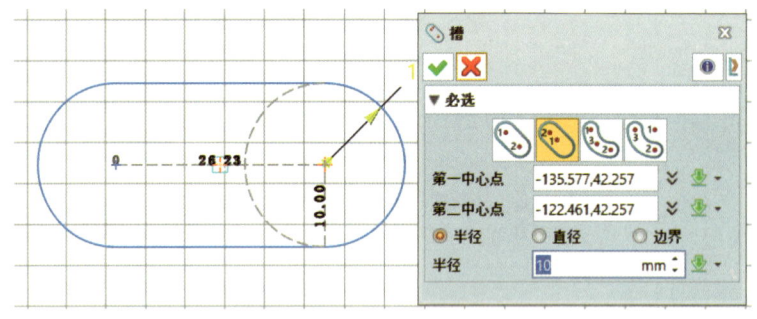

图 3-51　槽中心直线法

#### 3.1.10.2 槽　口

"槽口"可在曲线上创建槽口，需设置槽口的基体、倾斜角、高度、角度，如图 3-52 所示。

### 3.1.11 曲　线

曲线可分为 3 种创建方式：绘制曲线、桥接曲线、偏移及中间曲线。

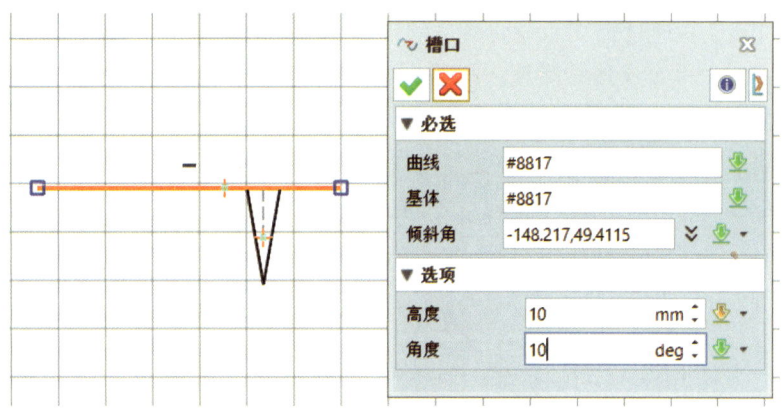

图 3-52　槽口

#### 3.1.11.1　绘制曲线

绘制曲线包含样条曲线、3 点二次曲线、点云曲线、拟合曲线和方程式曲线。

1. 样条曲线

样条曲线有 2 种绘制方式，如图 3-53 所示，从左向右依次是通过点法、控制点法。曲线会从第一个点开始并以最后一个点结束，开始点和最后点之间的点控制曲线的形状。下面对 2 种方法进行详细阐述。

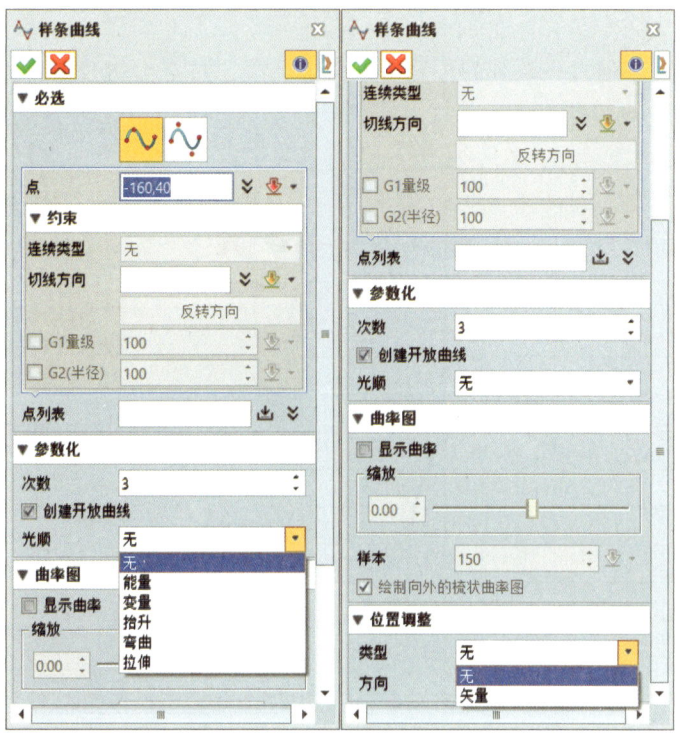

图 3-53　样条曲线设置

（1）通过点法：通过定义曲线会通过的一系列点来创建曲线，如图3-54所示。在设置面板"约束"中可定义连续类型、切线方向、G1量级、G2（半径）；"参数化"中可更改曲线阶数、开放/闭合曲线、光顺类型，"曲率图"中可决定是否在图形显示窗口中实时预览所建曲线的曲率；"位置调整"可以平移曲线。

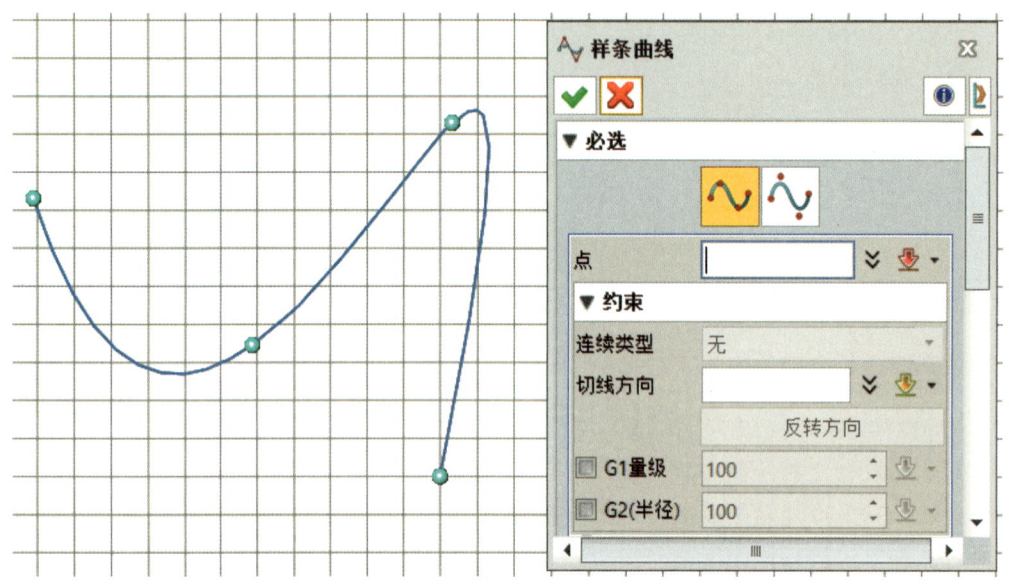

图3-54　样条曲线通过点法

（2）控制点法：通过一系列的控制点来创建曲线，如图3-55所示。控制点法创建曲线设置与通过点法设置基本一致。

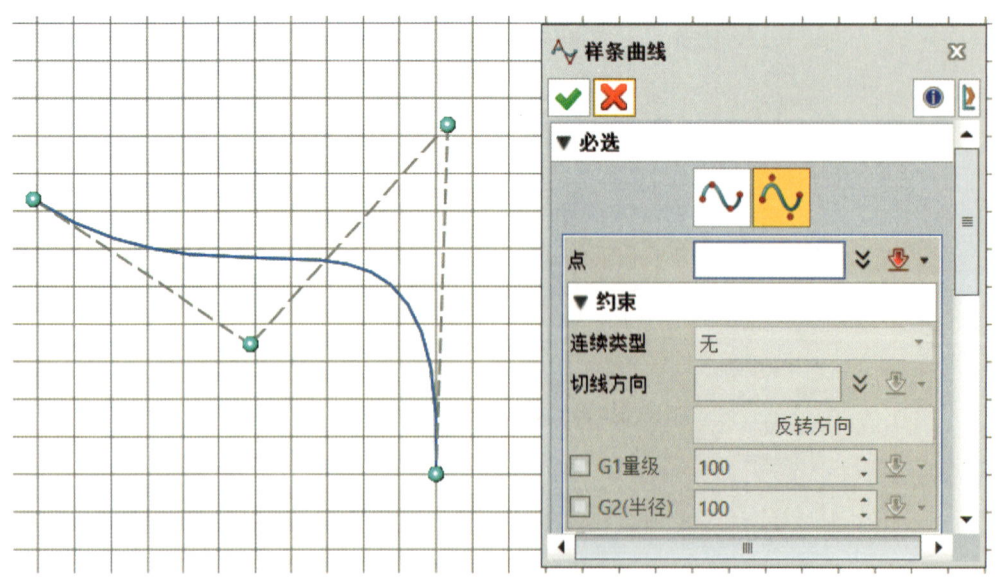

图3-55　样条曲线控制点法

2. 3 点二次曲线

3 点二次曲线通过选择二次曲线的起点、终点,并指定第 3 点为切点或肩点构建曲线。切点:二次曲线在起点/终点与切点之间保持相切,如图 3-56 所示。肩点:二次曲线将通过此点,如图 3-57 所示。二次曲线比率为 0.5 时,将构建抛物线;二次曲线比率小于 0.5 时,将构建椭圆类型曲线;二次曲线比率大于 0.5 时,将构建双曲线类型曲线。

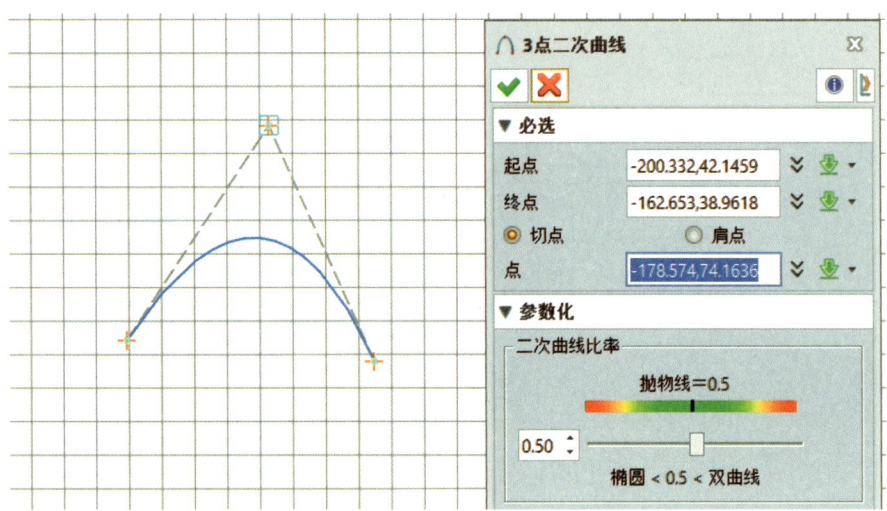

图 3-56　3 点二次曲线切点模式

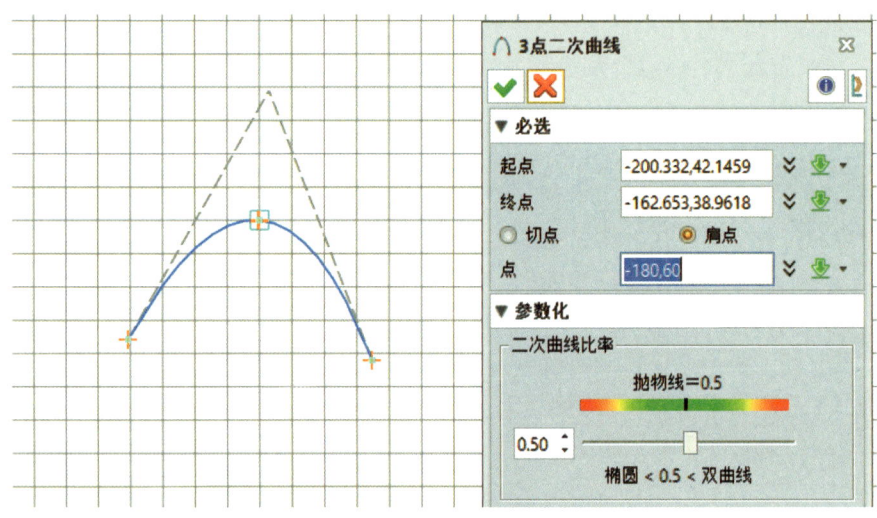

图 3-57　3 点二次曲线肩点模式

3. 点云曲线

点云曲线通过选择起点、曲线上的其余各点、起点终点切向来构建曲线,如图 3-58 所示。需要注意的是,起点可以在草图中任意坐标选择,但曲线上的其余各点必须为已构建的点。其余设置与上述相同。

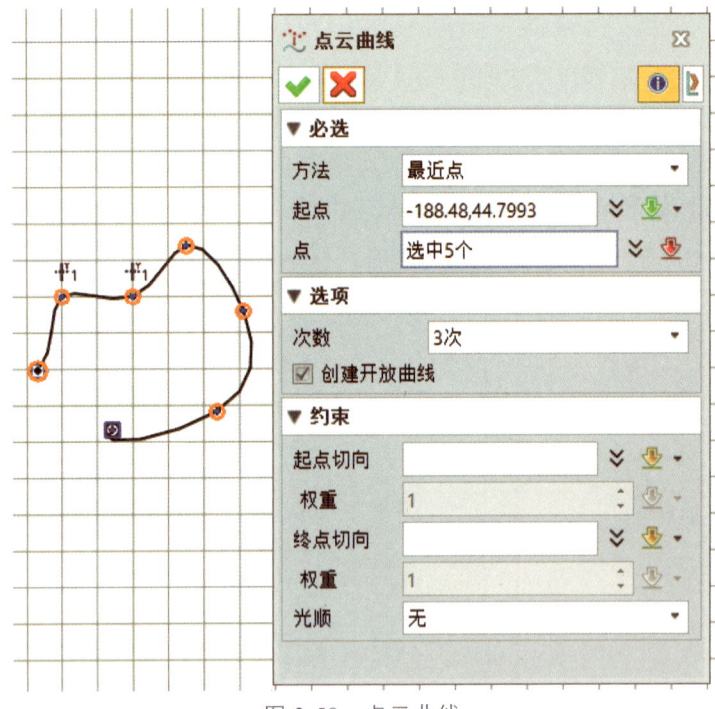

图 3-58　点云曲线

4. 拟合曲线

拟合曲线共有 4 个功能，分别为拟合直线、拟合曲线、拟合圆和拟合椭圆，4 种功能均可以对线条起点、终点分别进行延伸，效果如图 3-59 ~ 图 3-62 所示。

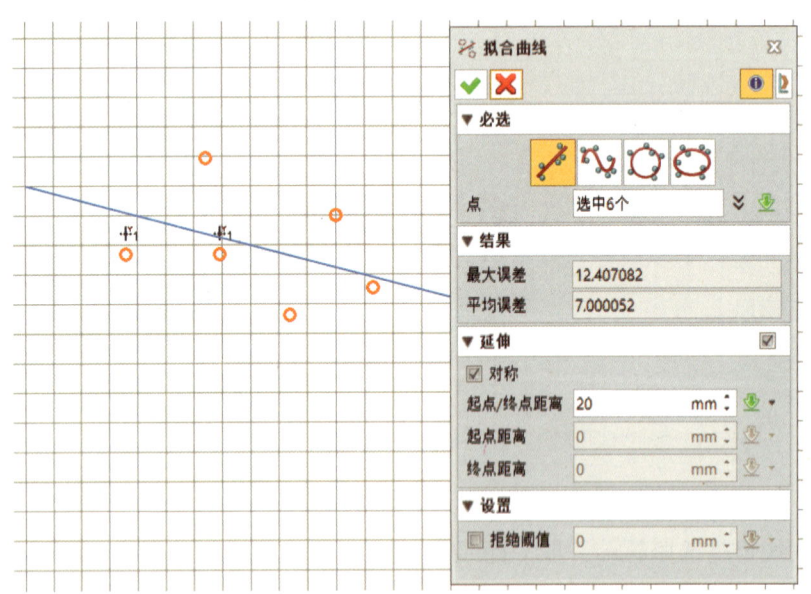

图 3-59　拟合直线

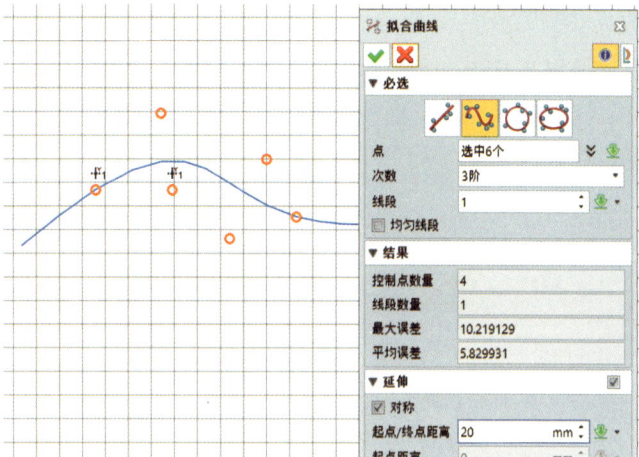

图 3-60　拟合曲线

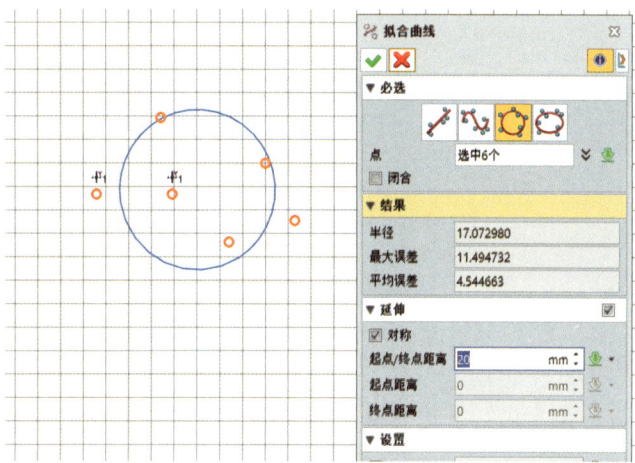

图 3-61　拟合圆

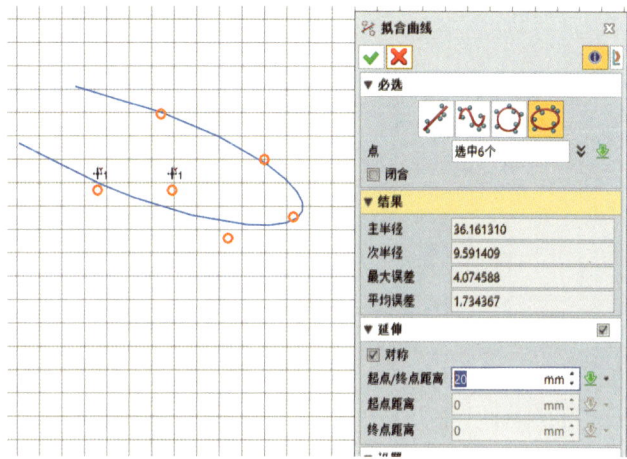

图 3-62　拟合椭圆

5. 方程式曲线

首先选择笛卡尔或极坐标系，之后输入方程式，也可在方程式列表中选择方程式，确认参数变量范围、三角函数单位、曲线参数，即可确定构建方程式曲线。该方法常用于复杂曲线的构建，其设置如图 3-63 所示。

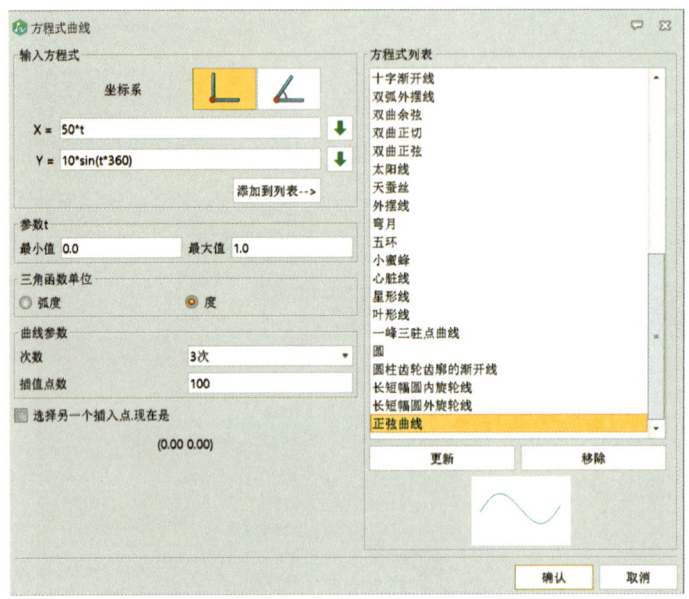

图 3-63　方程式曲线

### 3.1.11.2　桥接曲线

"桥接曲线"可以在曲线、直线、圆弧或面边线之间创建桥接曲线。可选输入包括连接点、相切和曲率匹配、修剪方法、保留侧和曲率权重，如图 3-64 所示。

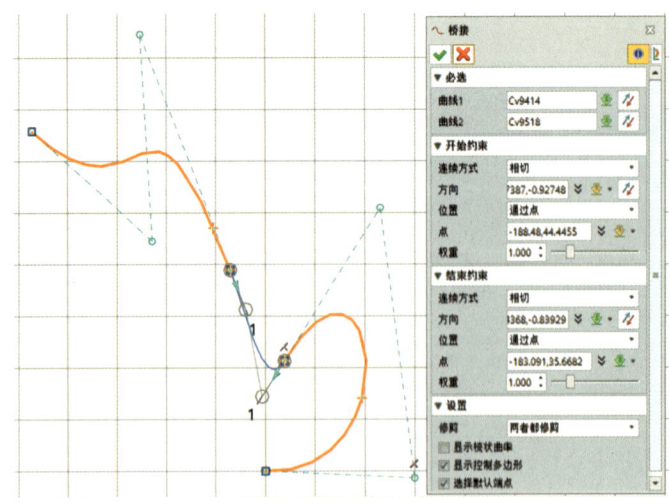

图 3-64　桥接曲线

#### 3.1.11.3 偏移及中间曲线

（1）"偏移曲线"可以对曲线、曲线链或边缘进行偏移，以创建另一条曲线，如图 3-65 所示。

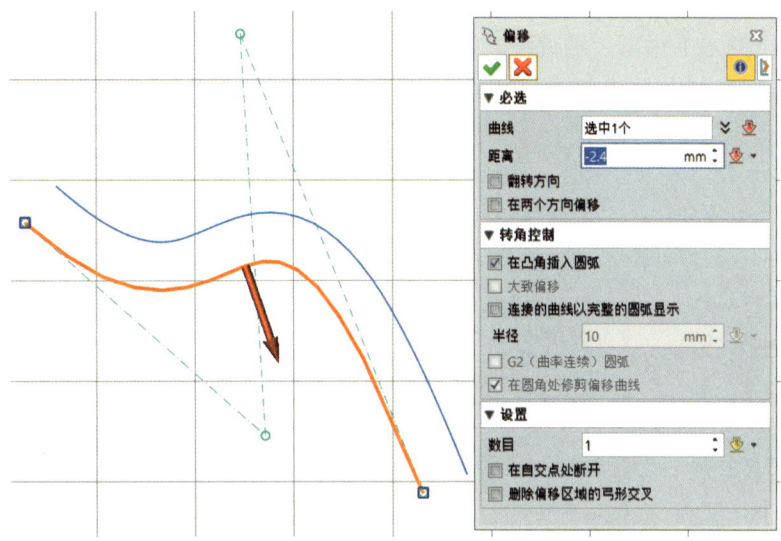

图 3-65　偏移曲线

（2）"中间曲线"可以在两条曲线、圆弧或两个圆的中间创建一条曲线，如图 3-66 所示。中间曲线上的任何点到两侧曲线（含其他中间曲线）的距离均相等。"设置"处可调整计算方法、公差及曲线数量。

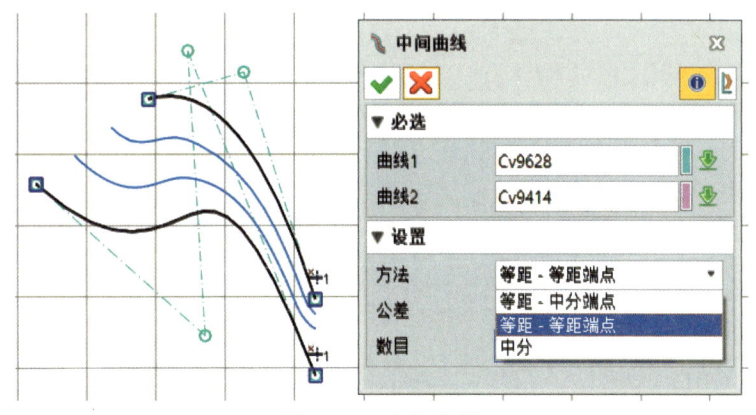

图 3-66　中间曲线

## 3.2　草图标注和约束

草图标注功能属于工具面板→"草图"→"标注"与"约束"模块。

### 3.2.1 草图标注

#### 3.2.1.1 快速标注与线性标注

快速标注有 4 种模式，如图 3-67 所示，从左向右依次为自动、水平、垂直、对齐，可以标注两点间水平距离、垂直距离、直线距离。后三种模式与线性标注相同。

图 3-67 快速标注

#### 3.2.1.2 线性偏移标注

线性偏移法有 2 种模式，如图 3-68 所示，从左向右依次为偏移、投影距离。偏移模式是在 2 条平行线之间创建标注。投影距离模式是创建一个点到一条线的垂直距离的线性标注。

图 3-68 线性偏移标注

#### 3.2.1.3 角度标注

角度标注具有 5 种模式，如图 3-69 所示，从左向右依次为两曲线角度标注、水平角度标注、垂直角度标注、三点角度标注和弧长角度标注。其中，两曲线、水平和垂直标注不仅支持直线与直线之间的角度标注，还支持直线与曲线、曲线与曲线之间的角度标注。若选择插值曲线，则拾取到的是最近的插值点；若选择控制点曲线，则拾取到的是最近的端点。与曲线的角度标注，实质是与曲线在最近的插值点或端点处的切向间的角度。

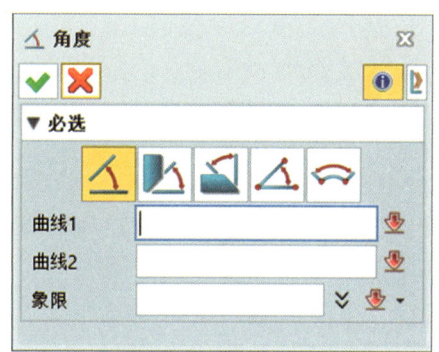

图 3-69　角度标注

（1）两曲线角度标注可以标注直线或曲线之间的角度；
（2）水平角度标注可以标注直线或曲线及其所在象限最近水平参考点之间的角度；
（3）垂直角度标注可以标注直线或曲线及其所在象限最近垂直参考点之间的角度；
（4）三点角度标注可以标注由三点定义的两条虚构直线之间的角度；
（5）弧长角度标注可以标注弧长的角度。

### 3.2.1.4　半径/直径标注及弧长标注

半径/直径标注可以对圆和圆弧的半径/直径进行标注，如图 3-70 所示。

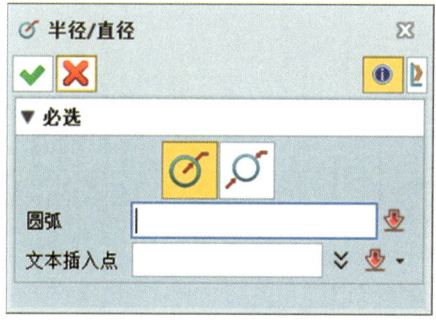

图 3-70　半径/直径标注

弧长标注可对圆弧长度进行标注，如图 3-71 所示。

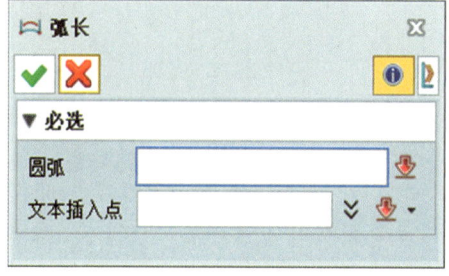

图 3-71　弧长标注

### 3.2.2 草图约束

#### 3.2.2.1 添加约束

根据选择曲线/点的组合不同，添加约束设置窗口下方会出现相应的约束功能。

选择点和点时，下方出现添加固定约束、垂直点约束（X方向对齐）、水平点约束（Y方向对齐）、约束点到其他点，如图3-72所示。

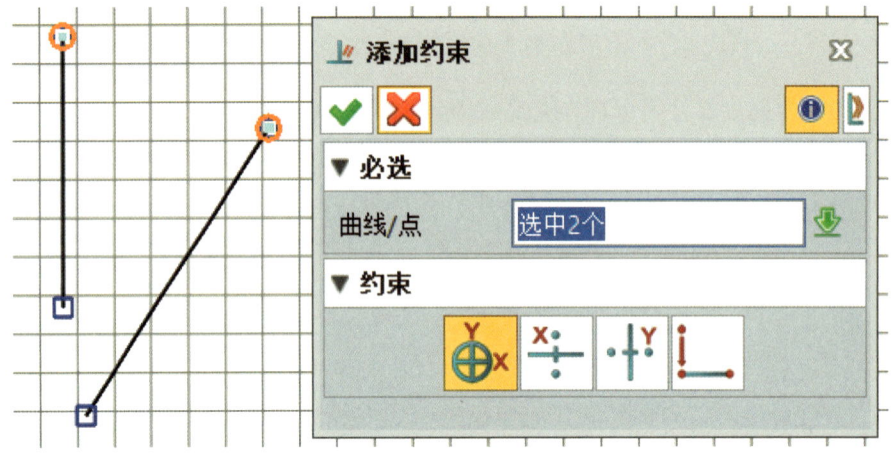

图3-72　点和点添加约束

选择点和线时，下方出现添加固定约束、共线点约束，如图3-73所示。

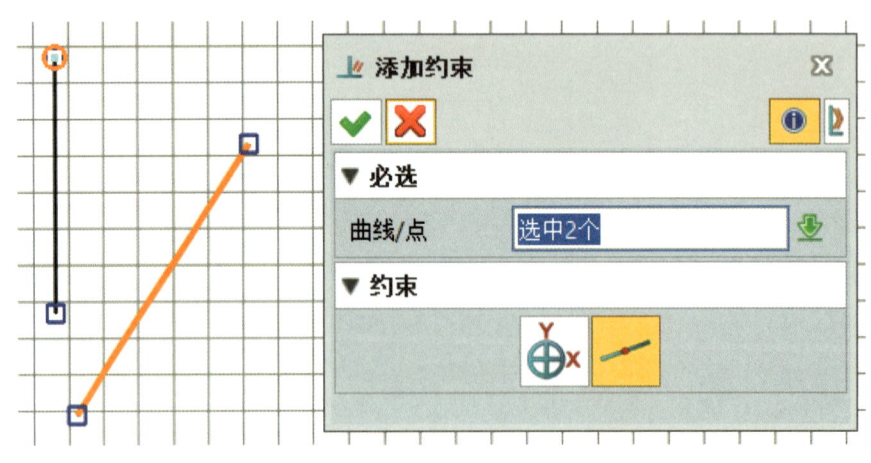

图3-73　点和线添加约束

选择线和线时，下方出现添加固定约束、线水平约束、线垂直约束、垂直约束直线、平行约束直线、共线约束直线、等长约束，如图3-74所示。

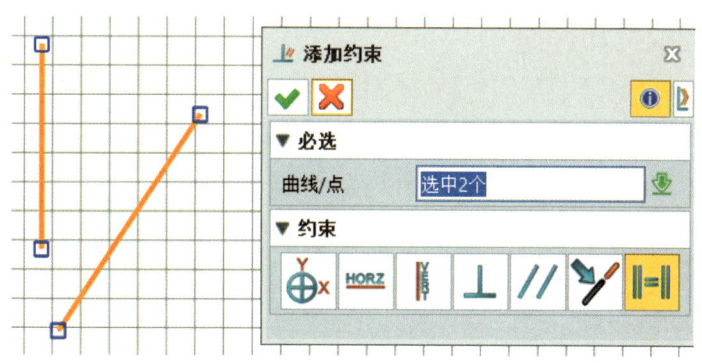

图 3-74 线和线添加标注

#### 3.2.2.2 自动约束

自动约束会分析当前的草图几何体，并自动添加约束和标注。需要选择基点和约束实体，可以选择约束类型及是否添加标注，如图 3-75 所示。自动约束前后对比如图 3-76 所示。

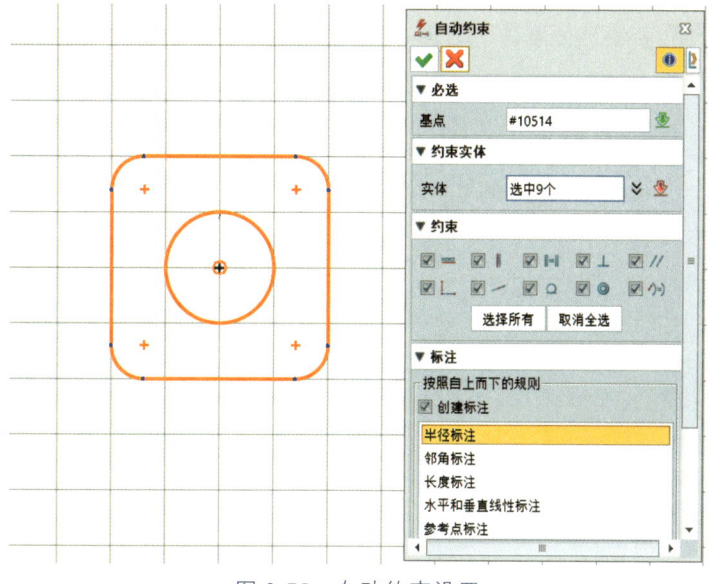

图 3-75 自动约束设置

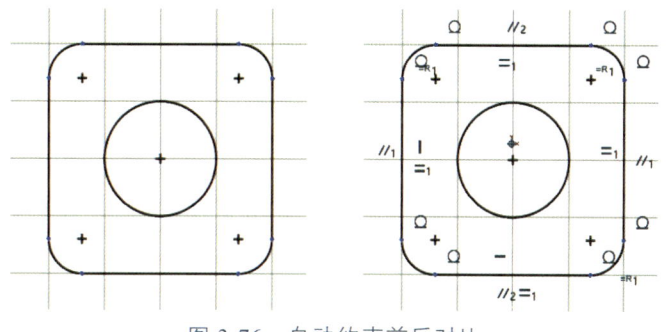

图 3-76 自动约束前后对比

069

## 3.3 草图编辑和查询

草图编辑功能属于工具面板→"草图"→"基础编辑"与"编辑曲线"模块。草图查询功能属于工具面板→"查询"模块。

### 3.3.1 草图编辑

#### 3.3.1.1 草图几何编辑

草图几何编辑包含阵列、移动、复制、旋转、镜像、缩放、拉伸、拖拽、炸开功能。

1. 阵　列

阵列功能将草图内实体进行阵列复制,包括线性阵列、圆形阵列、沿曲线阵列。

(1) 线性阵列需要选择基体、方向、数目和间距(可更换为数目和区间、间距和区间,以下阵列相同),设置和阵列效果如图 3-77 所示。

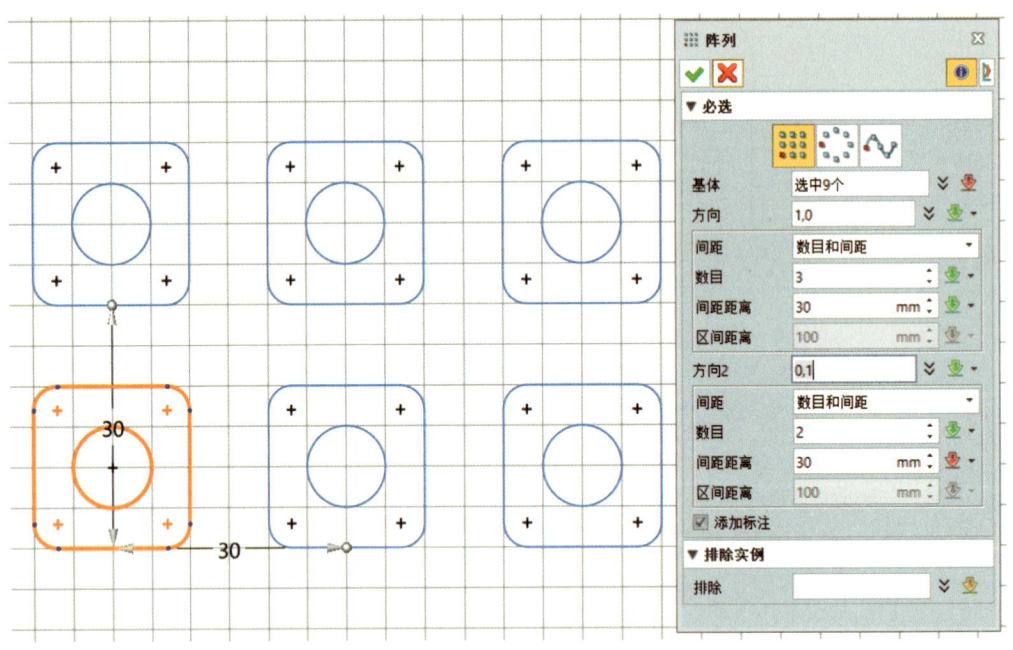

图 3-77　线性阵列

(2) 圆周阵列:选择基体、阵列圆边路径的圆心、数目和间距,设置和阵列效果如图 3-78 所示。

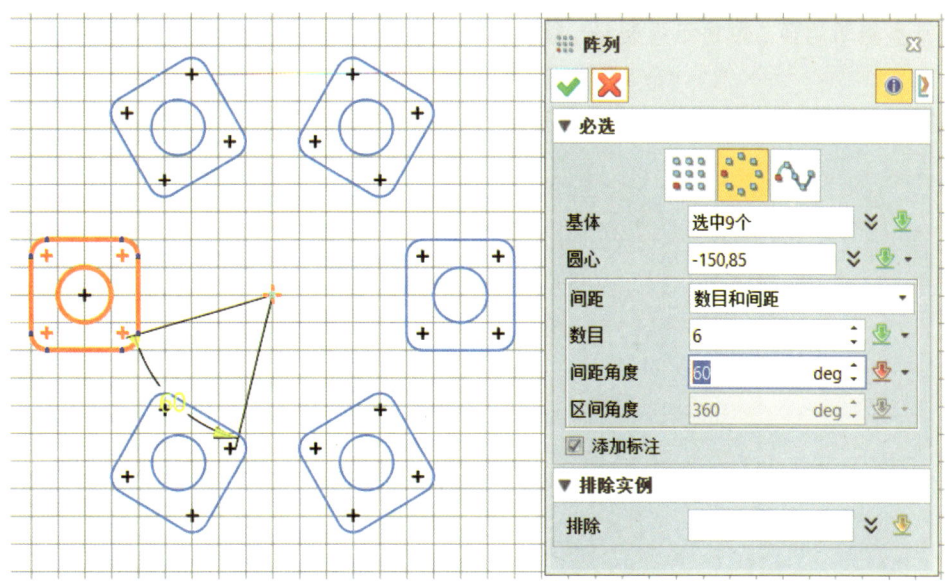

图 3-78 圆周阵列

（3）曲线阵列：选择基体、阵列曲线路径、数目和间距，设置和阵列效果如图 3-79 所示。

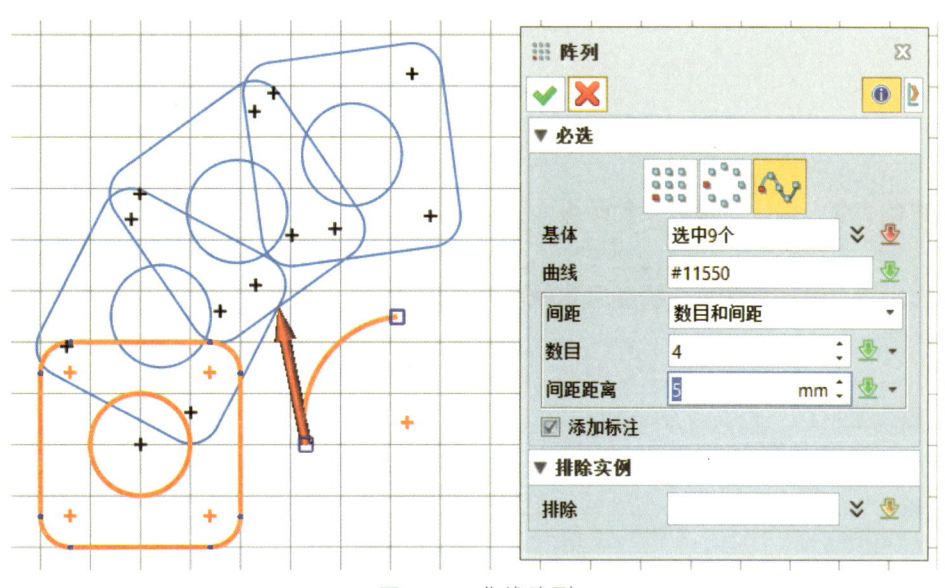

图 3-79 曲线阵列

2. 移　动

移动功能可通过起始点与终止点将草图实体从一个位置移动或复制到另一个位置，也可以通过指定方向和移动距离。可选输入包含指定方向、旋转角度和缩放比例。移动效果和设置如图 3-80 所示。

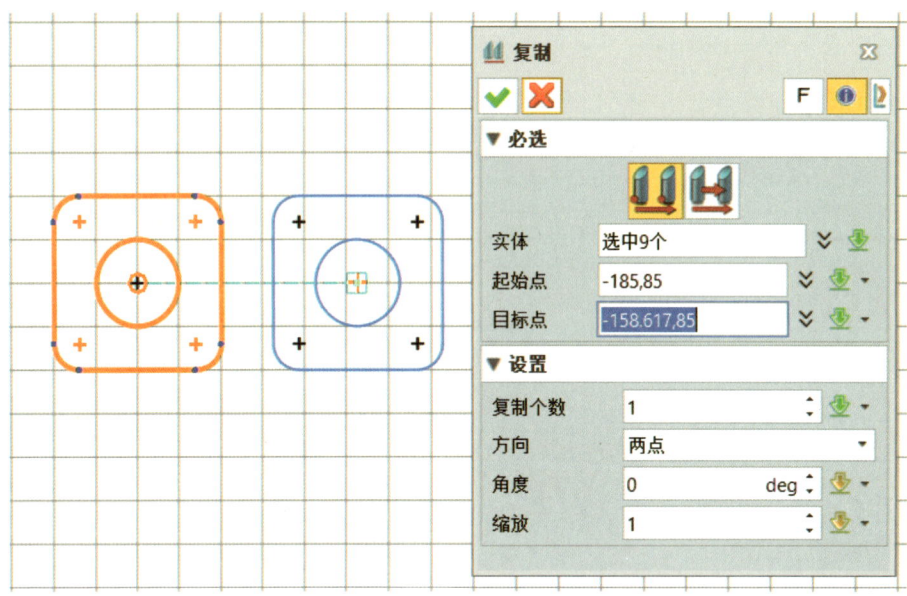

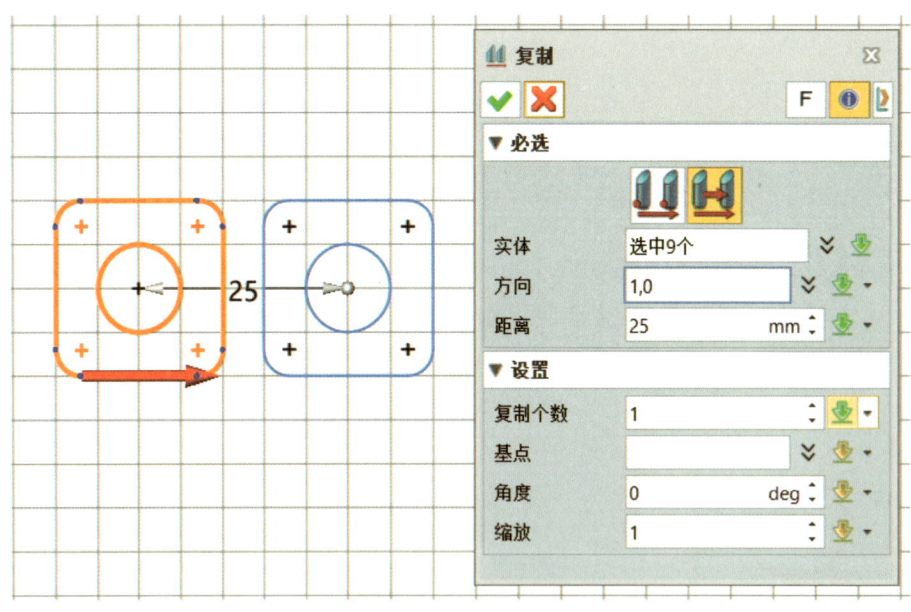

图 3-80　移动设置

**3. 复　制**

复制功能与移动几何操作逻辑基本一致，但会保留基体几何并需选择复制个数。

**4. 旋　转**

旋转功能通过选择实体、基点（旋转圆边路径圆心）、角度或起点终点、移动或复制来将草图几何旋转。旋转效果和设置如图 3-81 所示。

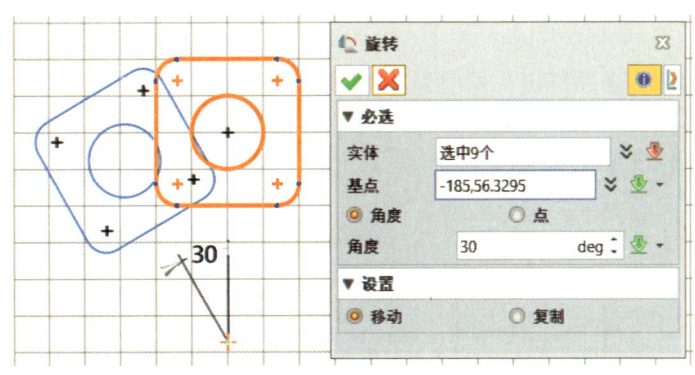

图 3-81　旋转

5. 镜　　像

镜像功能通过选择实体和镜像线完成实体镜像操作，可选是否保留原实体。镜像效果和设置如图 3-82 所示。

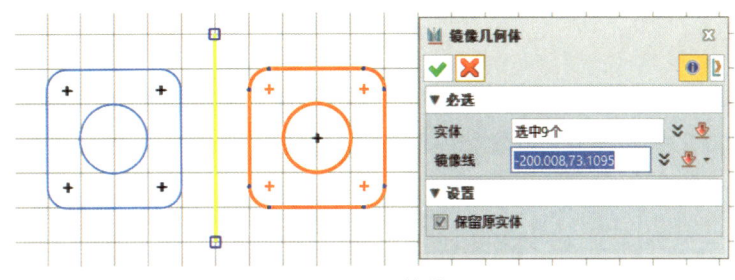

图 3-82　镜像

6. 缩　　放

缩放功能将实体从基点按比例或点方式进行缩放，可选"制作副本"来保存基体几何并进行多次缩放。缩放效果和设置如图 3-83 所示。

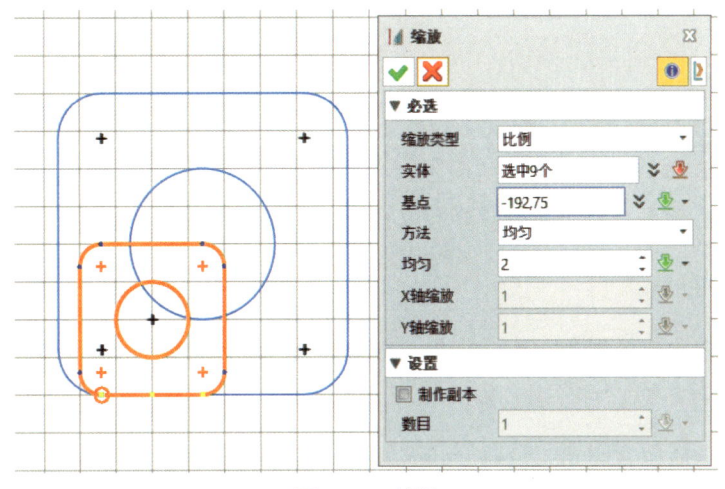

图 3-83　缩放

### 7. 拉 伸

拉伸功能通过移动关键点，同时保持原起始点不变，来对草图实体进行拉伸。首先指定要拉伸的关键点，然后指定要拉伸的起始点和目标点。方向可选择为两点、水平或垂直。拉伸效果和设置如图 3-84 所示。

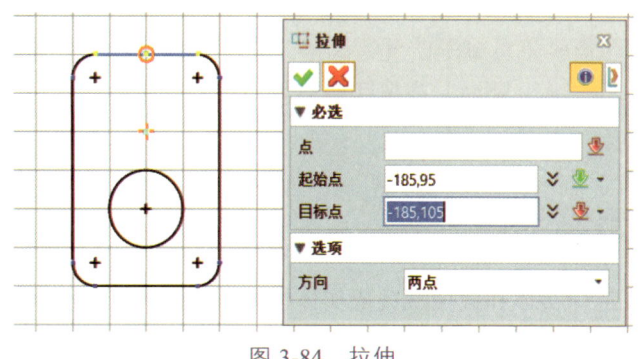

图 3-84　拉伸

### 8. 拖 拽

拖拽功能将几何体从一个点拖动到另一点，而且约束和标注会同时移动，几何体的连接将会被保持。拖拽效果和设置如图 3-85 所示。

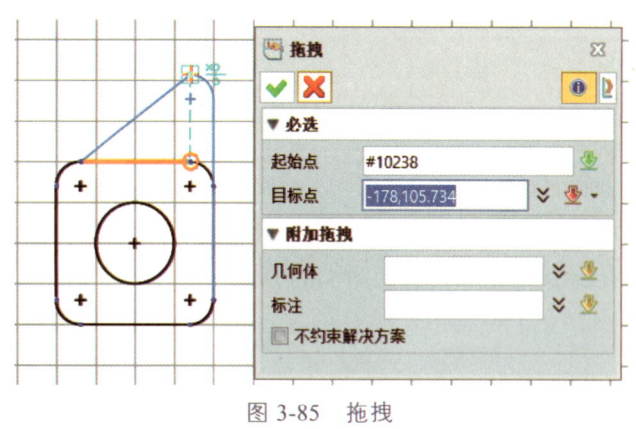

图 3-85　拖拽

### 9. 炸 开

炸开功能将文本、标注和符号炸开成直线、弧和圆等几何体。

#### 3.3.1.2　曲线编辑

曲线编辑中含曲线圆角、曲线倒角、曲线修剪、曲线修改、曲线压印功能。

##### 1. 曲线圆角

曲线圆角功能包含圆角、链状圆角。圆角一次仅能选择两条曲线构建一个圆角；链状圆角可以一次选择多条曲线构建多个圆角。

（1）圆角具有 2 种构建方式，如图 3-86 所示，从左向右依次是半径法、边界法。半径法需要两条曲线及圆角半径进行圆角构建；边界法需要两条曲线及圆角上一点进行圆角构建。可选"G2（曲率连续）圆弧"，并可选择两条曲线分别是否修剪。

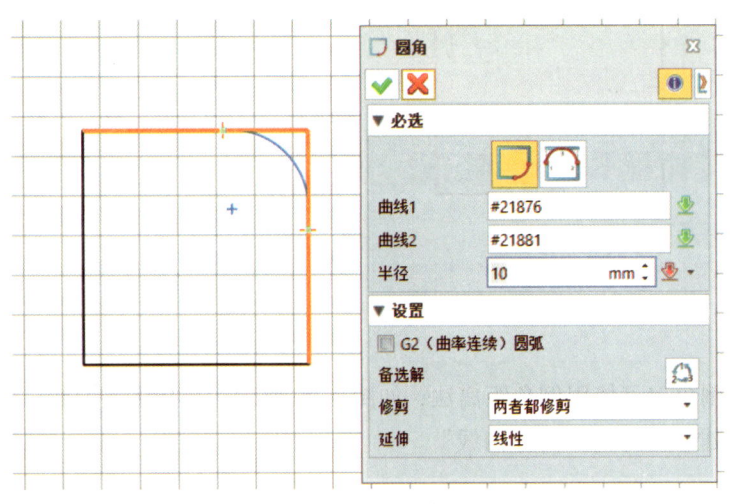

图 3-86　圆角

（2）链状圆角选择多条曲线，确认半径进行多圆角构建，如图 3-87 所示。可选"G2（曲率连续）圆弧"及"修剪原曲线"。

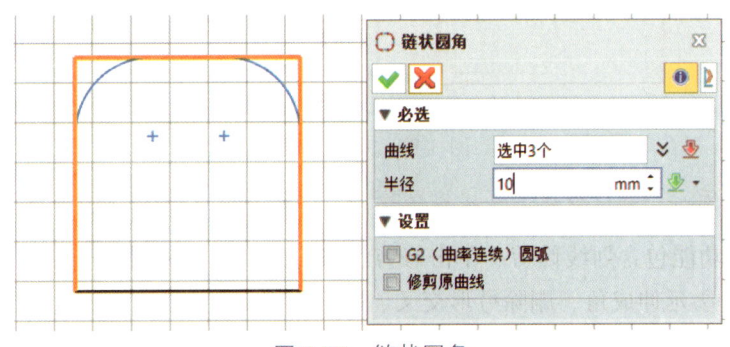

图 3-87　链状圆角

2. 曲线倒角

曲线倒角功能包含倒角、链状倒角。倒角一次仅能选择两条曲线构建一个倒角；链状倒角可以一次选择多条曲线构建多个倒角。

（1）倒角具有 3 种构建方式，如图 3-88 所示，从左向右依次是倒角距离法、双倒角距离法、倒角距离角度法。倒角距离法需要两条曲线及一个倒角距离进行倒角构建；双倒角距离法需要两条曲线及两条曲线各自的倒角距离进行倒角构建；倒角距离角度法需要两条曲线、一条曲线的倒角距离及倒角与该曲线的夹角角度进行倒角构建。可选择两条曲线分别是否修剪。

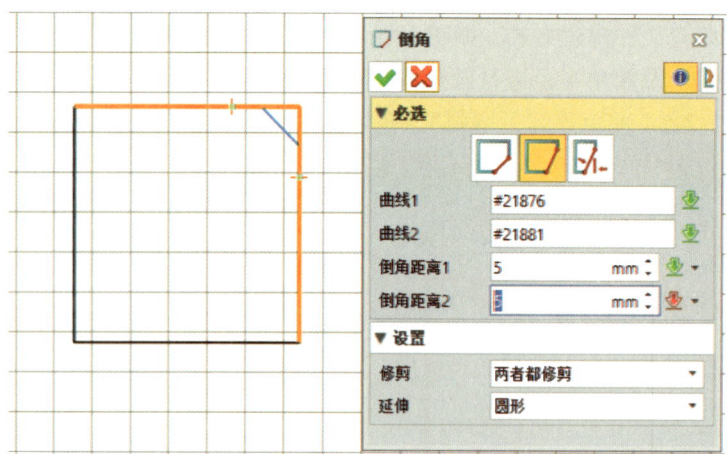

图 3-88 倒角

（2）链状倒角仅可使用倒角距离法，如图 3-89 所示，选择多条曲线，确认倒角距离进行多倒角构建。可选"修剪原曲线"。

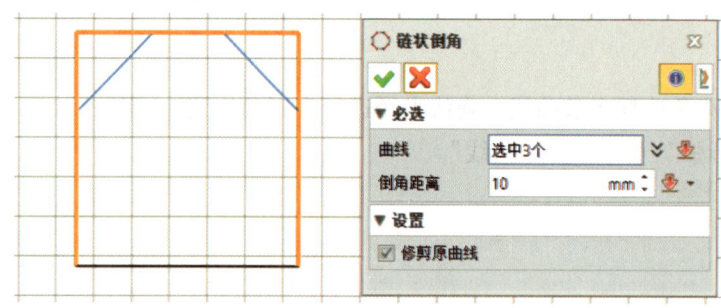

图 3-89 链状倒角

3. 曲线修剪

曲线修剪功能包含划线修剪、单击修剪、修剪/延伸、修剪/打断曲线、通过点修剪/打断曲线、修剪/延伸成角、删除弓形交叉、断开交点。

（1）"划线修剪"可在图形显示窗口中按住鼠标左键拖动进行画线，与所画线相交的曲线将被删除。划线修剪效果如图 3-90 所示。

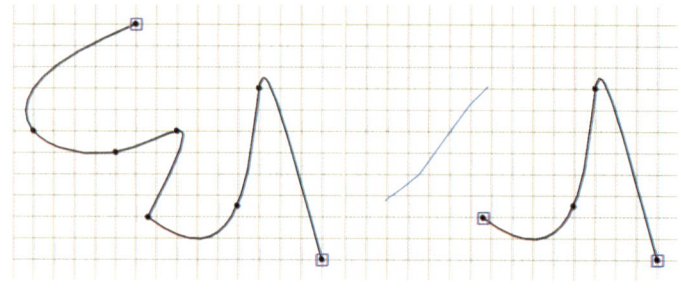

图 3-90 划线修剪

(2)"单击修剪"可在图形显示窗口中点击删除所选曲线。

(3)"修剪/延伸"用于修剪或延伸线、弧或曲线。可修剪/延伸到一个点、一条曲线或输入一个延伸长度。先在曲线选择需修剪或延伸的曲线,然后在终点选择需修剪或延伸的目标点或曲线,或输入一个延伸长度。修剪/延伸效果如图 3-91 所示,示意见图 3-92 所示。

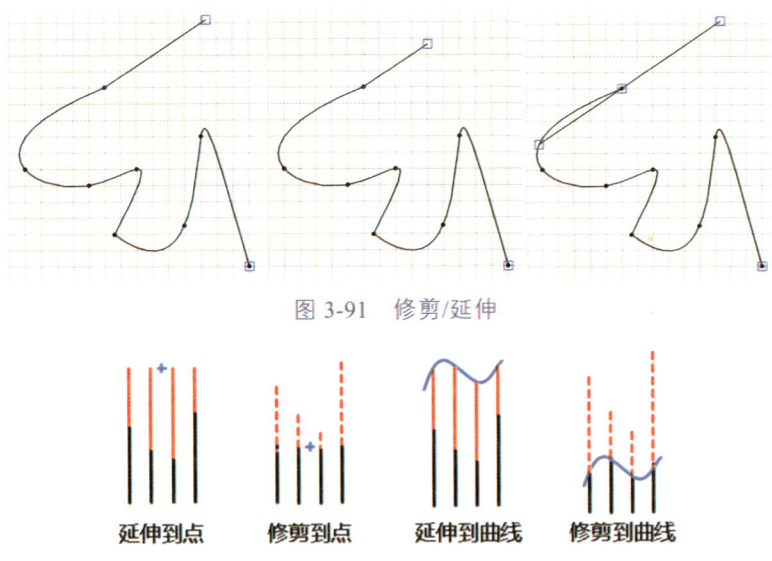

图 3-91　修剪/延伸

图 3-92　修剪/延伸示意图

(4)"修剪/打断曲线"可用相交线对曲线进行编辑。需要首先选择两条用于修剪/打断的工具曲线,之后选择需要修剪/打断的线段进行操作,如图 3-93 所示。修剪共有三个选项:保持、删除、打断。保持会仅保留打断后两条工具曲线间的线段,如图 3-94 所示;删除会将打断后两条工具曲线间的线段去掉,如图 3-95 所示;打断则会将打断后所有线段保存,如图 3-96 所示。

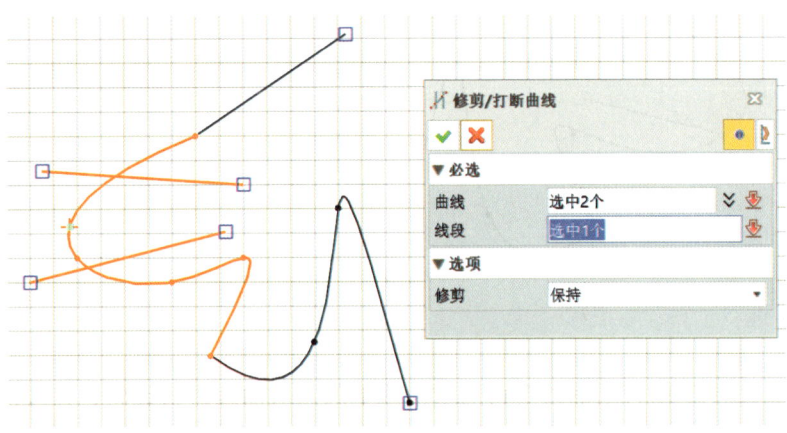

图 3-93　修剪/打断曲线设置

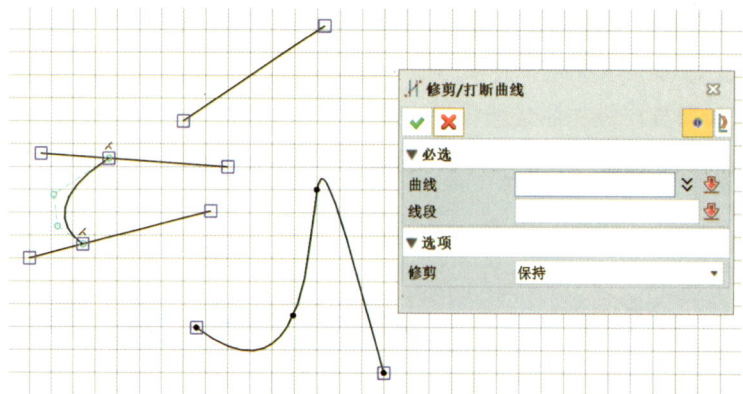

图 3-94　修剪/打断曲线保持

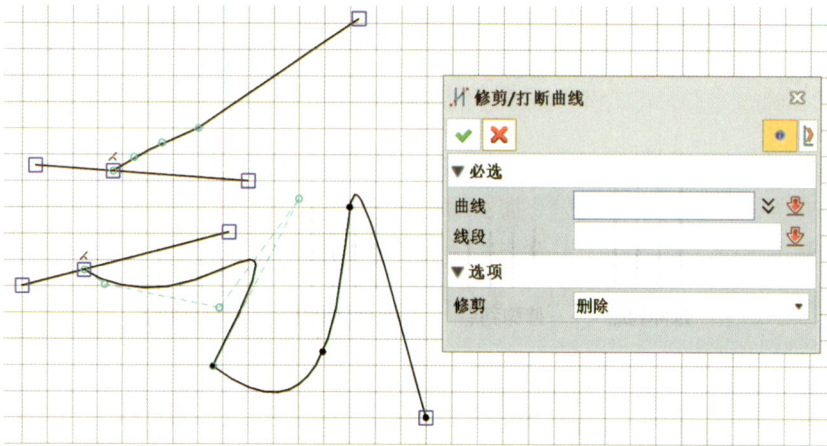

图 3-95　修剪/打开曲线删除

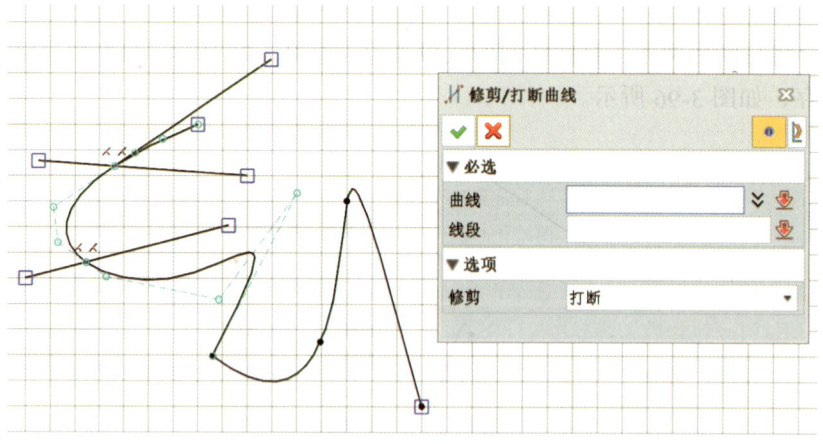

图 3-96　修剪/打开曲线打断

（5）"通过点修剪/打断曲线"可通过曲线上的点对曲线进行编辑，在线段中通过选择可以保留多个线段，或不进行选择只是打断曲线。需要在曲线设置中选择要编辑的曲线,在点设置中选择打断点,在线段设置中选择所要保留线段上的点,如图 3-97 所示。通过点修剪/打断曲线效果如图 3-98 所示。

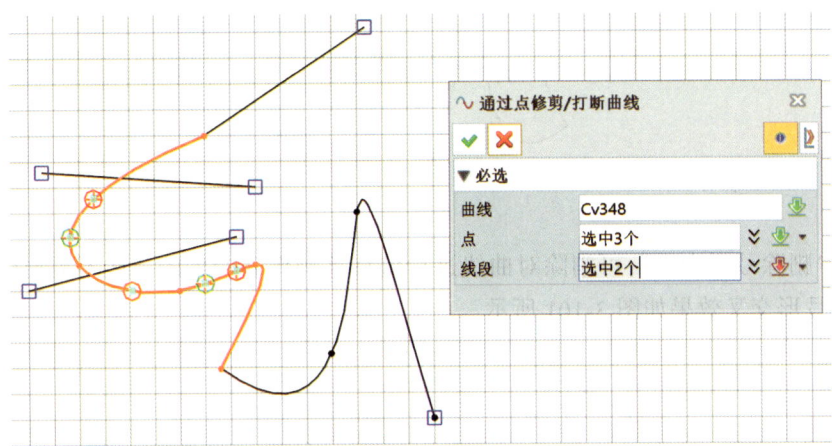

图 3-97　点修剪/打断曲线

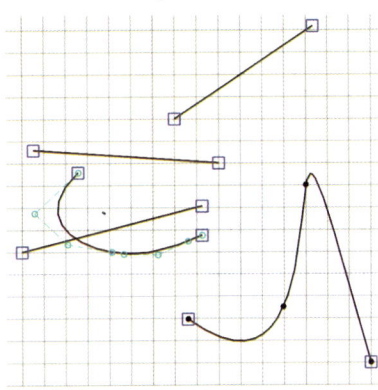

图 3-98　点修剪/打断效果图

(6)"修剪/延伸成角"可对两条相交线修剪成角或两条非平行不相交线进行延伸成角。修剪成角需在曲线保留侧点击进行选择,效果如图 3-99 所示。延伸成角选择的两条曲线必须为非平行曲线,效果如图 3-100 所示。

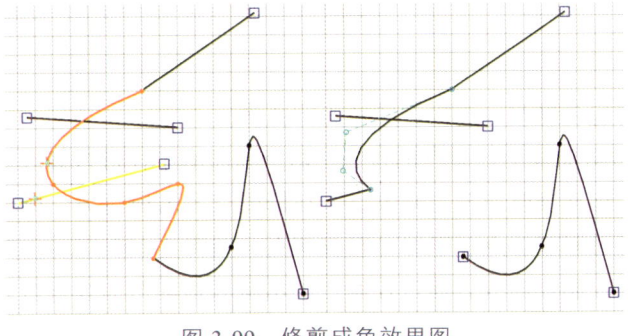

图 3-99　修剪成角效果图

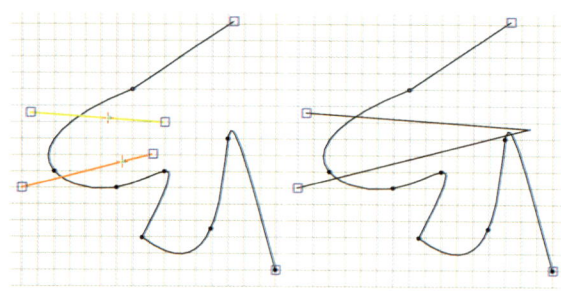

图 3-100　延伸成角效果图

（7）"删除弓形交叉"可消除对曲线进行偏移等操作后产生的一些不需要的弓形曲线。删除弓形交叉效果如图 3-101 所示。

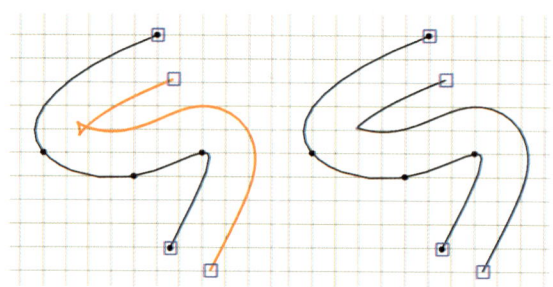

图 3-101　删除弓形交叉效果图

（8）"断开交点"可选择多条曲线，在交点处断开曲线，可选择是否在曲线自交点、曲线间交点断开。断开交点设置如图 3-102 所示。

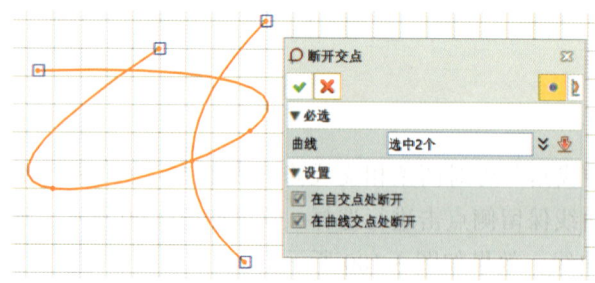

图 3-102　断开交点

4. 曲线修改

曲线修改功能包含修改、连接、转换为圆弧/线。

（1）"修改"可对曲线上任意点的位置、切点和曲率半径进行修改。具有两种方法：一是控制箭头法，选择修改曲线与修改点，在修改点上出现箭头，拖动箭头头部可修改点曲率半径、尾部可修改切点、中部可修改切点，如图 3-103 所示；二是控制点法，将点绘制曲线转化为控制点曲线，通过控制点的增减和拖动对曲线进行修改，如图 3-104 所示。

第 3 章 草 图

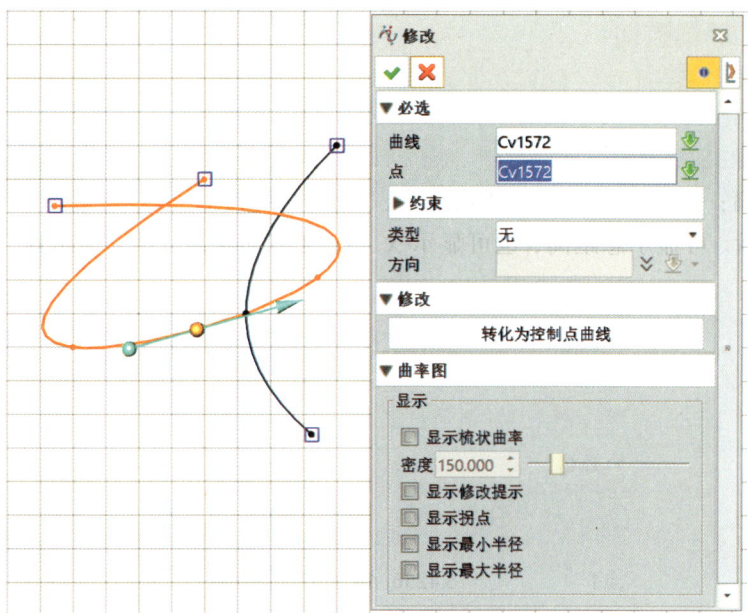

图 3-103 修改控制箭头法

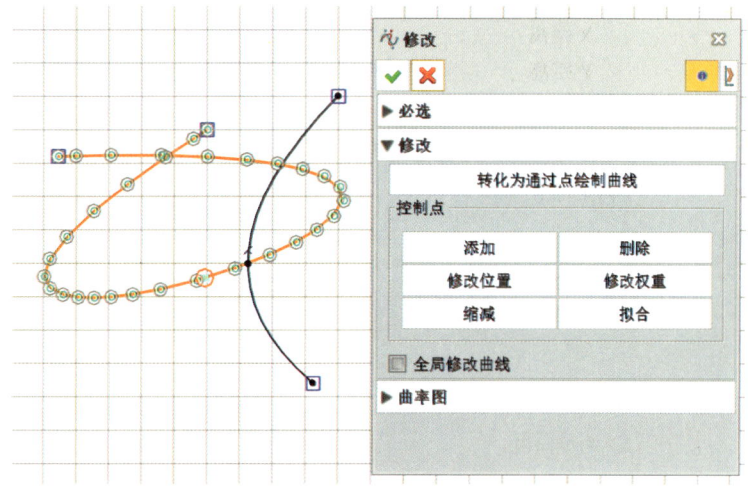

图 3-104 修改控制点法

（2）"连接"可将相互对接的多条曲线合并为一条曲线。可选择曲线连接处的连续方式包含：无（曲线直接相连）、相切（曲线连接处保持相切连续过渡）、曲率（曲线连接处保持曲率连续过渡）。

（3）"转换为圆弧/线"可将曲线分割为相互对接的多条圆弧和直线线段。可选公差大小、是否在连续点处相切、是否保留原曲线。

5. 曲线压印

曲线压印功能将多个曲线从曲线交点处对曲线进行分割。

### 3.3.2 草图查询

草图查询中包含距离、角度、圆弧、长度、面积、坐标、实体信息、查询大小、曲线信息、NURBS 数据、控制多边形、曲率图、曲率连续性、最小半径、最大半径。

（1）距离：查询点到点、点到几何体、几何体到几何体、三维点到点的距离，如图 3-105 所示。可显示总距离，也可显示 X、Y、Z 方向距离，结果显示窗口如图 3-106 所示。

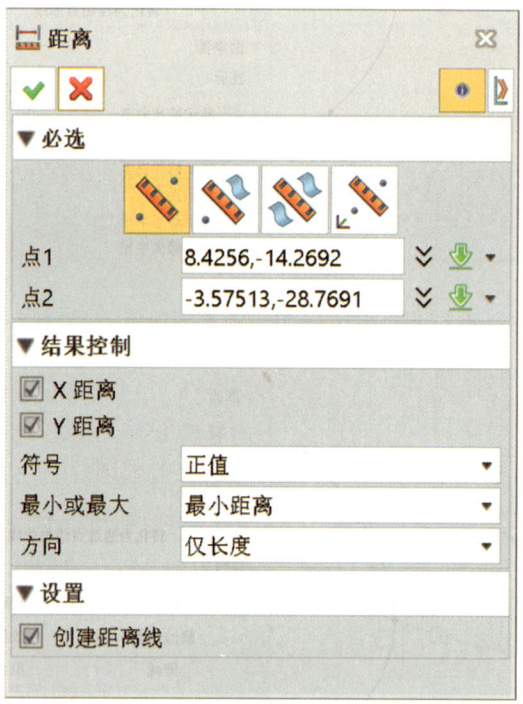

图 3-105　距离

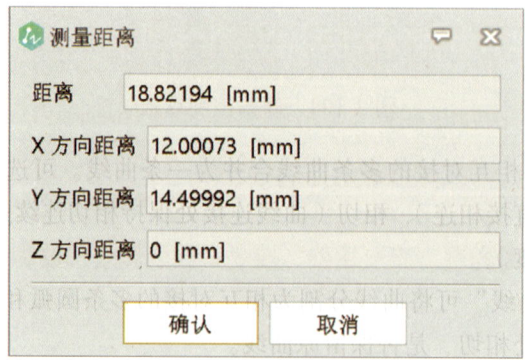

图 3-106　距离结果显示窗口

（2）角度：测量三点角度、四点角度、两向量角度，如图 3-107 所示。

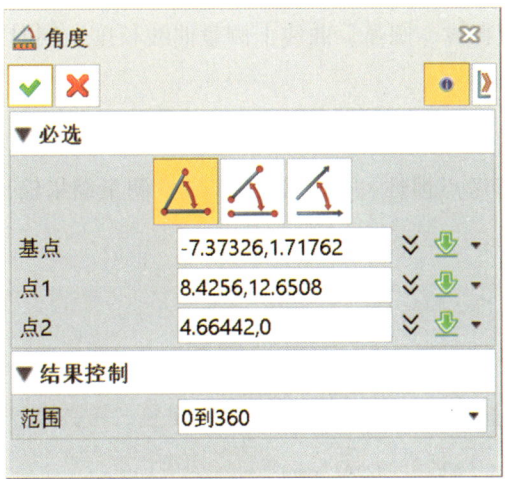

图 3-107 角度

（3）圆弧：通过选择三点或圆弧上一点，如图 3-108 所示，可显示三个点的理论圆弧数据，或所选圆弧的几何圆弧数据，包括半径、圆弧角度、圆心、法向，如图 3-109 所示。

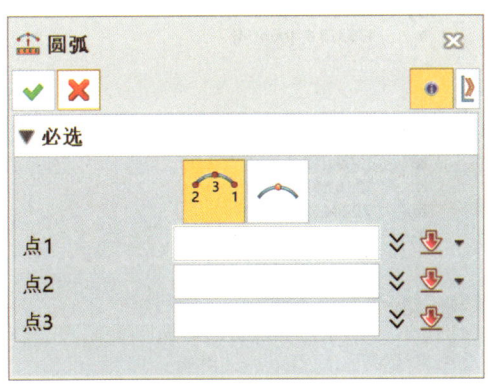

图 3-108 圆弧

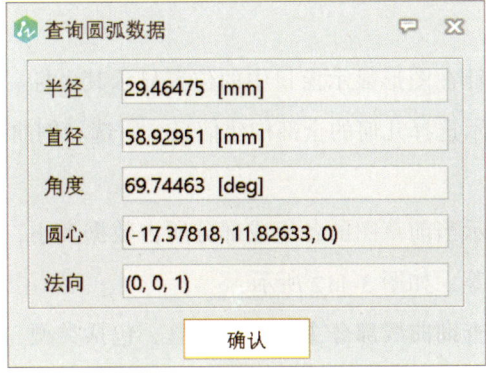

图 3-109 圆弧结果显示窗口

（4）长度：在任何直线、圆弧、曲线上测量曲线长度，同时可以测量多个几何长度的总和。

（5）面积：测量由曲线组成的封闭平面的面积，同时可以显示封闭平面的形心、周长、密度、面积质量、参考点惯性、质心惯性，并可将测量结果输出到文件中，如图 3-110 所示。

图 3-110　面积结果显示窗口

（6）坐标：根据指针在图形显示窗口中的位置显示其坐标。

（7）实体信息：展示选择几何的全部构建信息，所选示例曲线的实体信息如图 3-111 所示。

（8）查询大小：展示当前草图的各组成部分所占数据大小，包含插入平面、基准列表、点列表、几何列表等，如图 3-112 所示。

（9）曲线信息：可查询曲线部分主要构建信息，包括类型、长度、维数、次数、闭合、有理、起点、终点、起点切线、终点切线，如图 3-113 所示。

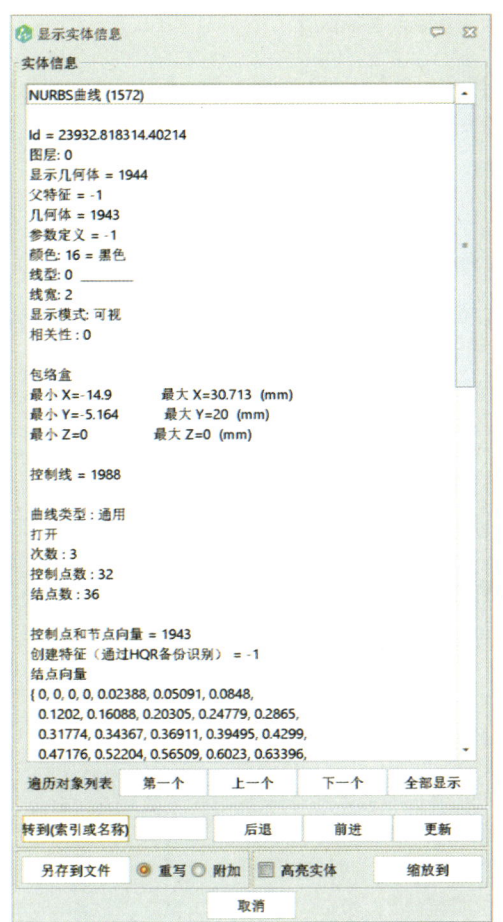

图 3-111　实体信息

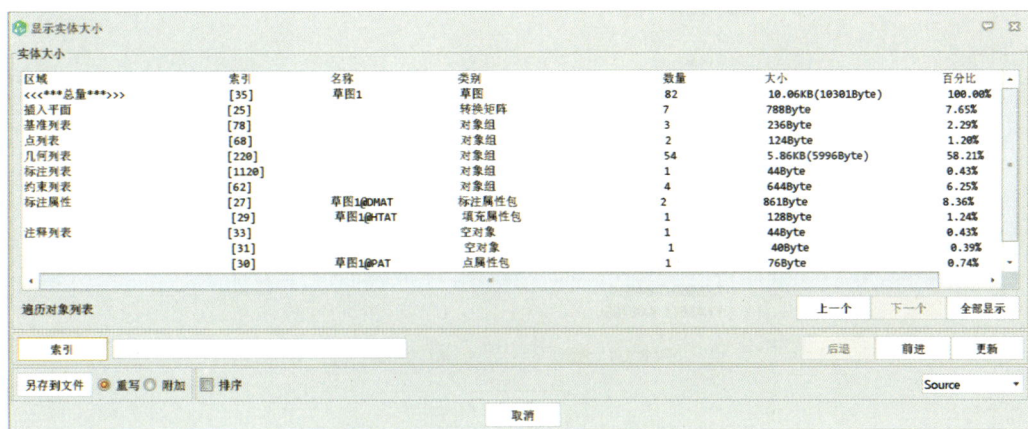

图 3-112　查询大小

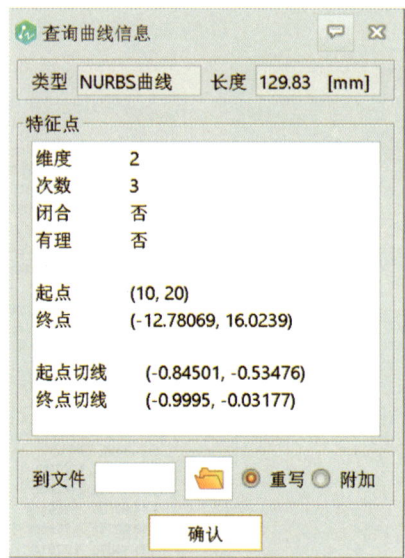

图 3-113　曲线信息

（10）NURBS 数据：显示 NURBS 类型曲线的详细构建信息，包括类型、维数、平面、有理、边界框、结点向量、控制点，如图 3-114 所示。

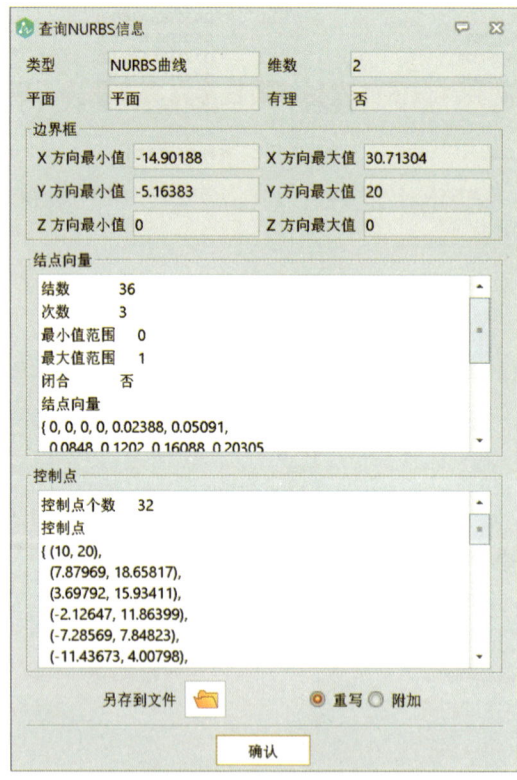

图 3-114　NURBS 数据

（11）控制多边形：选择显示控制多边形的曲线。设置显示方法，可以单独显示曲线的控制点、控制多边形，或同时显示。

（12）曲率图：用线段的长度表示曲线上该点的曲率，将横跨一条曲线的整体曲率形象化，如图 3-115 所示。

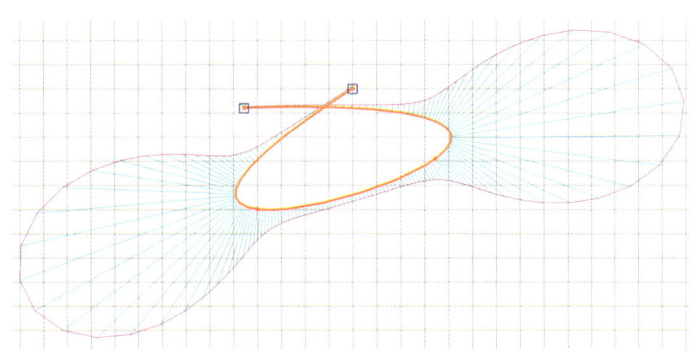

图 3-115　曲率图

（13）曲率连续性：检测多条曲线之间的连通性，若曲线间存在间隙，则会在间隙端点处显示白色正方形标记。

（14）最小半径、最大半径：寻找草图里指定曲线或所有曲线中的最小半径曲线、最大半径曲线，并将最小、最大半径数值标注出来。

## 3.4　草图其他操作

草图其他主要操作包含参数设置、重叠查询、显示约束、约束状态、冲突约束，均位于工具面板→"草图"→"设置"模块。

（1）参数设置：更改草图间距，可选择启用约束求解器、自动约束新几何体、自动标注新几何体，如图 3-116 所示。

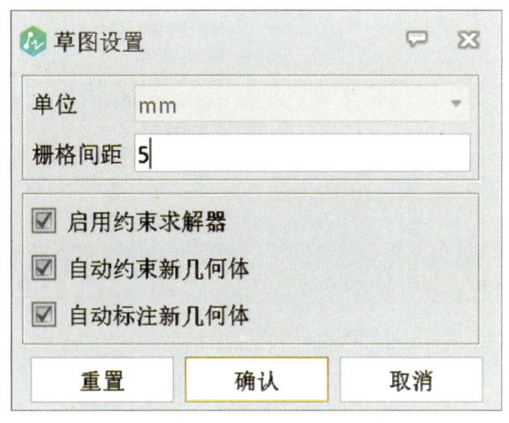

图 3-116　参数设置

(2)重叠查询:检测草图中所有几何的重叠位置信息。

(3)显示约束:在列表中显示所选几何体的全部约束信息,如图3-117所示。

图3-117 显示约束

(4)约束状态:统计草图中全部几何的约束状态,也可显示单个几何的详细约束状态,如图3-118所示。

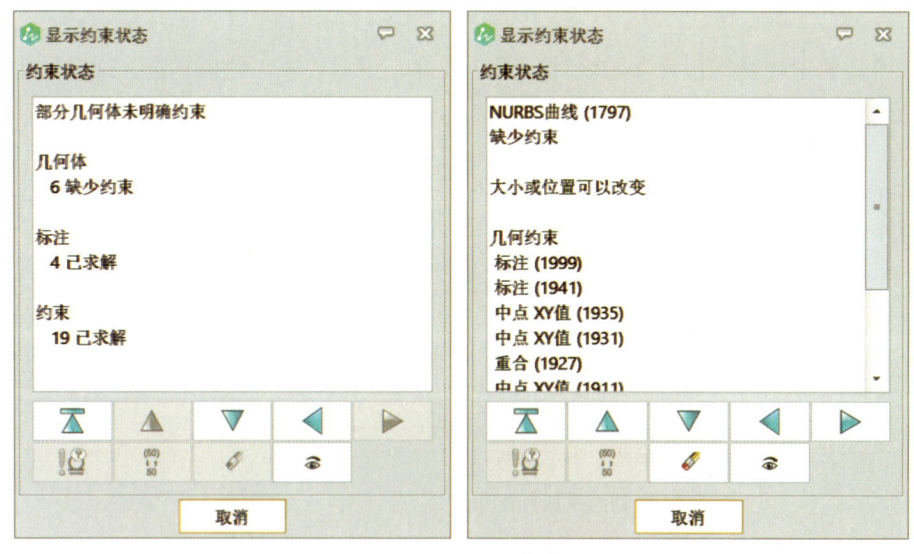

图3-118 约束状态

(5)冲突约束:显示草图中全部几何相互冲突的约束。

# 第 4 章 曲 面

## 4.1 基础面建模

### 4.1.1 FEM 面

FEM 面的功能是将穿过边界曲线 P 上的点的集合拟合成一个面，用一个曲面直接拟合通过边界曲线上点的集合，然后沿着边界修剪，如图 4-1 所示。

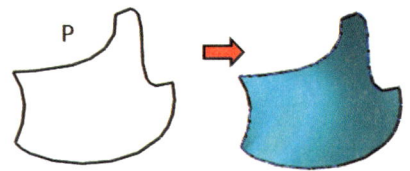

图 4-1　FEM 面功能示意图

建模时，首先构建一个由多条曲线首尾相接形成的轮廓，点击"FEM 面"，选择这几条曲线，即可生成一个曲面，如图 4-2 所示。

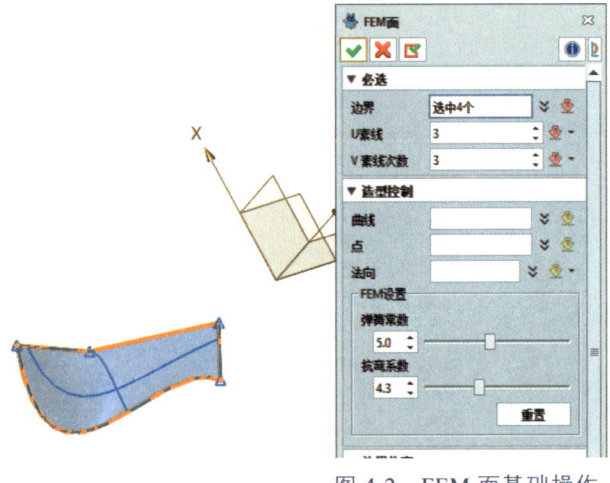

图 4-2　FEM 面基础操作

设置 U/V 素线可以修改曲面在 U 和 V 方向的阶数，次数越高，曲面质量越高。在"造型控制"中可以通过选定曲线来控制其曲面造型，如图 4-3 所示。

"点"中选择点来控制曲面造型，使曲面通过该点；"法向"是设置曲面经过点位置的法向方向。"边界约束"可以设置边界与相邻面之间的关系："相切"是使生成面在边界与相邻面相切且连续；"曲率"是使生成面在边界与相邻面曲率相同。"指定采样密度"可以设置曲线采样点的平均个数。"重复"可以设置曲线定位采样点的迭代数目。通过设置"弹簧常数"和"抗弯系数"也可以控制曲面形态，如图 4-4 所示。

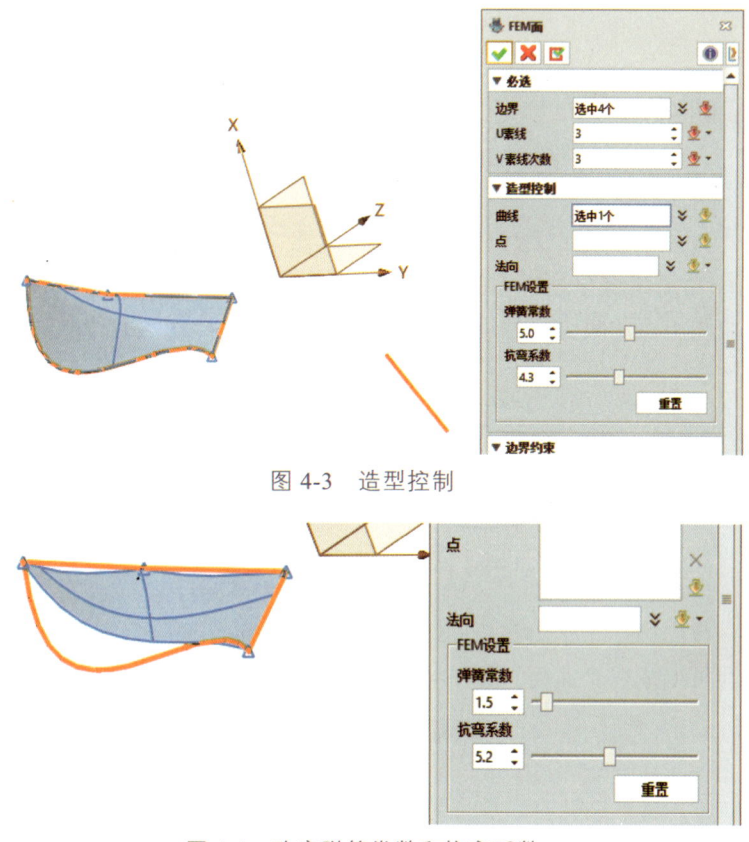

图 4-3　造型控制

图 4-4　改变弹簧常数和抗弯系数

## 4.1.2　N 边形面

"N 边形面"可以通过修补三个或更多轮廓来创建一个面，该轮廓可以是线框几何体、草图或面边线。

点击"N 边形面"，选择对应的轮廓，即可生成面，如图 4-5 和图 4-6 所示。

勾选"边界相切"可以设置生成曲面与相邻曲面相切。"拟合"选项中包含 4 种拟合方式，通过拟合来使曲线更加光顺："否"是不进行拟合；"相切"是设置曲线保持相切连续;"曲率"保持曲线的曲率连续相切;"直接"可以更好地避免曲面上的褶皱。在设置"相切"或者"曲率"时可以设置拟合公差。

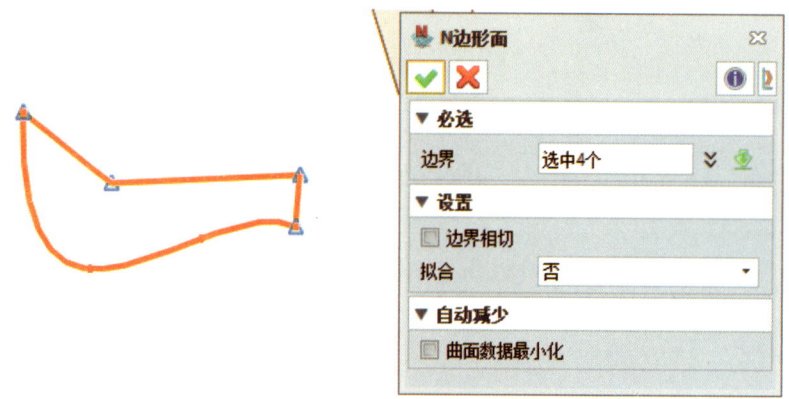

图 4-5　N 边形基础操作

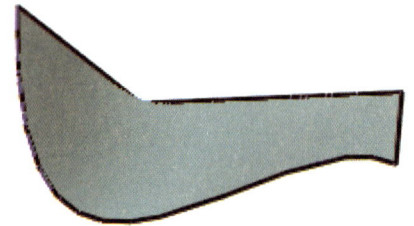

图 4-6　生成的曲面

### 4.1.3　圆　顶

选择一个基础轮廓 B 定义该圆顶,该轮廓可以为一个草图、曲线、面边界或一个曲线列表。再输入冠顶高度 H,如图 4-7 所示。

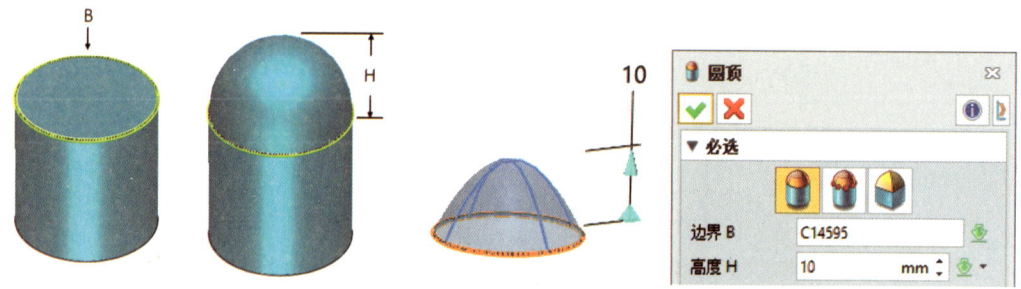

图 4-7　圆顶操作示意图

可以通过"造型控制"中的"方向"和"位置"来控制圆顶的朝向,若不设置则默认轮廓平面的法向向上。其中,"位置"的优先级高于"方向",当有"位置"信息时,即使和"方向"的朝向相反,也按位置信息的方向生成圆顶,如图 4-8 和图 4-9 所示。

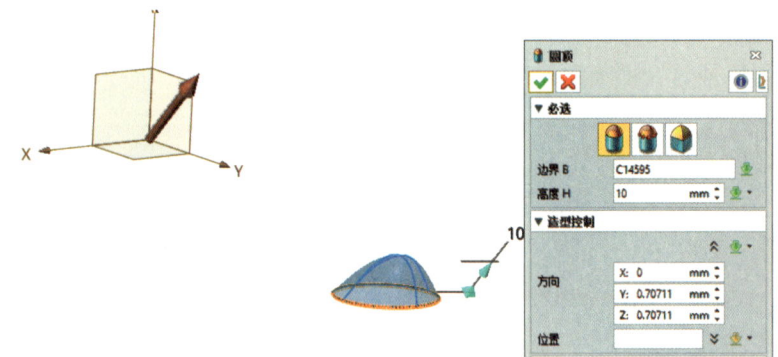

图 4-8 只设置"方向"信息

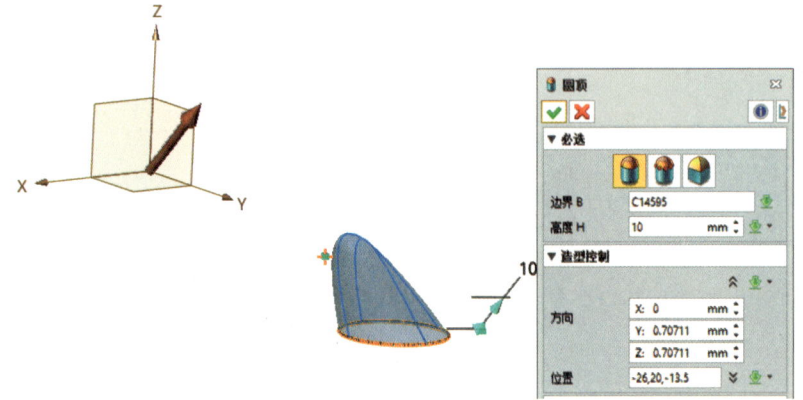

图 4-9 "方向"和"位置"信息均设置且方向不同

"边界约束"有三种方式可选择：

（1）"无"即圆顶边界与连接面之间没有约束，如图 4-10 所示。

（2）"相切"则是约束圆顶面与连接面之间为相切关系，可以通过相切系数来调整其相切的程度，如图 4-11 所示。

（3）"曲率"是约束圆顶面与连接面之间的曲率相同，同样可以通过相切系数来调整如图 4-12 所示。

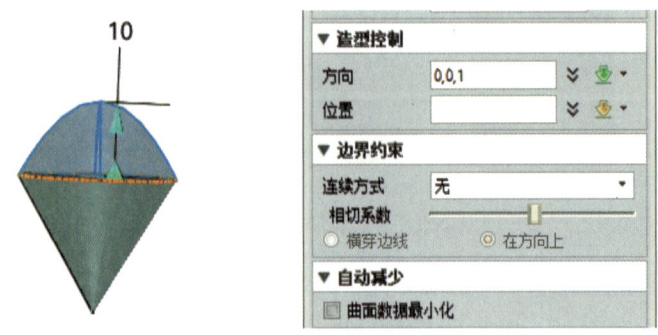

图 4-10 边界约束-无

第 4 章 曲 面

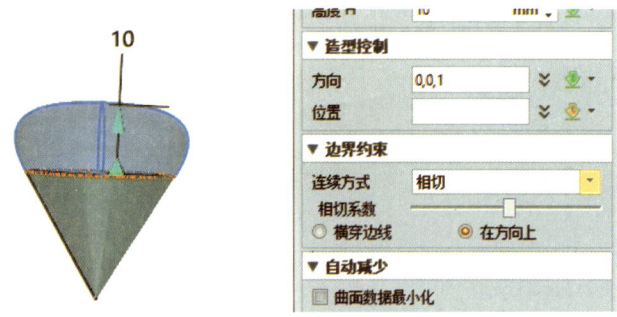

图 4-11 边界约束-相切

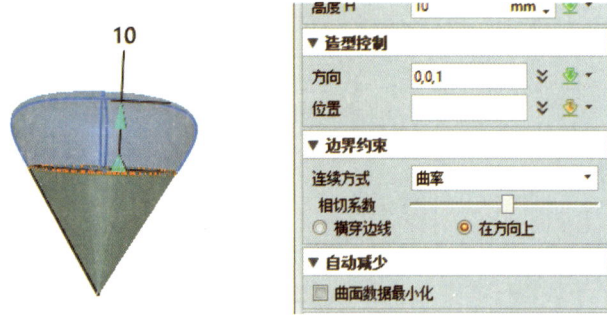

图 4-12 边界约束-曲率

## 4.2 面编辑

### 4.2.1 扩大面

"扩大面"功能是指对选定曲面，通过修改 U/V 方向的距离来扩大或缩小面的大小，生成一个新的曲面。一般用于多边形曲面。

以四边形为例，选择想要扩大/缩小的面，可以通过调整四个方向的距离来控制其边的偏移距离（鼠标点击输入框时，对应的方向箭头会变成黄色），如图 4-13 所示。也可以通过选择"应用到所有"来一次性调整所有方向的距离，如图 4-14 所示。

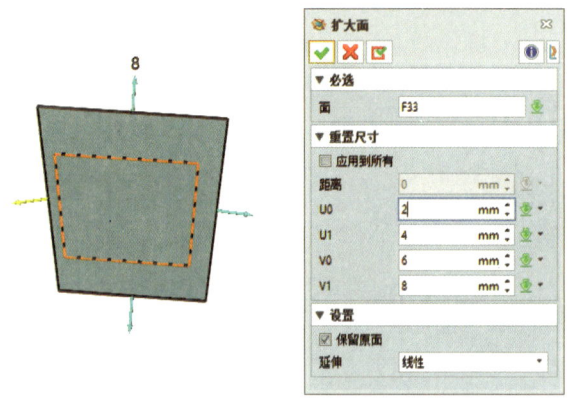

图 4-13 分别调整四个方向的偏移距离

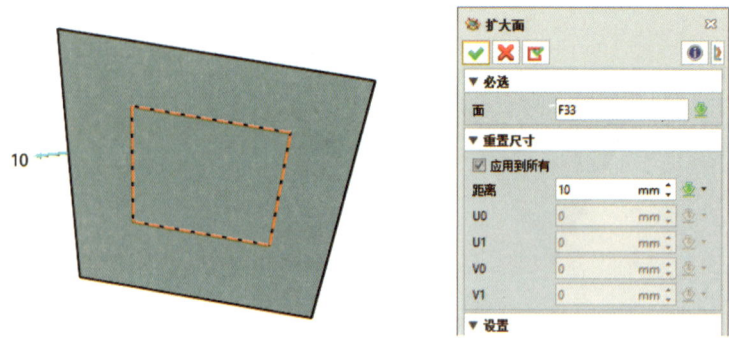

图 4-14　一次性调整四个方向的偏移距离

"设置"中，勾选"保留原面"不会删除原始面。

### 4.2.2　偏　移

"偏移"功能是以一个面为基准，创建一个与其相距特定距离的新面。

进入"偏移"功能对话框后，选择想要偏移的面，设置偏移距离，即可完成偏离操作，如图 4-15 所示。可以通过在原始面上添加点并设置偏移距离来使特定位置的偏移量有所区别，如图 4-16 所示。同样可以通过去掉勾选"保留原始面"来删除原始面。

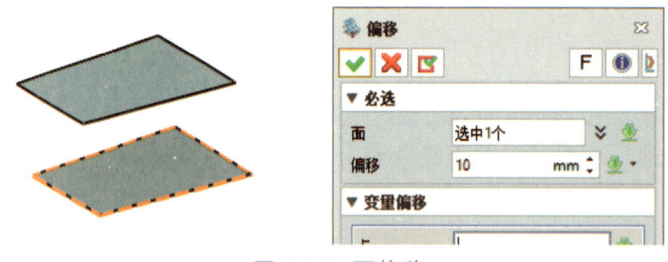

图 4-15　面偏移

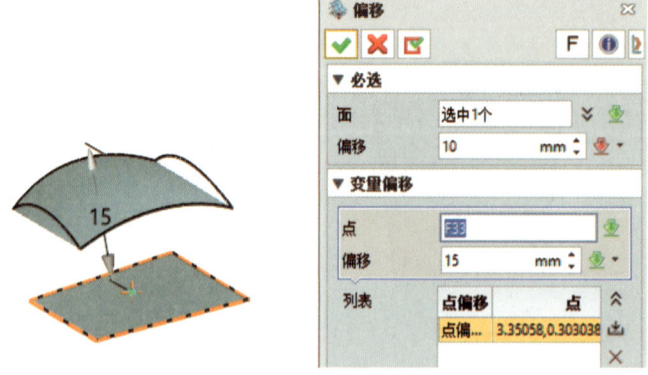

图 4-16　面偏移-变量偏移

"大致偏移"可以从选定面指定距离,创建一个新的大致偏移面,该过程是用于创建与特定曲面有一定距离的平面。选择想要偏移的曲面,选择偏移距离和偏移方向,即可生成偏移后的新平面,如图 4-17 和图 4-18 所示。

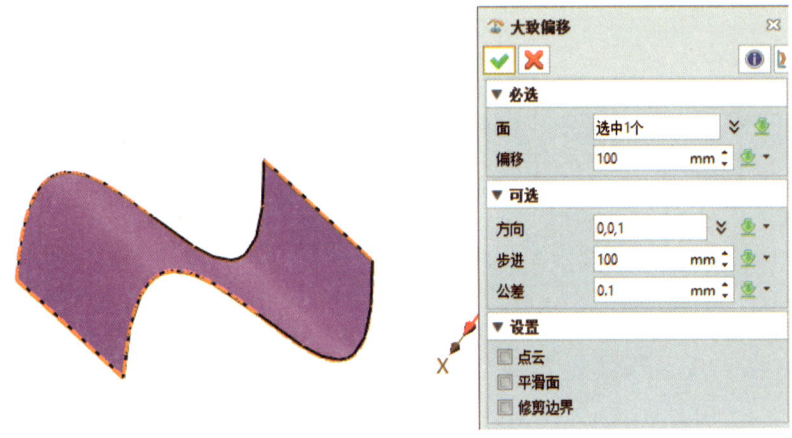

图 4-17 大致偏移操作

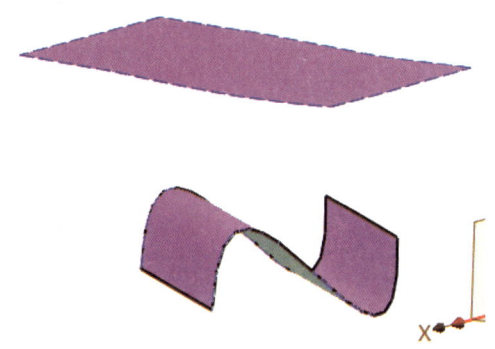

图 4-18 大致偏移结果

### 4.2.3 延伸面

"延伸面"的功能如图 4-19 所示,选择需要延伸的面 F 和边 E。输入需要延伸的长度 D,正值代表增加的长度,负值代表裁剪的深度。

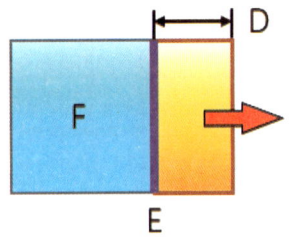

图 4-19 延伸面示意图

进入"延伸面"的功能对话框后,选择想要延伸的面以及延伸的边,设置延伸或裁剪距离,即可延伸该面,如图 4-20 所示。同时,也可以选择一个面的多条边进行延伸,选择一条边后,设置距离,点击加载 ,多次重复该操作即可,如图 4-21 所示。

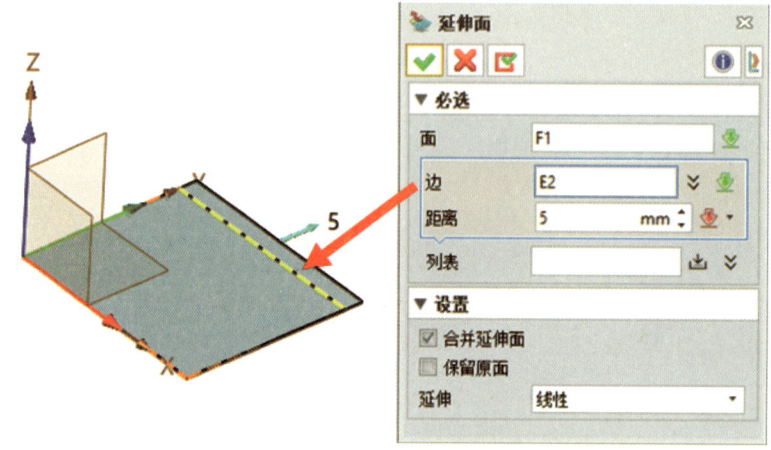

图 4-20 延伸面操作

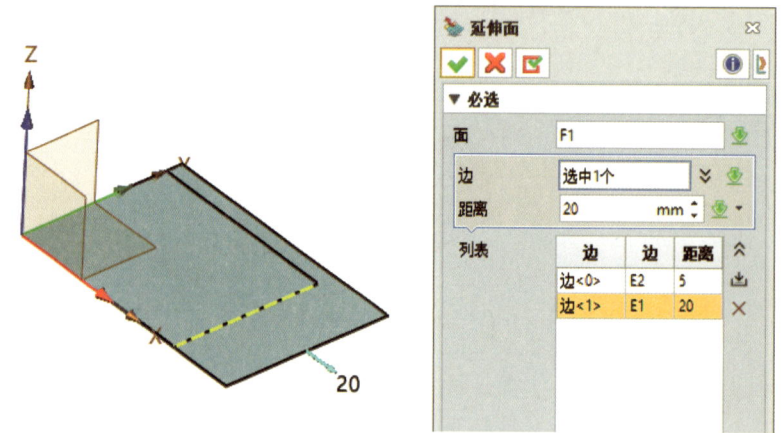

图 4-21 延伸面的多个边

勾选"合并延伸面"后只会生成一个延伸后的面,若不勾选则原始面和延伸部分的面会分开;勾选"保留原面"则生成延伸面后不会删除原始面。

"延伸实体"可以对某个造型的面的边进行延伸,可以延伸单个或多个边。选择"延伸开放实体",可以对曲面的边进行延伸,如图 4-22 所示;选择"延伸实体",可以对三维实体的某个面的一条边进行延伸,如图 4-23 所示。"曲面延伸"功能与上文相同,此处不再详细描述。"边延伸"可以选择"相切"或者"正交",从而约束延伸的边与面的关系。

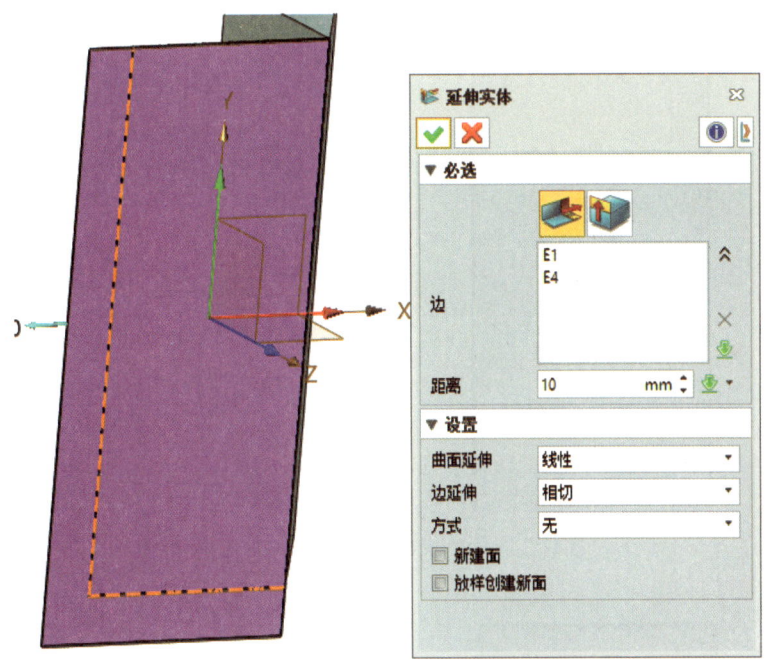

图 4-22 延伸开放实体

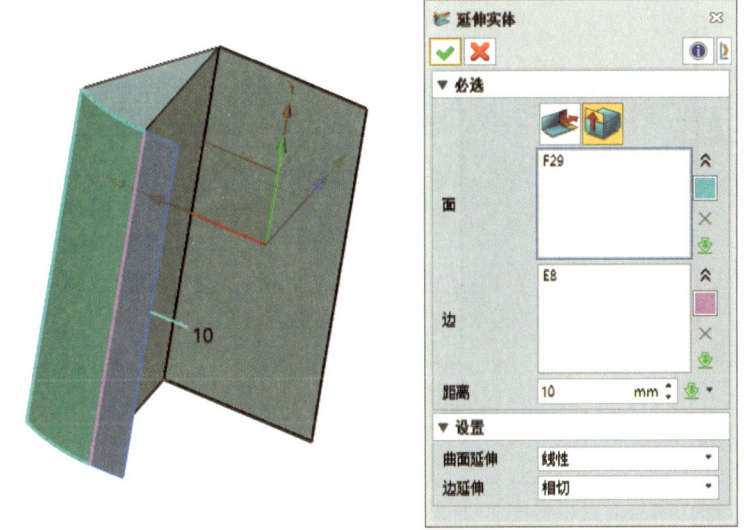

图 4-23 延伸实体

在"延伸开放实体"的"方式"中,选择"无"即按照给定距离延伸,如图 4-24 所示;选择"闭合间隙"则将所选边围成的间隙区域闭合,如图 4-25 所示。"新建面"则将延伸面当作新的面创建。

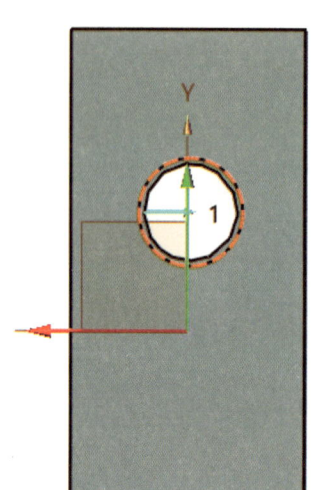
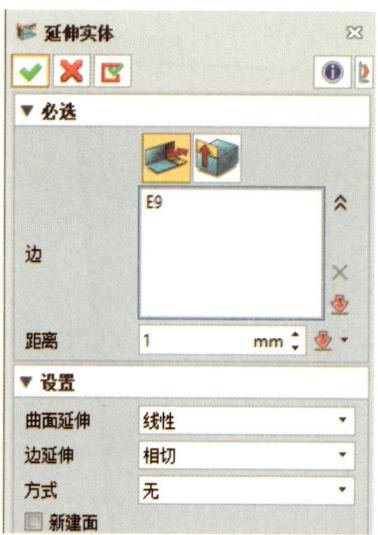

图 4-24　方式-无

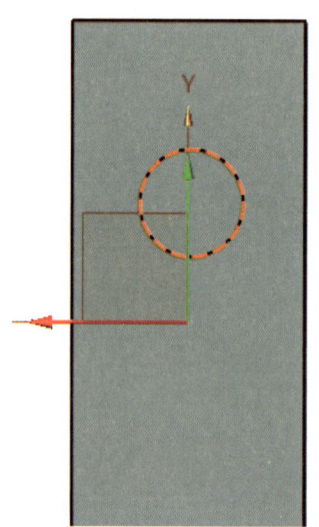
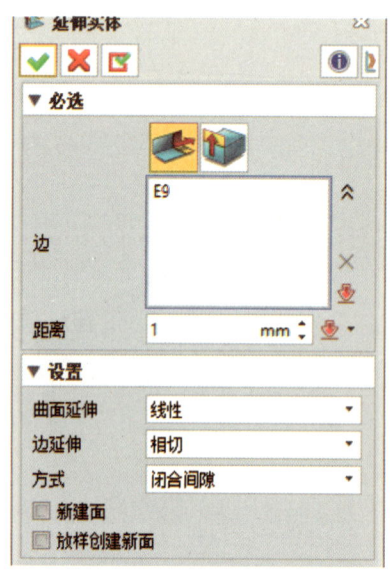

图 4-25　方式-闭合间隙

### 4.2.4　分　割

"分割"包含 4 个功能，分别为曲线分割、曲面分割、曲线修剪和曲面修剪。

#### 4.2.4.1　曲线分割

"曲线分割"功能可以将面或造型在一条曲线或曲线的集合处进行分割，如图 4-26 所示。

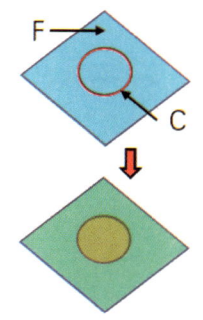

图 4-26　曲线分割示意图

进入"曲线分割"对话框后,选择想要分割的面,选择修剪曲线。当曲线在面内时,"投影"选择"不动(无)"即可分割对应的面,如图 4-27 所示;投影选择"面法向",则根据曲线垂直与面的方向的投影分割曲面,如图 4-28 和图 4-29 所示;投影选择"单向",则根据选定的方向上曲线在面上的投影分割该面,如图 4-30 和图 4-31 所示;投影选择"双向",则根据选定方向及方向的反向上曲线的投影来分割该面,如图 4-32 和图 4-33 所示。

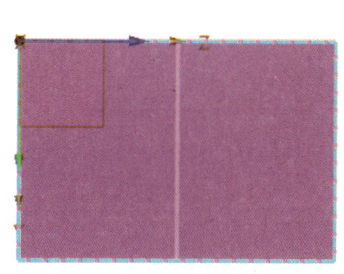 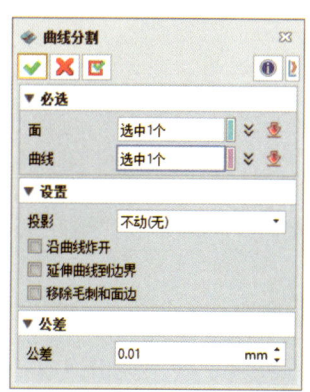

图 4-27　曲线分割操作-不动(无)

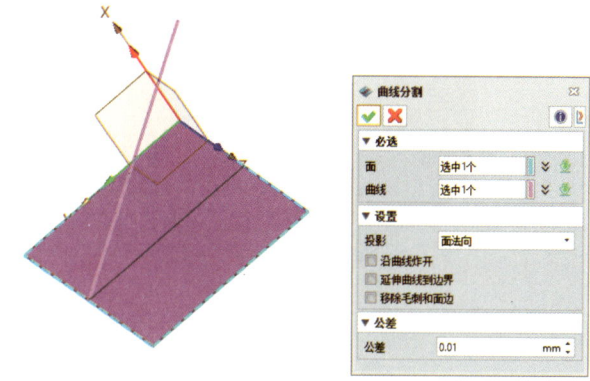

图 4-28　曲线分割操作-面法向

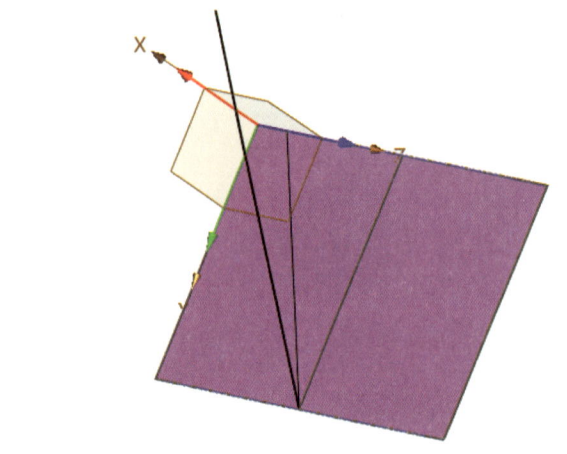

图 4-29 曲线分割操作-面法向结果

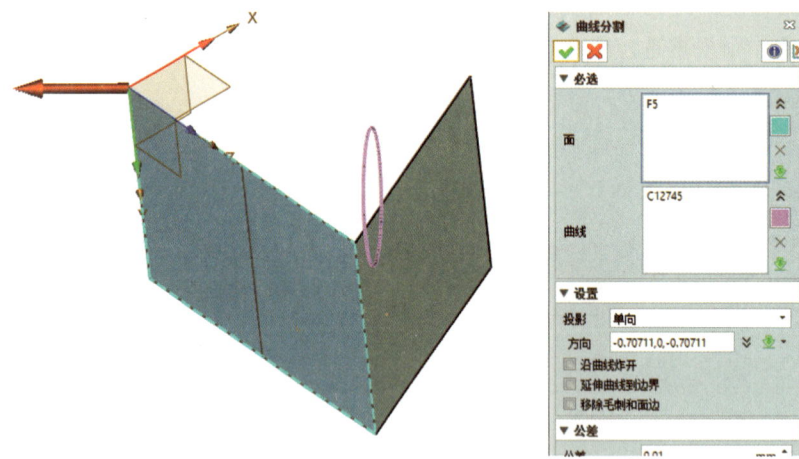

图 4-30 曲线分割操作-单向

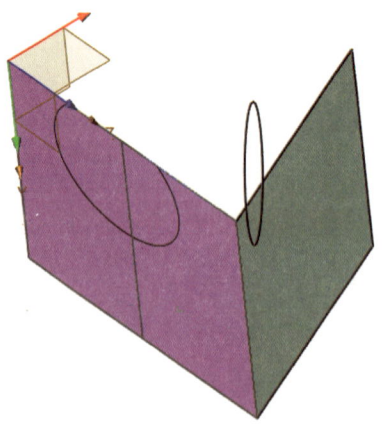

图 4-31 曲线分割操作-单向结果

第 4 章　曲　面

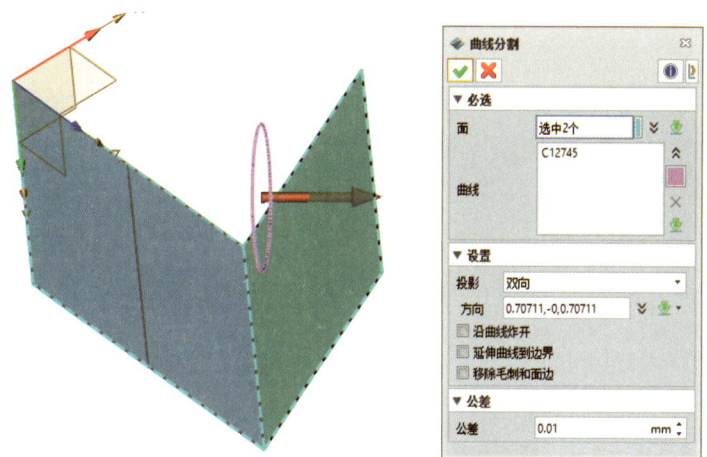

图 4-32　曲线分割操作-双向

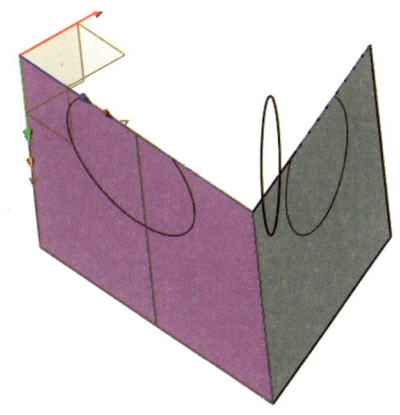

图 4-33　曲线分割操作-双向结果

选择"沿曲线炸开"可以直接生成分割后的曲面实体，如图 4-34 所示；当修剪曲线未穿过想要分割的曲面时，勾选"延伸曲线到边界"可以延长该曲线进行分割，如图 4-35 和图 4-36 所示。

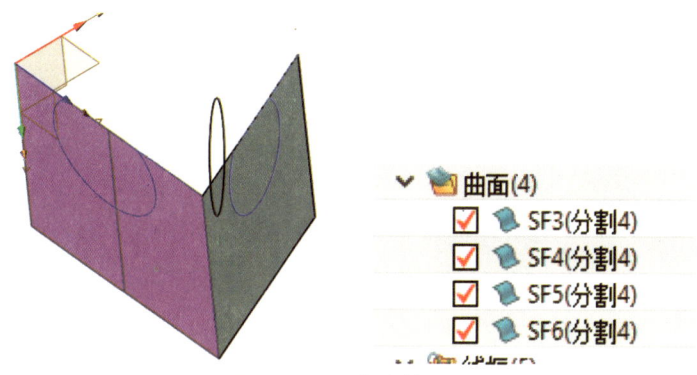

图 4-34　沿曲线炸开

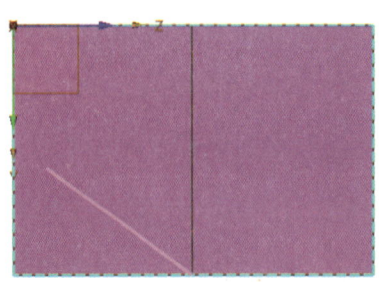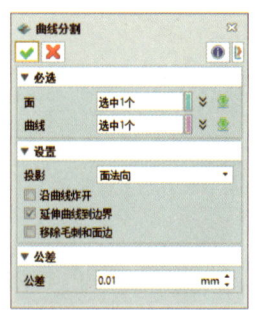

图 4-35　修剪曲线没到面边界

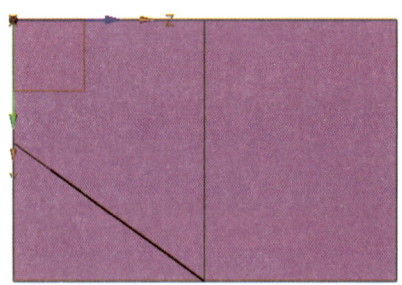

图 4-36　延伸曲线到边界分割结果

#### 4.2.4.2　曲面分割

"曲面分割"功能可以利用实体或者曲面对选定的面进行分割,如图 4-37 和图 4-38 所示。

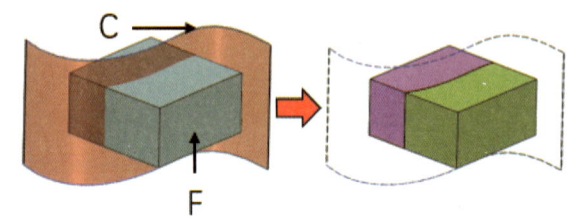

图 4-37　曲面分割示意图

图 4-38　曲面分割操作

#### 4.2.4.3 曲线修剪

"曲线修剪"功能是用一条曲线或曲线的集合修剪面或造型，如图 4-39 所示。其中点 S 所在曲面为想要保留或移除的面。在操作界面中通过"侧面"中选择在曲面上的点来确定想要保留或者移除的曲面，如图 4-40 所示。

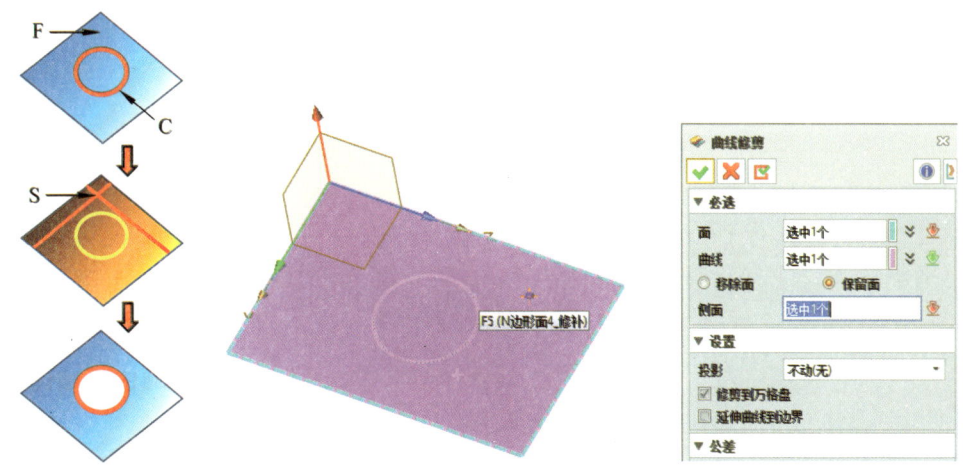

图 4-39 曲线修剪示意图　　　　图 4-40 曲线修剪操作

通过勾选"移除面"或者"保留面"确定侧面移除或者保留，如图 4-41 所示。

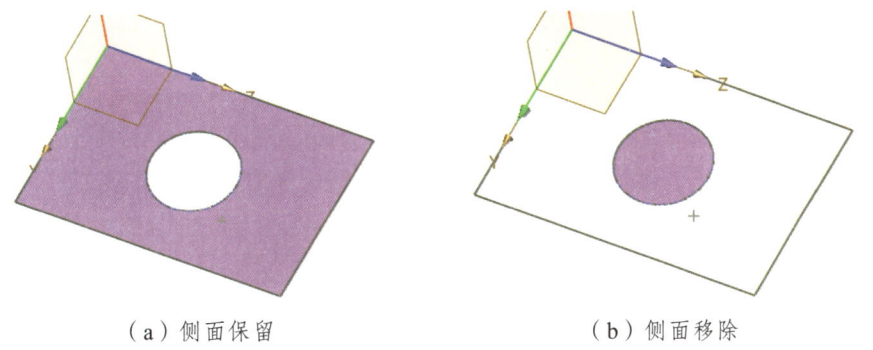

（a）侧面保留　　　　（b）侧面移除

图 4-41 曲线修剪结果（侧面保留）

投影功能上文介绍过，勾选"修剪到万格盘"，如图 4-42 所示。

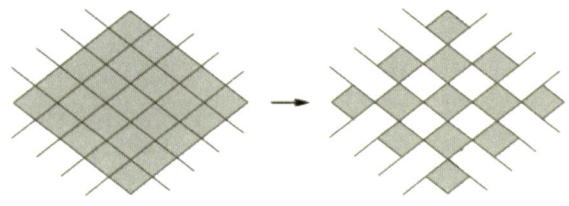

图 4-42 修剪到万格盘

#### 4.2.4.4 曲面修剪

"曲面修剪"功能是修剪面或造型与其他面、造型和/或基准平面相交的部分,如图 4-43 和图 4-44 所示。箭头方向是曲面保留方向,是修剪结果,可以通过勾选"保留相反侧"改变箭头方向,如图 4-45 所示。"全部同时修剪"是在含有多个修剪体时,可以同时修剪或者按顺序修剪,勾选该选项则是同时修剪,不同情况会有不同效果。

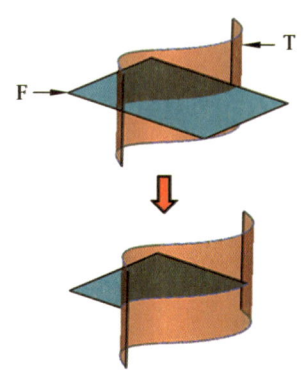

图 4-43　曲面修剪示意图

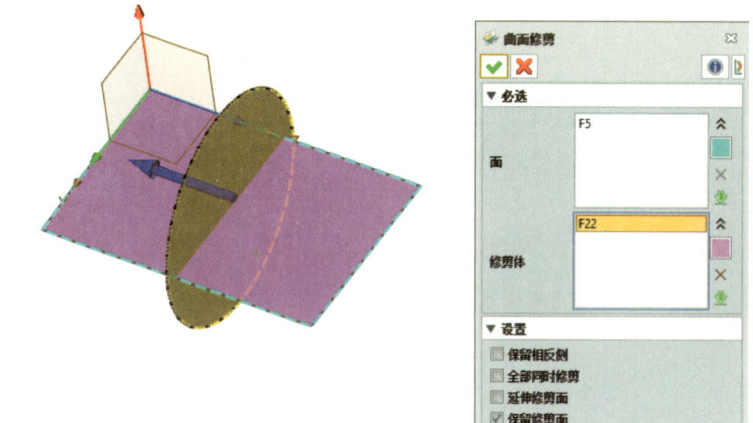

图 4-44　曲面修剪操作

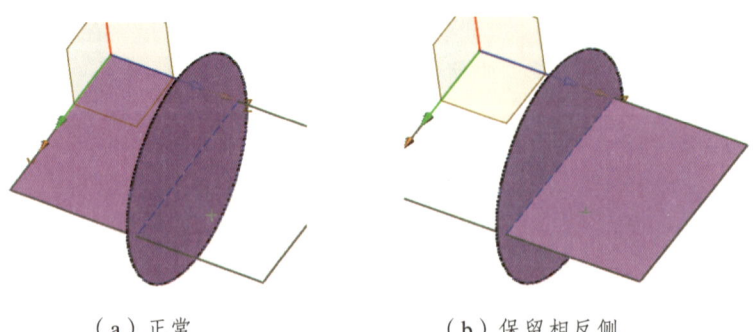

（a）正常　　　　　　　　（b）保留相反侧

图 4-45　曲面修剪结果

勾选"延伸修剪面"可以通过未达到曲面边界的修剪面来修剪曲面，如图 4-46 所示。

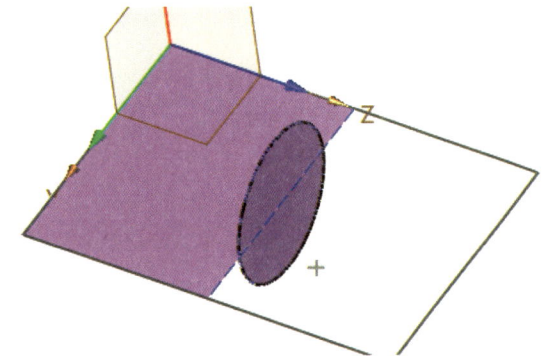

图 4-46　曲面修剪-延伸修剪面

### 4.2.5　面操作

#### 4.2.5.1　反转曲面方向

"反转面"功能是反转面或造型的法线方向。方向的箭头表示面或造型当前的方向，如图 4-47 所示。

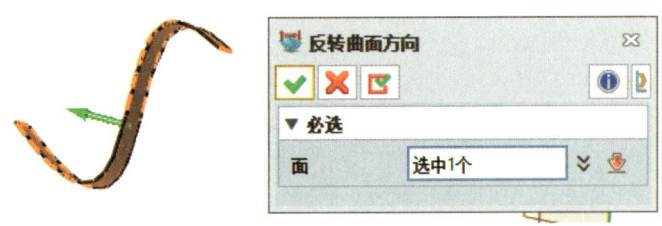

图 4-47　反转面

"设置曲面方向"功能是改变所选面方向。如果没有选择任何面并点击鼠标中键，那么当前零件中的所有面都会选择默认的观察方向，即 Z 轴的正方向，作为新的方向，如图 4-48 所示。

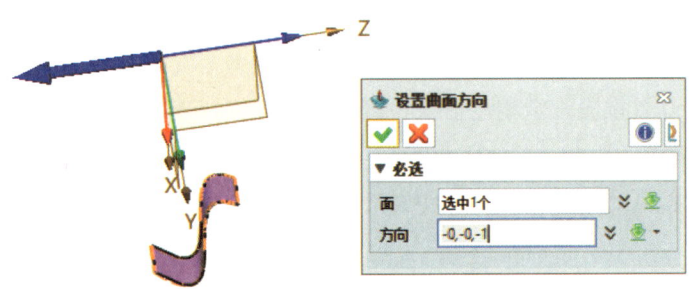

图 4-48　设置曲面方向

### 4.2.5.2　合并面

"合并面"功能可以将含有公共边界的面合并成一个面，其边界需要有相同的曲率，如图 4-49 所示。

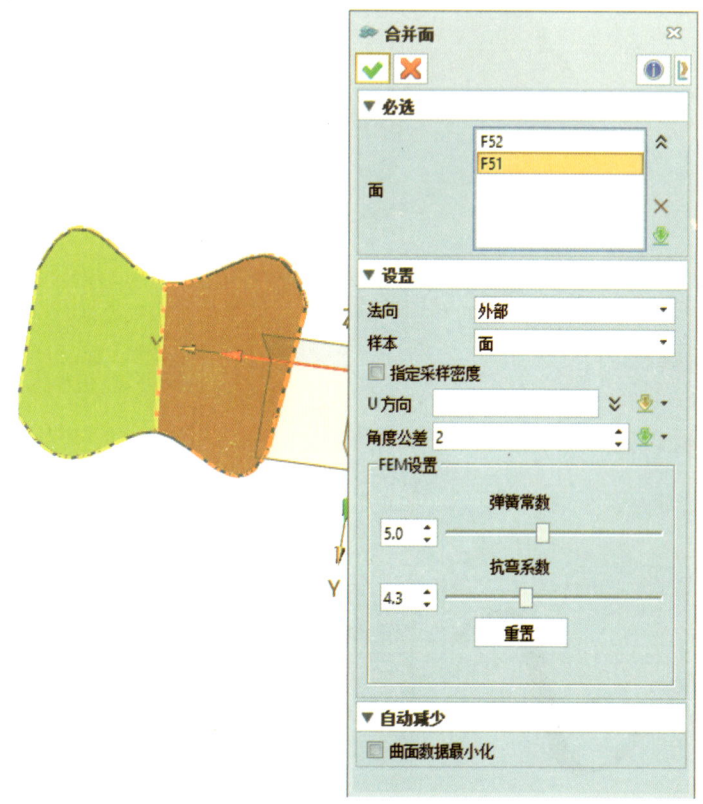

图 4-49　合并面操作

"方向"可以设置合并面边界法线的约束，包括"无""内部""外部"和"平均"。"无"是不拟合边界的法线方向；"内部"是通过原始合并面生成曲面法线；"外部"是通过外部相邻面生成曲面法线；"平均"是内部和外部选项的平均值。

"样本"可以指定取样点对象，其中"边界"是在外边界取样；"边"是在选择面的所有边取样；"面"是在所有边和面中取样。

"指定采样密度"可设置合并面每条边的取样点数。"U 方向"可设置合并面的 U 方向。"角度公差"可设置一个角度值来检查公共边的相切连续。"FEM 设置"可以设置弹簧常数和抗弯系数。

### 4.2.5.3　匹配边界

"匹配边界"可以匹配一个面上的未修剪的边缘至一指定曲线。先选择需要修改的面的至少一条需要修改的边，再选择想要匹配的曲线，如图 4-50 所示。

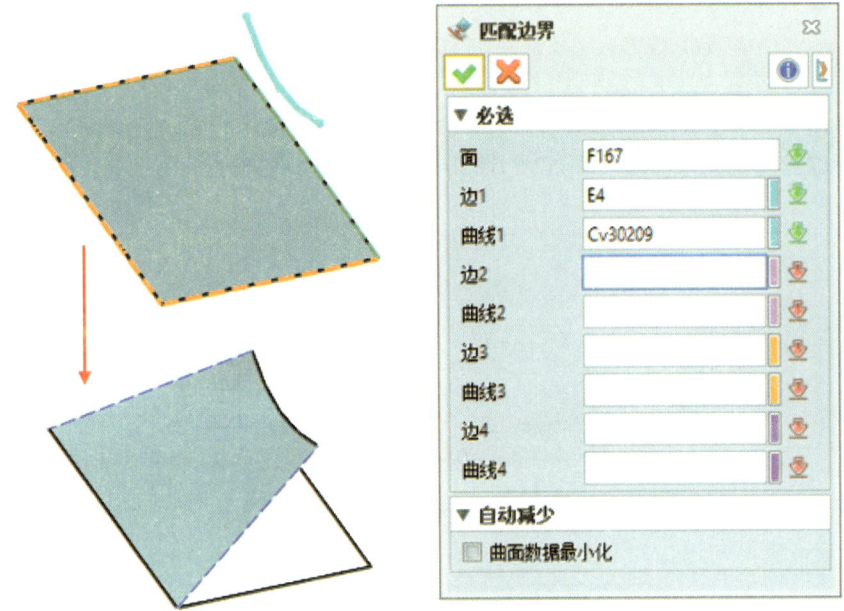

图 4-50 匹配边界操作

#### 4.2.5.4 匹配相切

"匹配相切"功能是修改两个相邻面,使它们沿着一个共享的边成为相切连续。需要选择两个想要修改公共边界的面,其中"主面"在操作后不变,"影响"决定了从面形状改变的程度,数值越大,改变的程度越大,如图 4-51 所示。

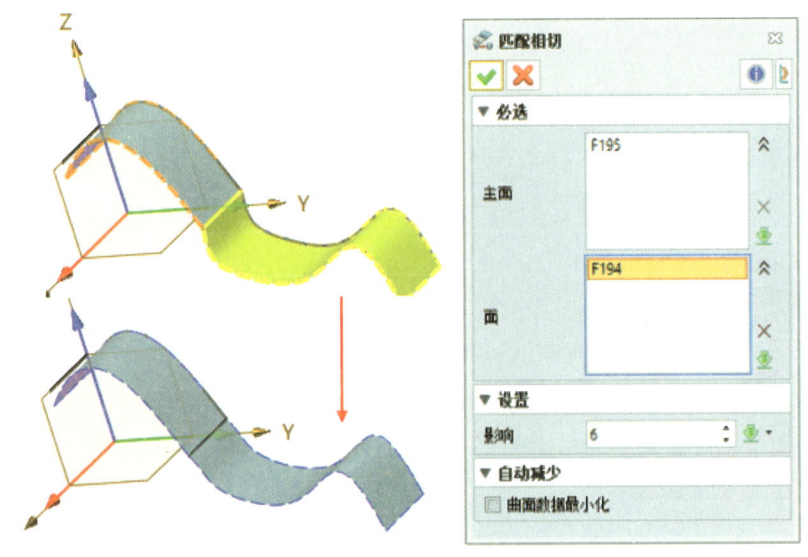

图 4-51 匹配相切操作

### 4.2.6 炸　开

"炸开"功能是从基础造型中炸开面。"缝合多个造型"是通过缝合面（或相连的边）成为单一闭合实体，来创建新的特征。面的边缘必须相交才能缝合，即自由边之间的间隙不能超过缝合的公差，如图 4-52 和图 4-53 所示。

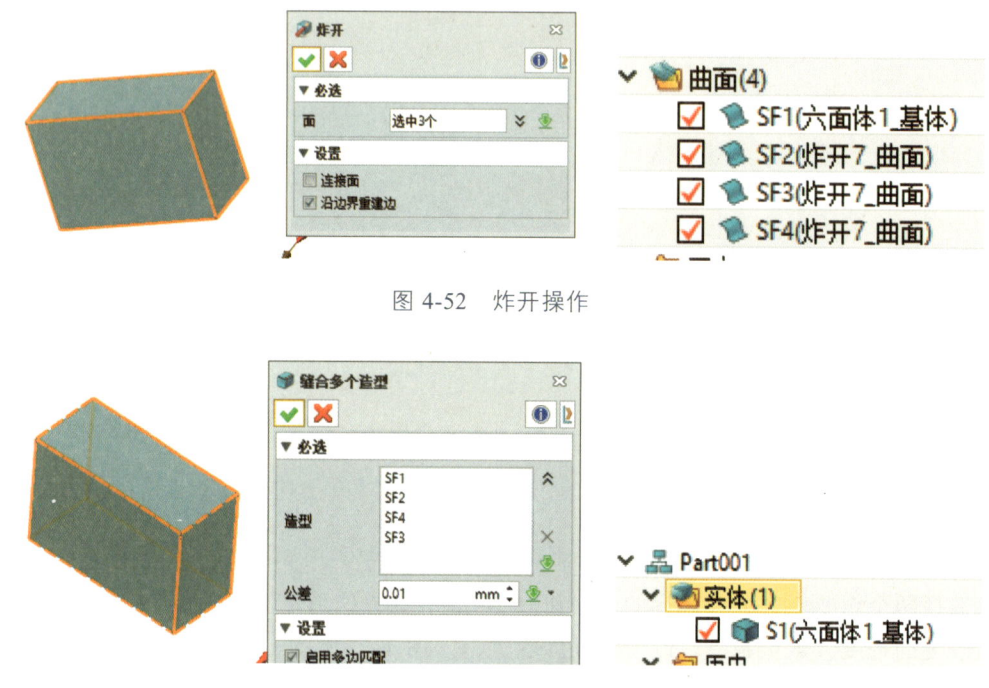

图 4-52　炸开操作

图 4-53　缝合多个造型操作

### 4.2.7　2D 自动布尔

"2D 自动布尔"功能可以自动布尔指定面，例如选择两个有交集的面，通过自动布尔可以将交集区域分离原始面，如图 4-54、图 4-55 和图 4-56 所示。

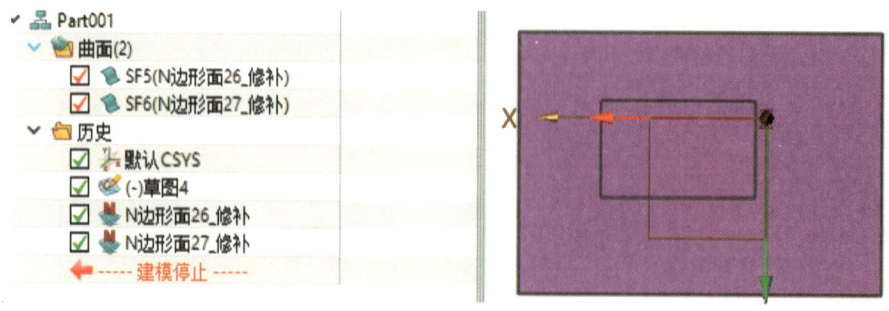

图 4-54　构建草图

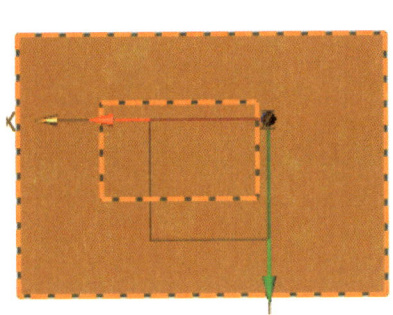
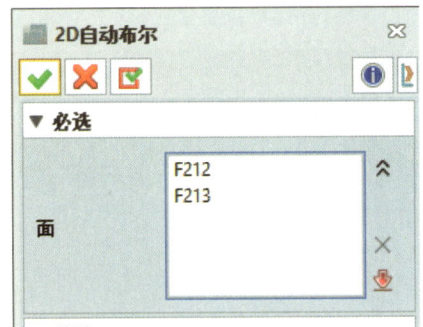

图 4-55　2D 自动布尔操作

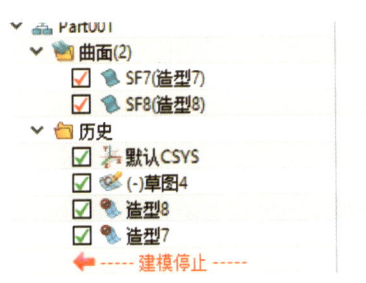
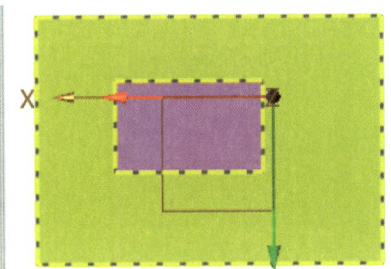

图 4-56　2D 自动布尔结果

## 4.3　边编辑

### 4.3.1　删除环

"删除环"功能是恢复面上被修剪的区域，如图 4-57 所示。其中，删除环的方式有"内部""外部""全部"和"选择"。"内部"是删除面上内部的修剪区域；"外部"是删除面上外部的修剪区域；"全部"是删除面上所有的修剪区域；"选择"是对选择的边对应区域的环进行删除，如图 4-58 和图 4-59 所示。

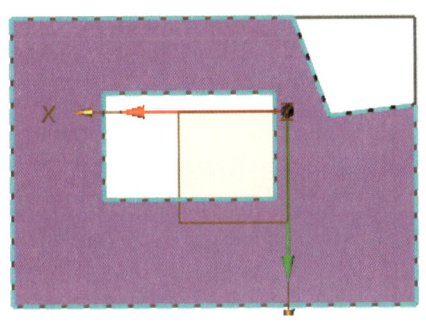
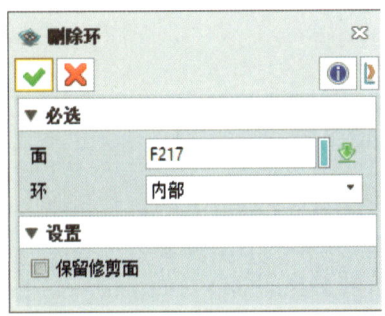

图 4-57　删除环操作

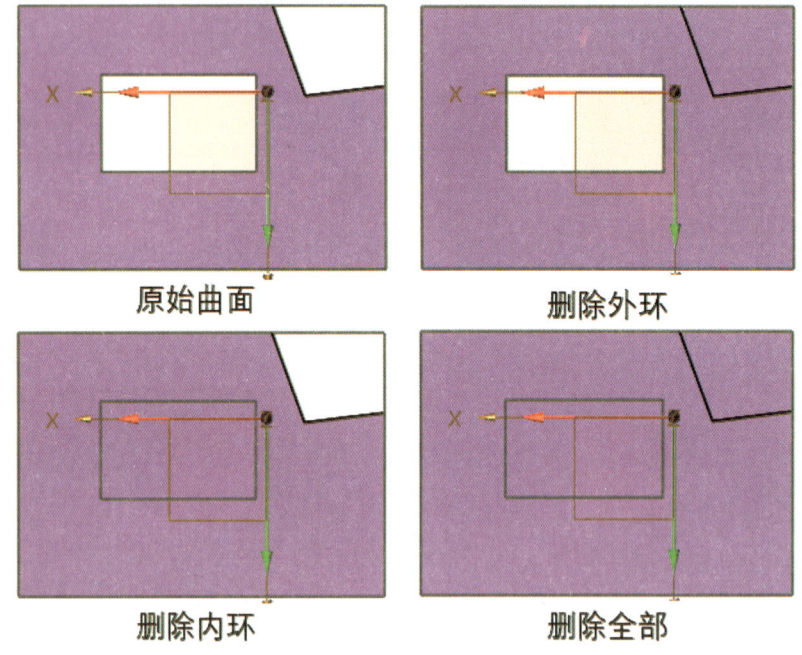

图 4-58　删除环的方式

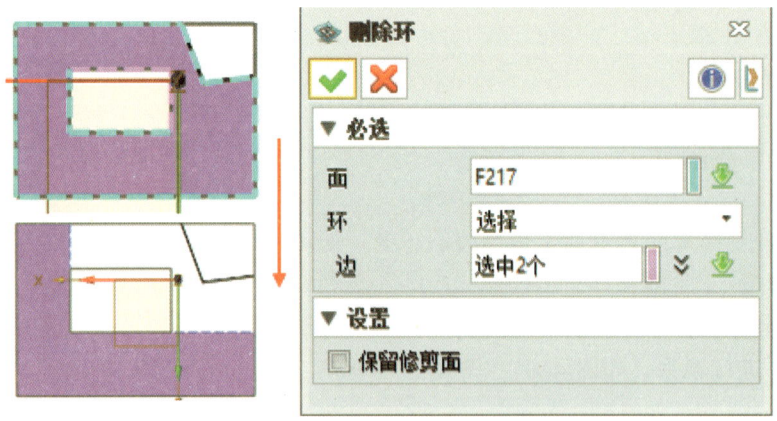

图 4-59　通过选择特定边删除环

### 4.3.2　替换环

选择要修改的面 F。如果要删除环，则选择要删除的环 L 上的一条边；如果要添加环，则选择曲线 C，为新修剪环选择的曲线会被正交投影到面上，如图 4-60 所示。

选择要替换的面以及面上的环，再选择替换的曲线，即可改变环的形状，如图 4-61 所示。当只选择环的时候，进行删除环的操作；当只选择曲线时，进行增加环的操作。

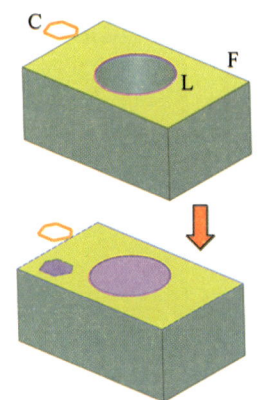

图 4-60 替换环示意图

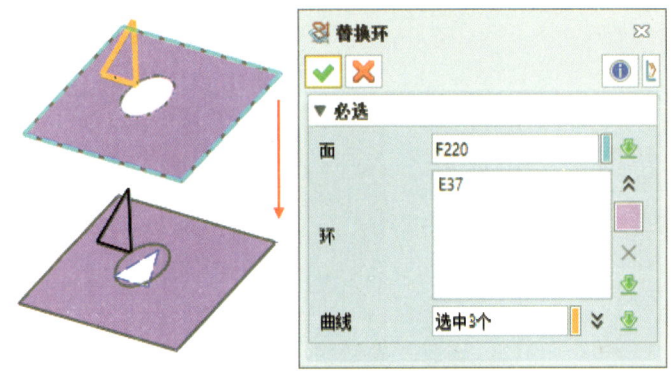

图 4-61 替换环操作

### 4.3.3 反转环

"反转环"功能可以通过转化一个面的修剪环 E 创建新面,如图 4-62 所示。先选择想要转化的面以及修剪环的边后,在反转环界面中:"界限"选择"非修剪面"时,生成的面与原始面相当;"界限"选择"外环"时,以现有的边界生成新的面,如图 4-63 和图 4-64 所示。

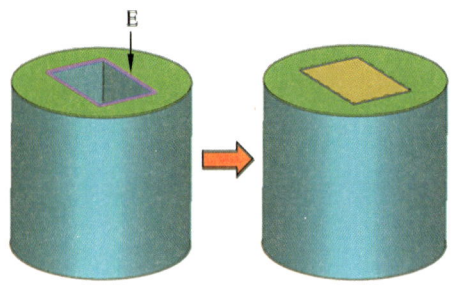

图 4-62 反转环示意图

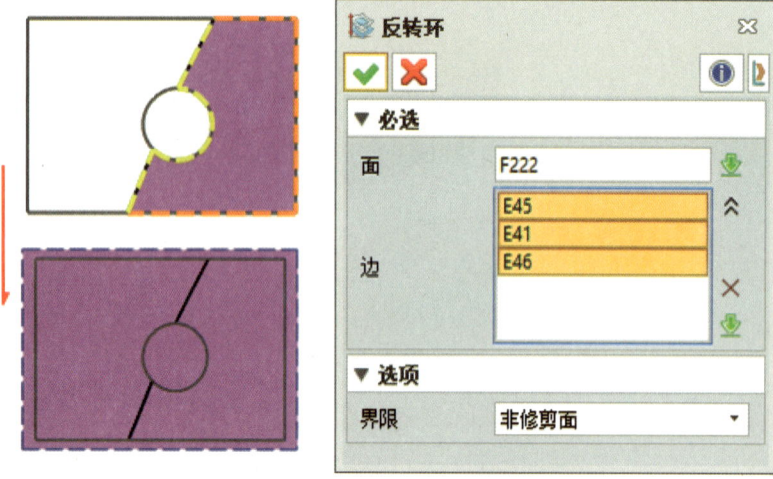

图 4-63  反转环操作

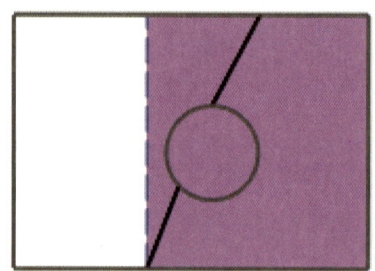

图 4-64  界限选择外环

# 第 5 章　造　型

从二维草图到三维几何需要通过拉伸、旋转等基础造型处理，同时可以在三维几何体上开展圆角、倒角等工程特征操作，实现实体的编辑。在进行多物理场计算之前，还需通过实体相交、简化等编辑模型操作来完成零件的构建，有时还会通过辅助阵列、复制等操作来获得对称或多个重复实体的建模。

基础造型操作是建立实体的方法，是编辑实体的前置条件。几何特征及编辑模型操作是完成多物理场仿真模型构建的重要步骤。本章主要介绍基础造型、工程特征、实体编辑中常用的几何特征，这是构建三维精细化模型的必要步骤。

## 5.1　基础造型

基础造型位于工具面板→"造型"→"基础造型"模块。其中从左往右依次是快速造型（默认显示六面体）、拉伸、旋转、扫掠、放样。

### 5.1.1　快速造型

#### 5.1.1.1　六面体

六面体建模共包含 4 种方法，如图 5-1 所示，从左向右依次是中心法、角点法、中心高度法和角点高度法。下面对 4 种方法进行详细阐述：

（1）中心法：通过先确定六面体中心点，后确定一个六面体顶点，完成六面体构建。

（2）角点法：通过确定两个六面体对角顶点，完成六面体构建。

（3）中心高度法：先确定六面体一个面的中心点，后确定该面上一个顶点，使六面体一个面确定完成，再输入高度，完成六面体构建。

（4）角点高度法：先确定一个六面体面的两个对角顶点，使六面体一个面确定完成，再输入高度，完成六面体构建。

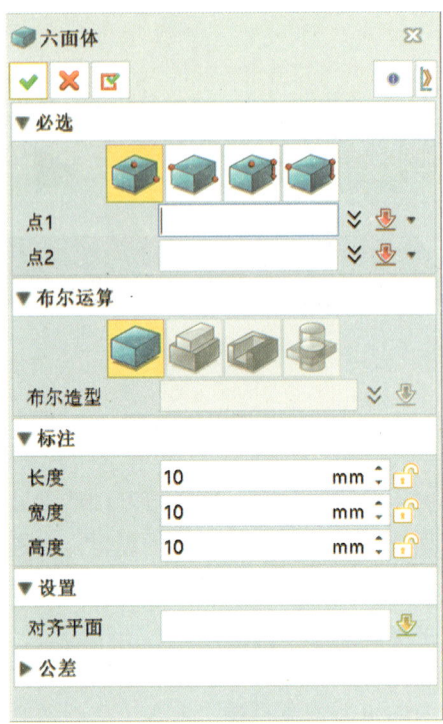

图 5-1　快速造型建模六面体

#### 5.1.1.2　圆柱体及圆锥体

圆柱体建模需首先确定底面中心点，再确定底面半径，最后确认圆柱体高度，如图 5-2 所示。在构建过程中，若构建圆柱体将与其他几何相交，则可以选择进行加、减、交布尔运算；同时，可选择圆柱体方向，设置公差大小。

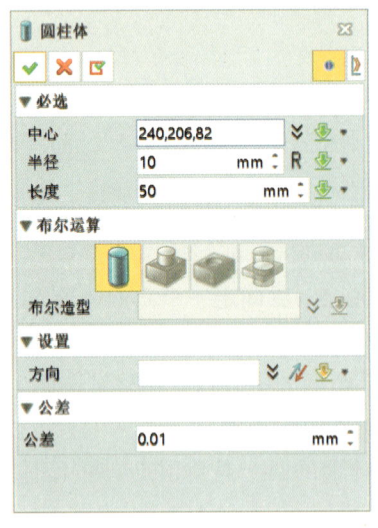 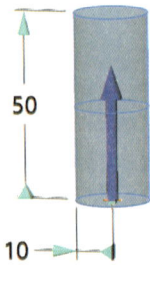

图 5-2　快速造型建模圆柱体

圆锥体与圆柱体的建模步骤基本相同，唯一不同在于圆锥体最后需要确定顶面半径。如图 5-3 所示，顶面半径为 0 则构建圆锥体，为其他数值则会构建截锥体。

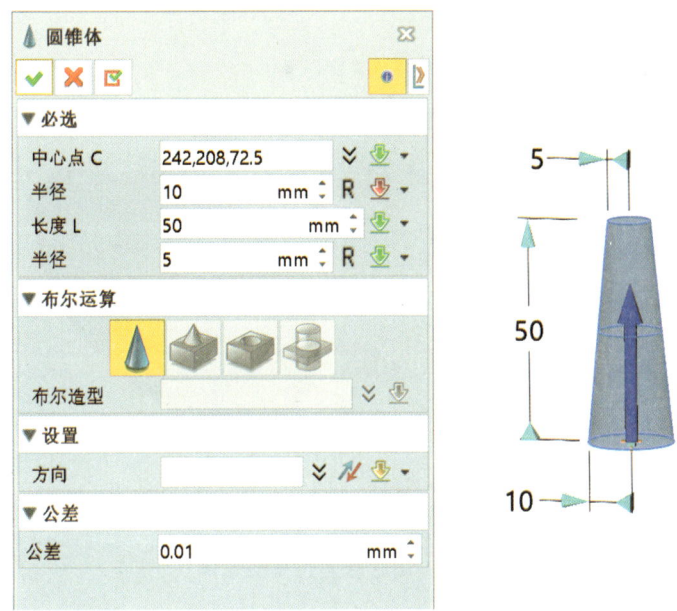

图 5-3　快速造型建模圆锥体

### 5.1.1.3　球体及椭球体

球体建模需首先确定中心点，再确定半径，最后确定构建球体，如图 5-4 所示。在构建过程中，若构建球体将与其他几何相交，则可以选择进行加、减、交布尔运算；同时，可设置球体公差大小。

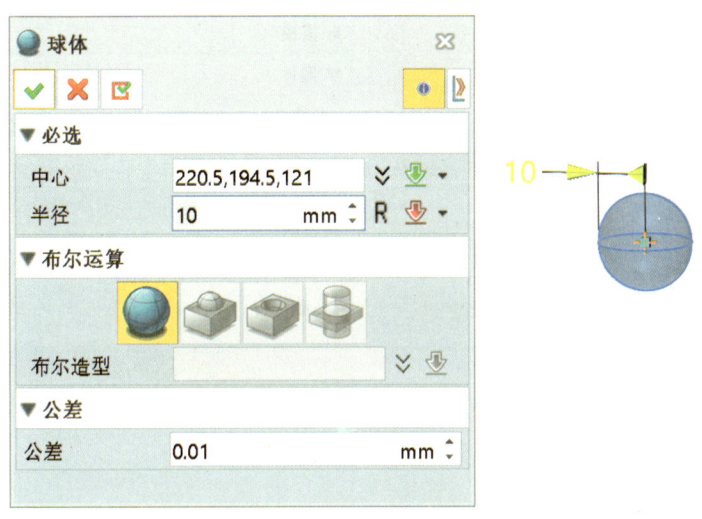

图 5-4　快速造型建模球体

115

椭球体建模需首先确定中心点，再确定 X、Y、Z 轴长度，最后确定构建椭球体，如图 5-5 所示。在构建过程中，若构建椭球体将与其他几何相交，则可以选择进行加、减、交布尔运算；同时，可选择椭球体方向对齐平面，设置公差大小。

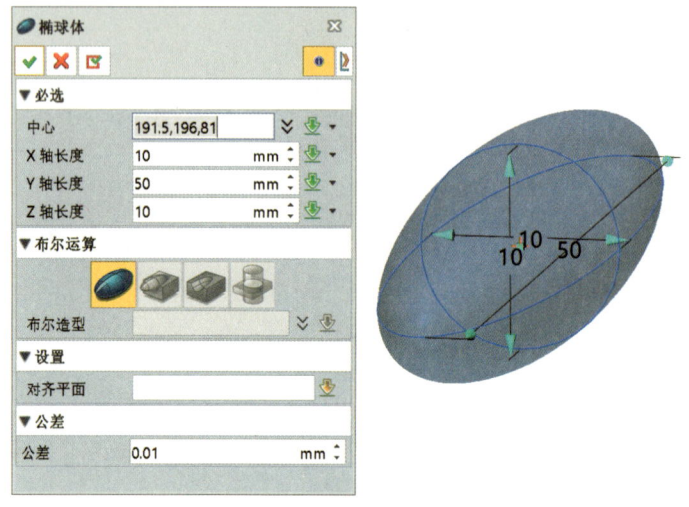

图 5-5　快速造型建模椭球体

### 5.1.2　拉　伸

拉伸造型操作针对封闭曲线，选定封闭曲面后先确定拉伸类型，包含 1 边（仅需定义结束点）、2 边（需定义起始点和结束点）、对称（轮廓两侧分别拉伸定义长度）、总长对称（轮廓两侧共对称拉伸定义长度），从而构建拉伸几何，如图 5-6 所示。可选拉伸方向，不定义则默认为轮廓面法向。也可与相交实体进行布尔运算。

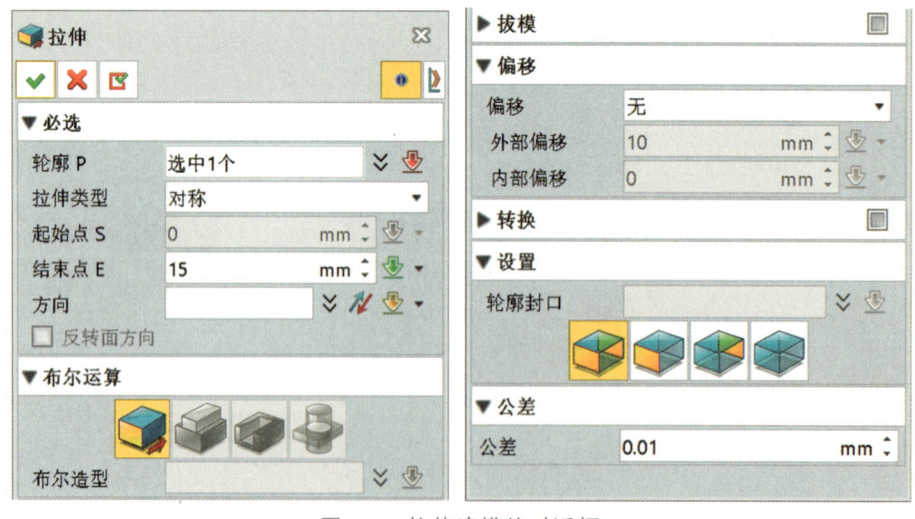

图 5-6　拉伸建模的对话框

拉伸建模中可进行偏移，包括收缩/扩张（在轮廓法向进行正向或负向偏移后进行拉伸）、加厚（在轮廓和偏移轮廓间进行拉伸，外部偏移为正偏移，内部偏移为负偏移）、均匀加厚（对轮廓进行距离相同的正负偏移，在正负偏移轮廓间进行拉伸），如图 5-7 所示。

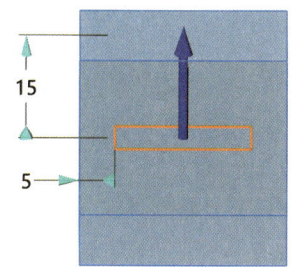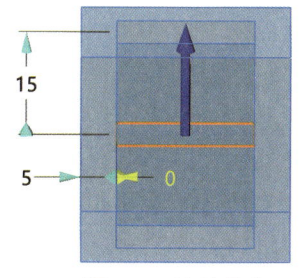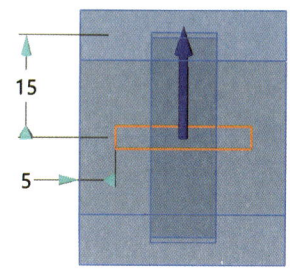

图 5-7　拉伸偏移

拉伸建模时还可设置拉伸几何的拉伸起始、结束面是否生成，令某一面不生成，或两个面均不生成。

### 5.1.3　旋　转

旋转造型时需首先选择封闭曲线，然后确定旋转轴，选择旋转类型，包含 1 边（仅需定义结束点）、2 边（需定义起始点和结束点）、对称（轮廓两侧分别拉伸定义长度），再输入起始、结束角度，最后确定构建旋转几何，如图 5-8 所示。

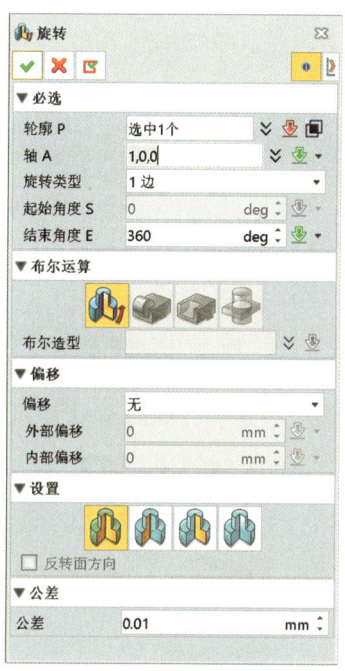

图 5-8　旋转建模的对话框

旋转造型同拉伸一样具有布尔运算、偏移、面生成选择。这些功能与拉伸中操作基本一致，仅需把拉伸换为旋转。

### 5.1.4 放　样

放样造型指的是通过两个或两个以上的轮廓生成特征的操作。放样的轮廓可以是草图或者曲线，如图 5-9 所示。在选择想要放样的基本轮廓后，选择方向要确保一致，否则生成的实体可能会畸变。

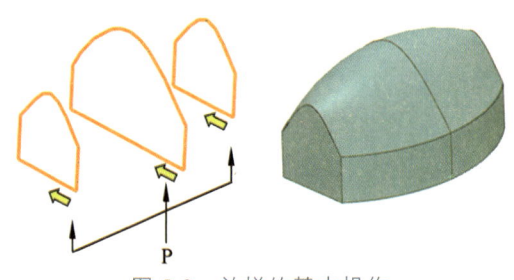

图 5-9　放样的基本操作

#### 5.1.4.1　放样操作

放样操作的具体步骤如下：

（1）在三个平面构建三个草图，如图 5-10 所示。

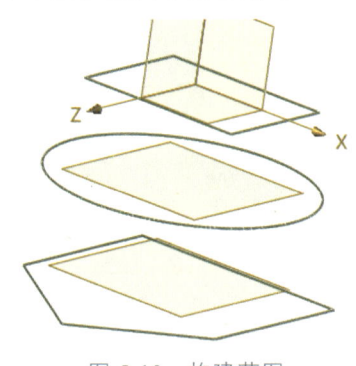

图 5-10　构建草图

（2）点击放样操作下面的第一个选项，如图 5-11 所示。

图 5-11　选择放样

（3）在选择框中按顺序选择需要添加的轮廓，如图 5-12 所示。可以通过轮廓旁边的 来改变箭头的方向。

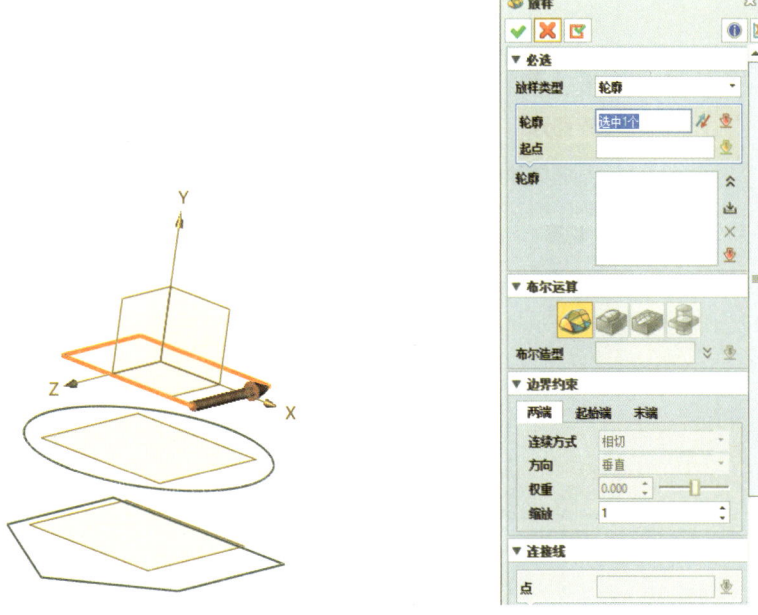

图 5-12　选择第一个轮廓

（4）将鼠标左键单击轮廓下边的起点框，在刚才选择的轮廓上滑动，选择想要固定的起点位置，如图 5-13 所示。

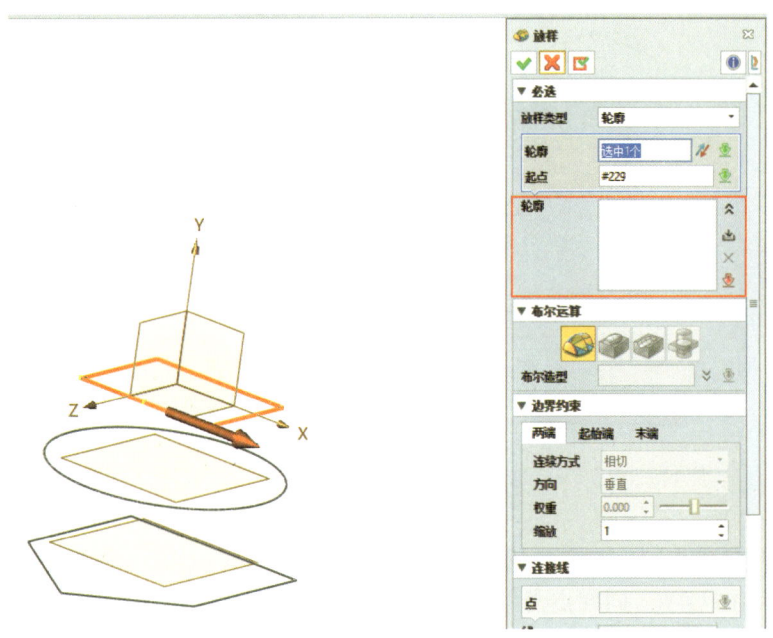

图 5-13　选择轮廓起点

（5）点击下方轮廓右侧的"加载"　，如图 5-13 中红框所示，可以将上述选择的轮廓和起点加载到下方的轮廓中，如图 5-14 所示。

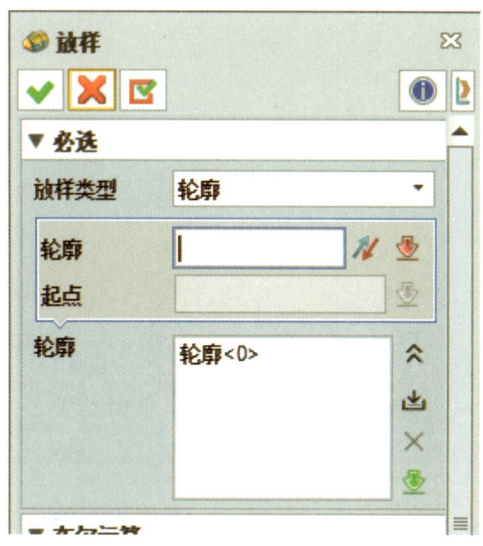

图 5-14　加载选中轮廓和起点

（6）依次对三个轮廓进行上述操作，注意保持轮廓方向一致，加载三个轮廓后如图 5-15 所示。其中，建模界面已经生成即将构建的实体，点击　即可生成对应预览实体。

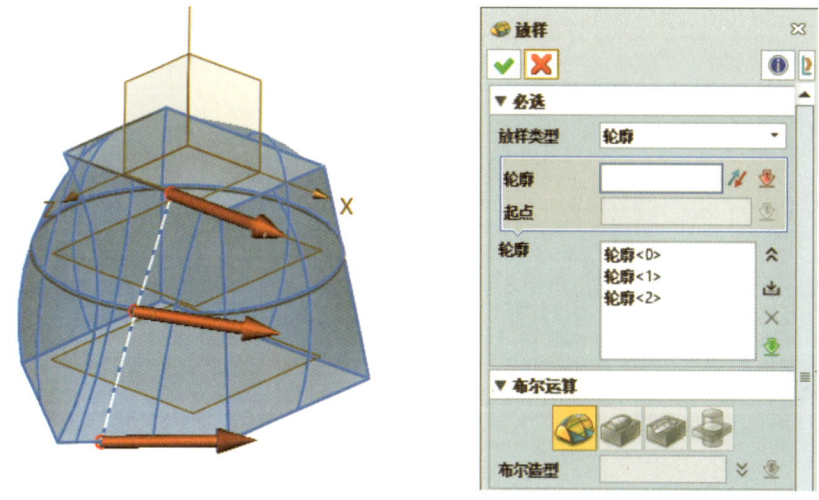

图 5-15　加载所有轮廓后

（7）在放样操作下方连接线的位置，分别点击三条轮廓上的一个点，可以构建额外的边，如图 5-16 所示。同样点击　可以将选中的三个点加载到下方的线的框中，如图 5-17 所示。

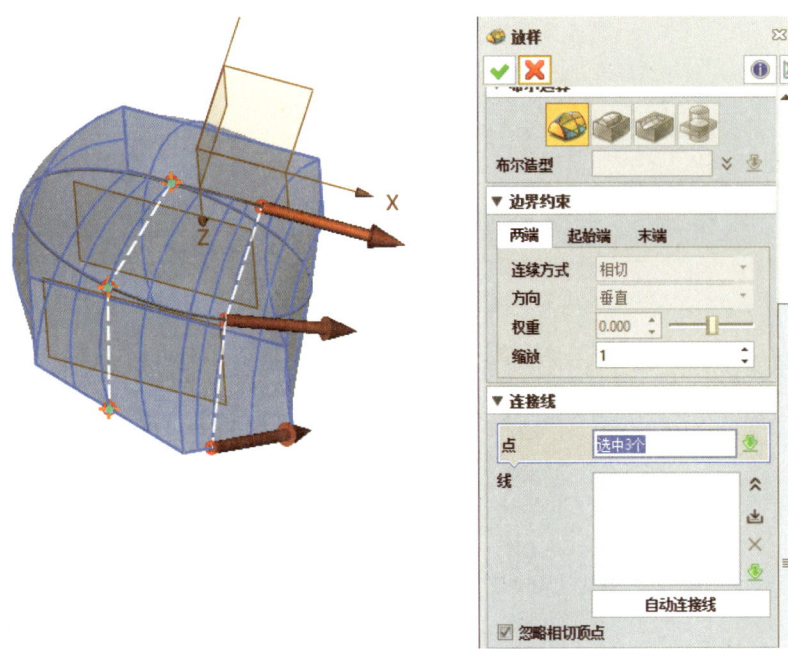

图 5-16　添加连接线上的点

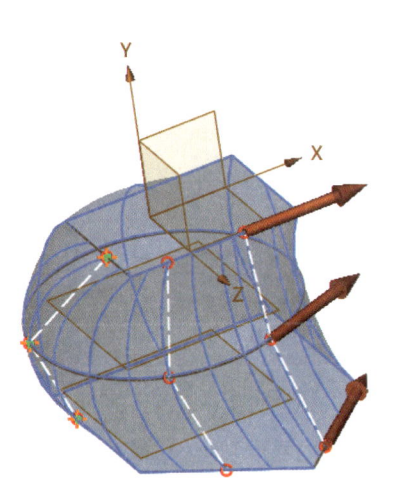

图 5-17　将连接线加载

（8）下方设置的 4 种设置分别是"两端封闭""起始段封闭""末端封闭"和"开放"，如图 5-18 所示。默认生成封闭实体选择第一个设置。生成的实体如图 5-19 所示。

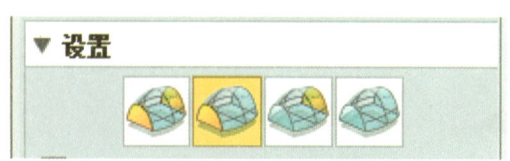

图 5-18 构建封闭或开放实体

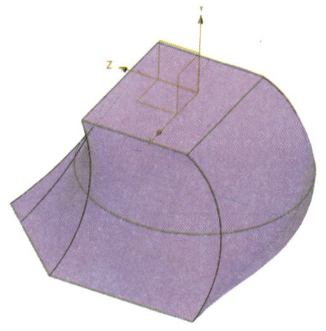

图 5-19 生成的放样实体

在放样操作的放样类型中还有 3 种其他类型的放样操作,分别是"起点和轮廓""终点和轮廓"和"首尾端点和轮廓",如图 5-20 所示。

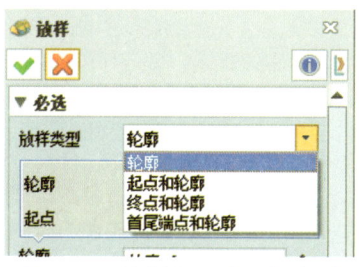

图 5-20 放样的四种放样类型

"起点和轮廓"指的是给所有轮廓的开始添加一个点;"终点和轮廓"是给所取轮廓的最后添加一个点;"首尾端点和轮廓"是给轮廓的开头和末尾各添加一个点,如图 5-21、图 5-22 和图 5-23 所示。

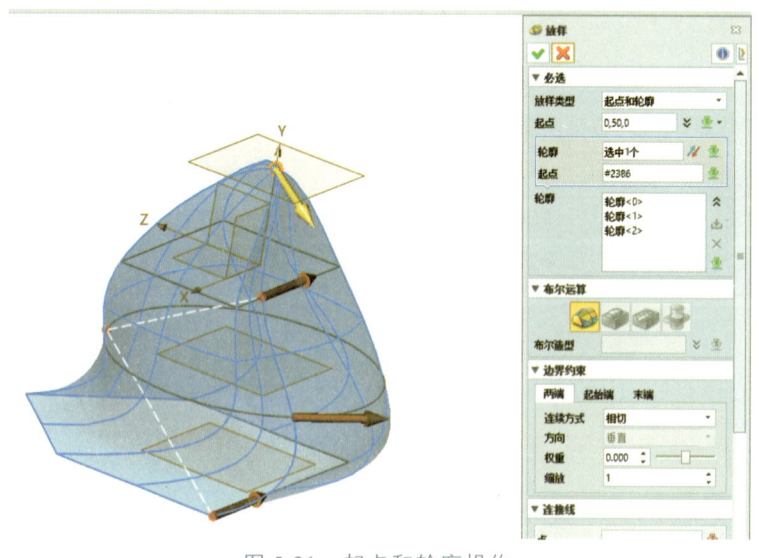

图 5-21 起点和轮廓操作

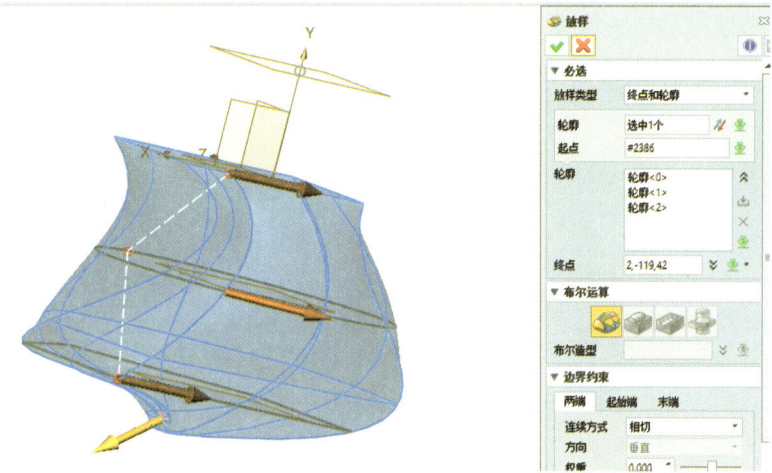

图 5-22 终点和轮廓操作

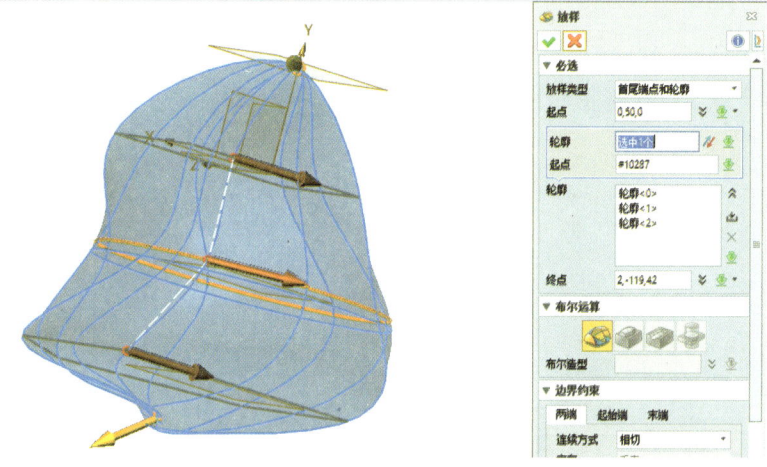

图 5-23 首尾端点和轮廓

其中,中端点的缩放和扭曲功能将在放 5.1.5.1 扫掠 1 小节详细介绍,其余设置类似。

### 5.1.4.2 驱动曲线放样操作

驱动曲线放样操作的具体步骤如下:

(1)绘制两个草图和一条经过两个草图的曲线,如图 5-24 所示。

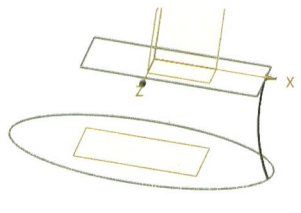

图 5-24 草图绘制

123

（2）驱动曲线选择经过草图的曲线，如图 5-25 所示。

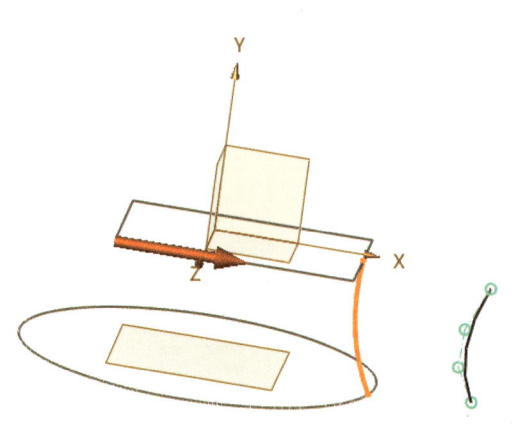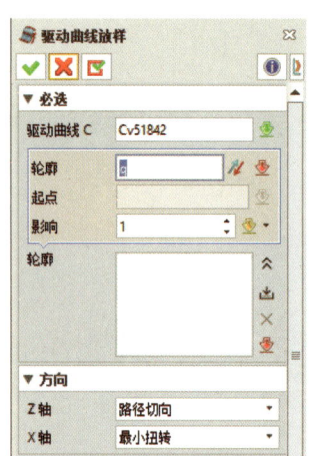

图 5-25　选择驱动曲线

（3）在选择轮廓时，鼠标放置于想要放样的轮廓，会生成预览实体，如图 5-26 所示。此时生成的实体是以所选轮廓为基础，沿驱动曲线的法向生成实体。

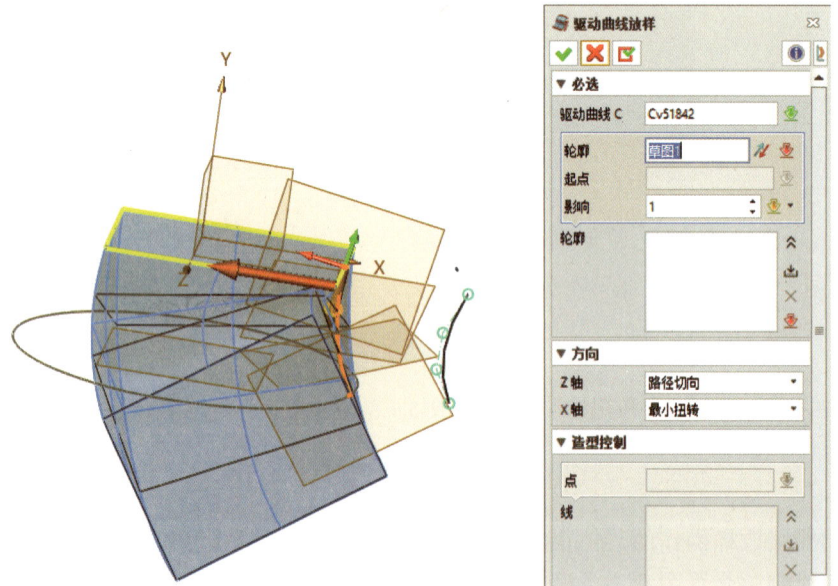

图 5-26　通过一个轮廓生成实体

在下方的方向框中，可以选择 Z 轴和 X 轴的方向，如图 5-27 和图 5-28 所示。

图 5-27　Z 轴选项

图 5-28　X 轴选项

Z 轴"路径切向"就是按照驱动曲线的法向方向形成实体。"曲线切向"是按照选定曲线的法向生成实体,如图 5-29 所示。选择另一条曲线,则轮廓按照所选曲线的法向生成实体。"固定方向"就是轮廓生成实体的横截面与所选方向垂直,如图 5-30 所示。

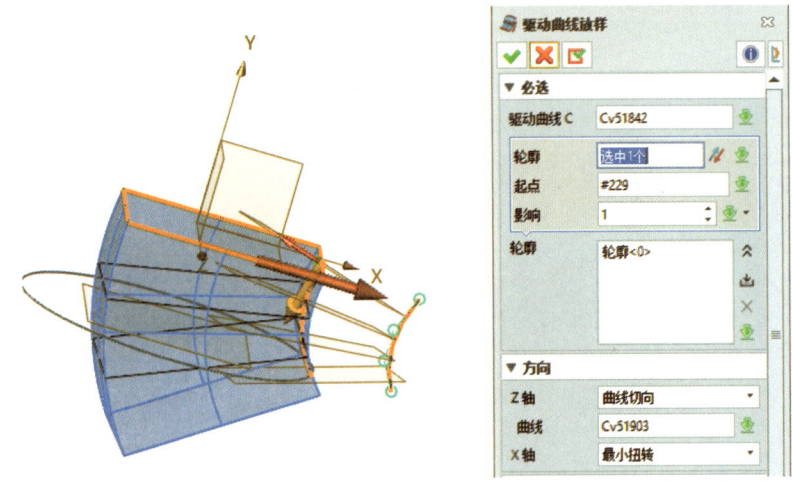

图 5-29　Z 轴选择曲线切向

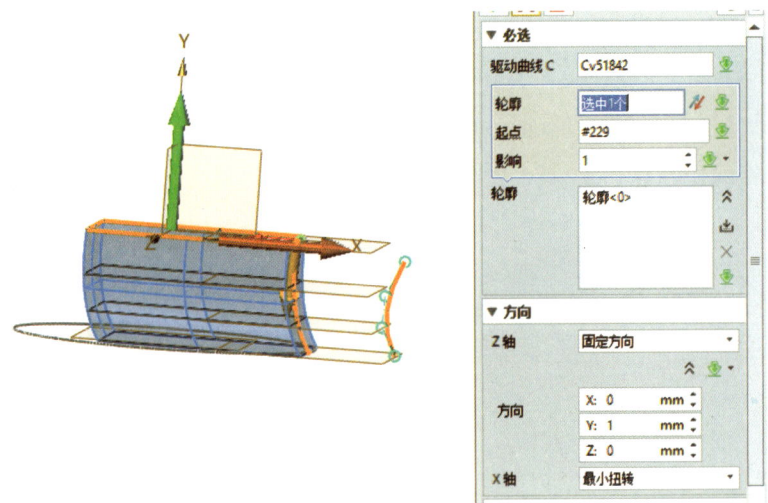

图 5-30　Z 轴选择固定方向

X 轴选择"最小扭转"就是按照最小扭矩的方向旋转生成实体的横截面(与 Z 轴路径垂直的面),如图 5-31 所示。X 轴选择"固定方向"是按照给定的方向选择该面,如图 5-32 所示。X 轴选择"X 轴曲线"就是按照曲线方向旋转轮廓,如图 5-33 所示。

125

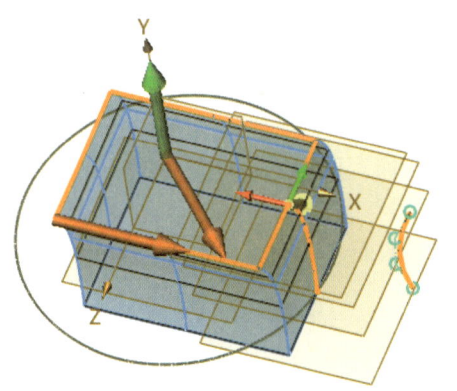 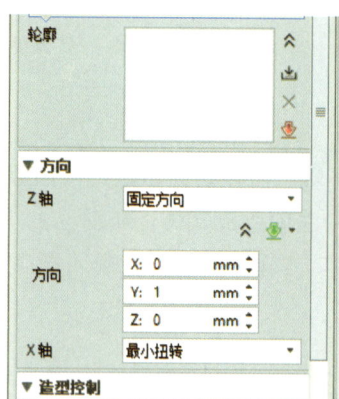

图 5-31　X 轴选择最小扭矩

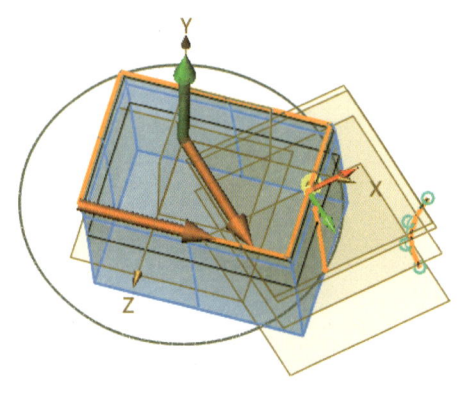 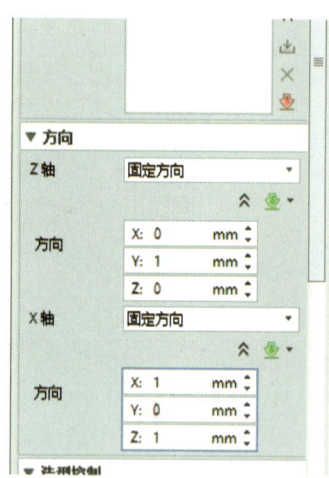

图 5-32　X 轴选择固定方向

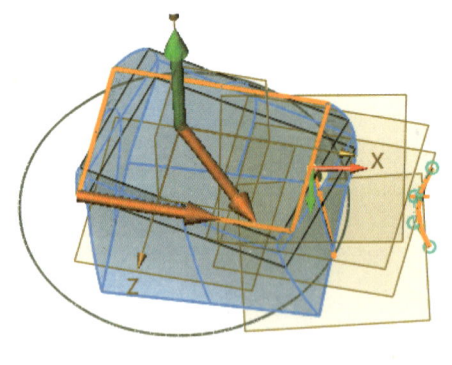 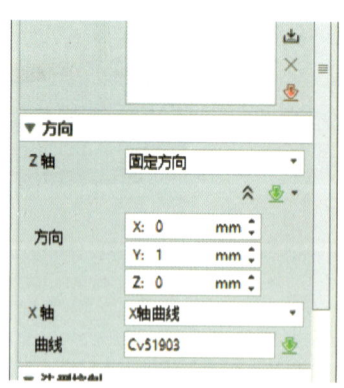

图 5-33　X 轴选择 X 轴曲线

驱动曲线放样也可以选择两个轮廓来进行放样,如图 5-34 所示。操作方式与 5.1.4.1

小节操作相同。修改"影响"可以改变该轮廓对周围几何的影响因素，如图 5-35 和图 5-36 所示。

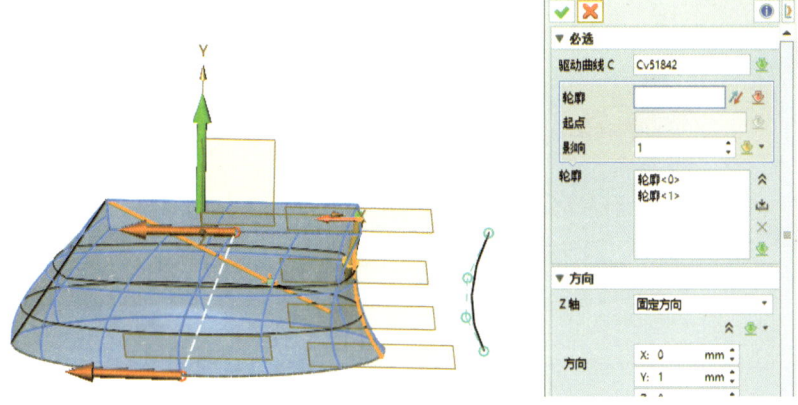

图 5-34  两个轮廓下的驱动曲线放样（影响为 1）

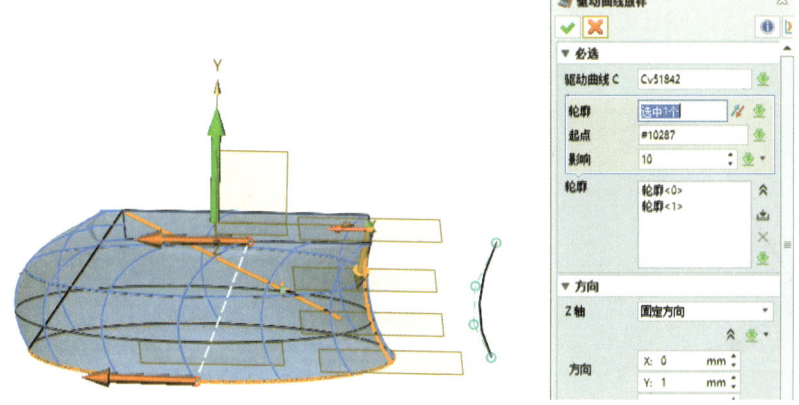

图 5-35  两个轮廓下的驱动曲线放样（影响为 10）

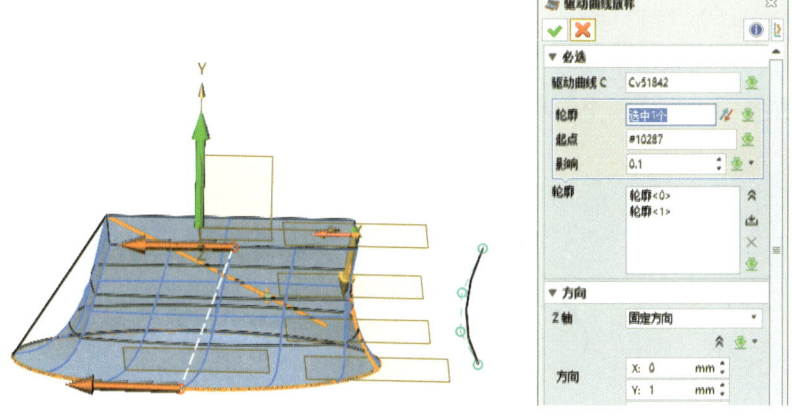

图 5-36  两个轮廓下的驱动曲线放样（影响为 0.1）

造型控制和 5.1.4.1 小节中连接线操作相同，通过在两个轮廓上选择点并加载到线的框中来对实体增加一条边，如图 5-37 所示。也可以通过点击自动连接线来自动生成边，其会捕捉多边形的顶点，如图 5-38 所示。

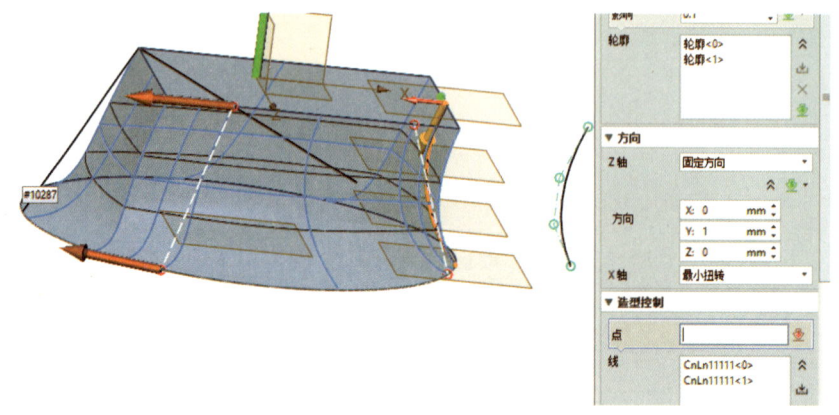

图 5-37　造型控制操作

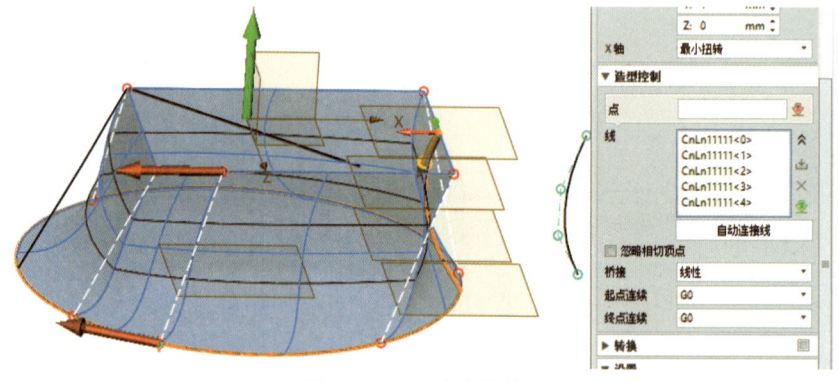

图 5-38　自动连接线

### 5.1.4.3　双轨放样操作

双轨放样操作具体步骤如下：

（1）在草图中生成两个简单形状矩形和圆形，并绘制两条经过图像的曲线以及一条外部曲线，如图 5-39 所示。

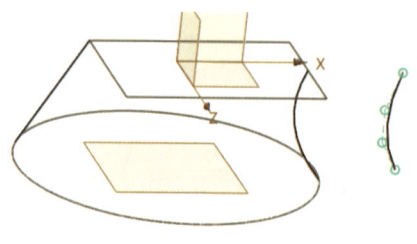

图 5-39　草图绘制

（2）点击"双轨放样"，在选择曲线时，可以选择经过轮廓的曲线，也可以选择外部曲线。

注意，曲线方向要相同，否则可能生成实体产生畸变。点击一个轮廓，加载过程和5.1.4.1小节放样操作相同。如图5-40所示，可以看到所选的两条路径包含在生成实体中。

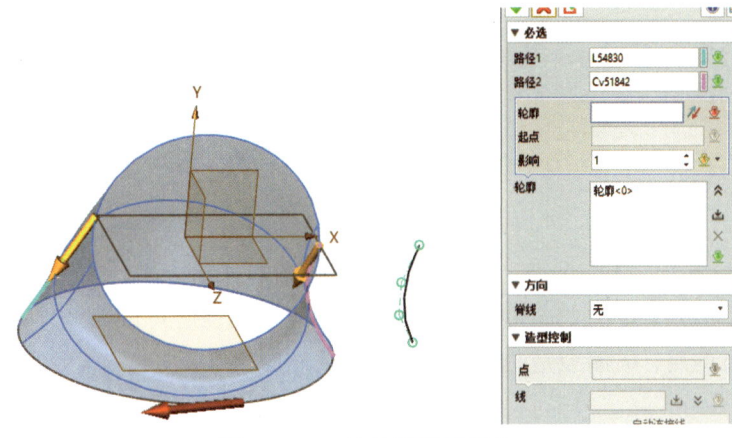

图 5-40　双轨放样基础操作

"脊线"可以指定轮廓在放样中平行的方向，有4种方式，分别是"无""正常""脊线"和"平行"。"无"就是不设置脊线，按照路径生成实体。"正常"则轮廓按照与初始平面平行的方向生成实体，如图5-41所示。"脊线"就是选择特定曲线生成脊线，如图5-42所示。"平行"是轮廓根据所选平面的法向方向旋转，如图5-43所示。

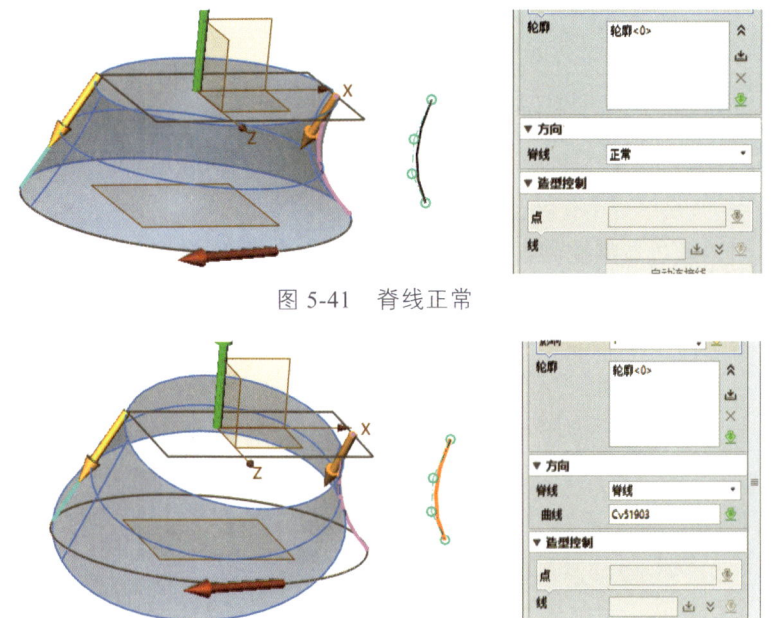

图 5-41　脊线正常

图 5-42　脊线选择特定曲线

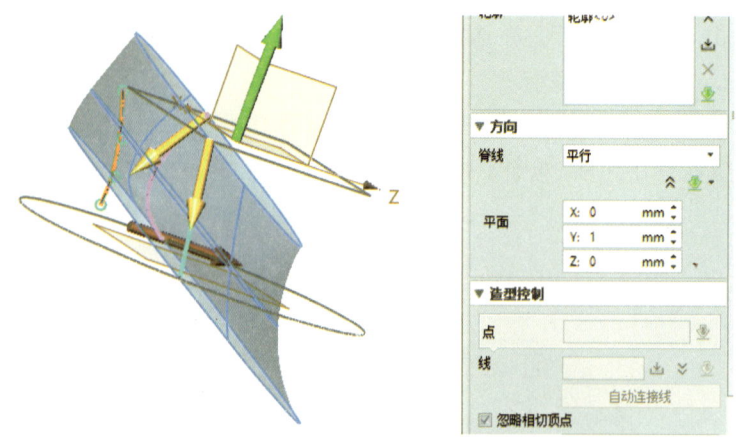

图 5-43　脊线选择平行

同样，双轨放样也可以选择两个轮廓进行放样，并且路径可以不经过轮廓，如图 5-44 所示。要注意的是，若路径是曲线，生成实体的端面的可能与所选轮廓不同。

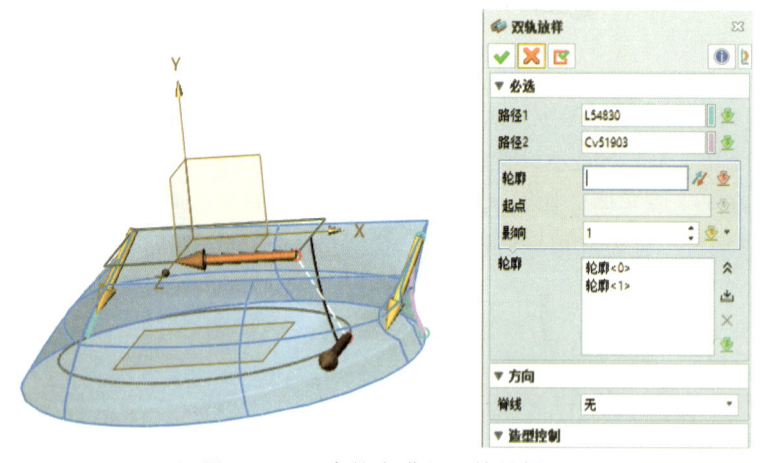

图 5-44　两个轮廓进行双轨放样

同样，可以通过造型控制添加一条边或者通过自动连接线来自动构造经过角点的边，如图 5-45 和图 5-46 所示。

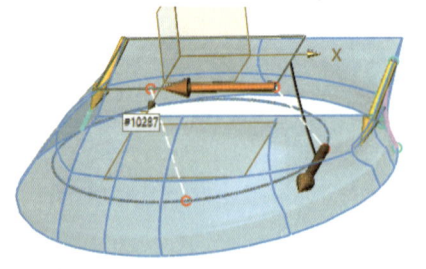

图 5-45　造型构造

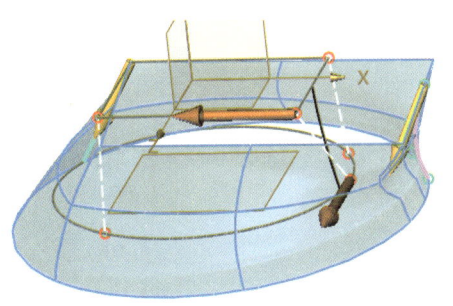
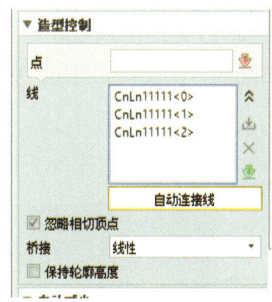

图 5-46　自动连接线

"桥接"选择"线性"则在轮廓之间进行线性桥接,选择"光滑"进行光滑桥接,如图 5-47 和图 5-48 所示。勾选"保持轮廓高度"会在轮廓与两条路径等比缩放时,保留另一方向高度不变;若不勾选,则会在两个方向都缩放,如图 5-49 所示。

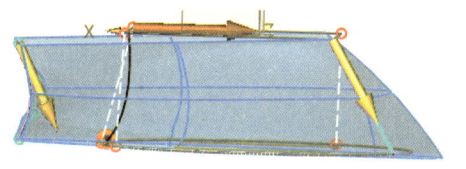
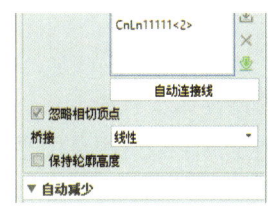

图 5-47　桥接-线性

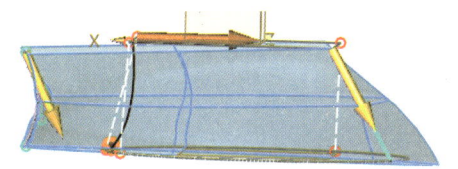

图 5-48　桥接-光滑

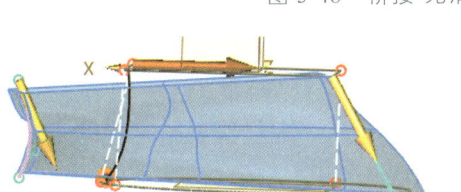
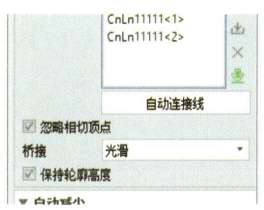

图 5-49　保持轮廓高度

### 5.1.5　扫　掠

扫掠功能采用二维曲面沿曲线经过的路径进行建模,如图 5-50 所示。一般情况下,选择要扫掠的轮廓 P1 或点击鼠标中键创建特征草图。路径 P2 支持线框、边和草图几何体。通过点击鼠标右键插入曲线列表,也可以选取多线框实体。扫掠的路径必须是相切连续。

扫掠主要分为 5 个子功能，分别是扫掠、变化扫掠、螺旋扫掠、杆状扫掠和轮廓杆状扫掠，如图 5-51 所示，下面进行详细介绍。

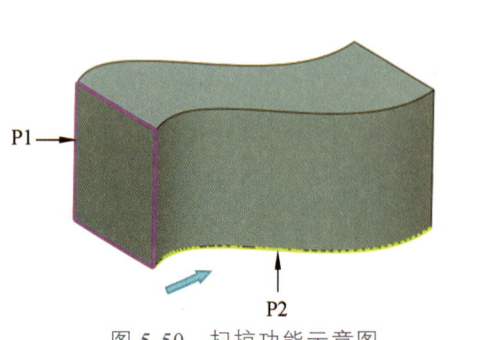

图 5-50　扫掠功能示意图　　　　图 5-51　扫掠子功能

### 5.1.5.1　扫　掠

扫掠功能具体步骤如下：

（1）创建两个相交的草图平面并绘制两条曲线，如图 5-52 所示。

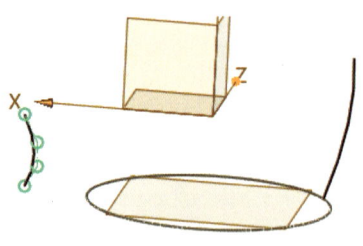

图 5-52　构建草图

（2）选择构建的草图轮廓，并选择任意一条曲线，扫掠路径可以不经过轮廓，即可预览生成的实体，如图 5-53 所示。

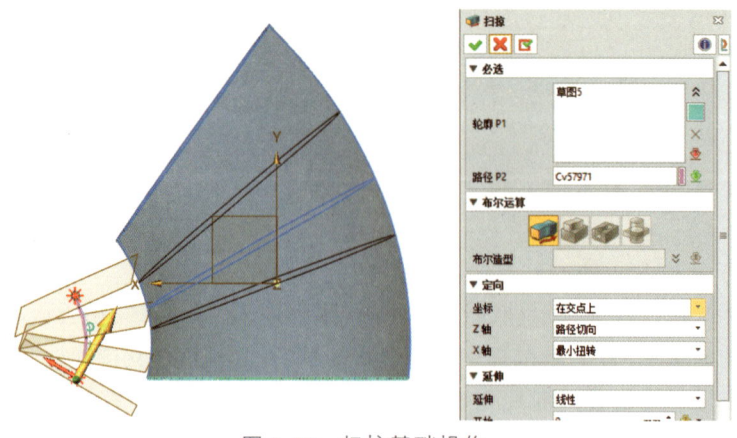

图 5-53　扫掠基础操作

扫掠对话框的"定向"操作中有 5 个子选项,如图 5-54 所示。

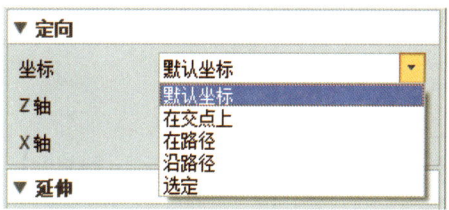

图 5-54 定向子选项

其中,"默认坐标"是以路径起点所在面且与路径垂直的平面为基准面,将草图轮廓进行扫掠,如图 5-55 所示。"在交点上"是以原始轮廓所在平面为基准面,根据路径扫掠,并且路径包含在生成实体里,如图 5-56 所示。"在路径"是以原始轮廓所在平面为基准面,并且以原始轮廓所在面为初始面按照路径方向生成实体,如图 5-57 所示。"沿路径"设置方式通过将原轮廓沿着选定路径扫掠生成实体,如图 5-58 所示。"选定"是将选定平面作为参考平面,固定选定平面与所选轮廓的相对位置,并以含路径起点且与路径垂直的面为基准面,根据相对位置找到扫掠实体的初始面位置,按照路径进行扫掠,如图 5-59 所示。

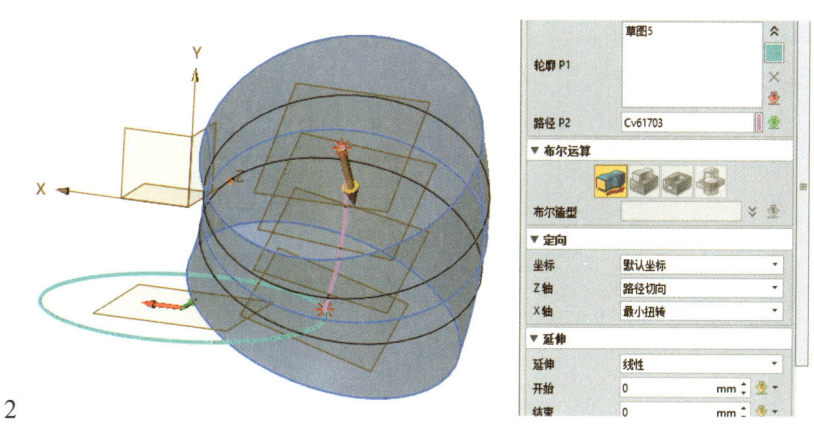

图 5-55 默认坐标

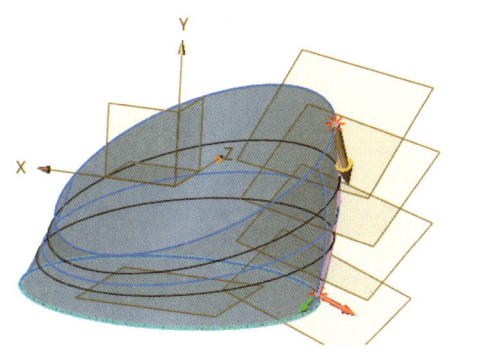 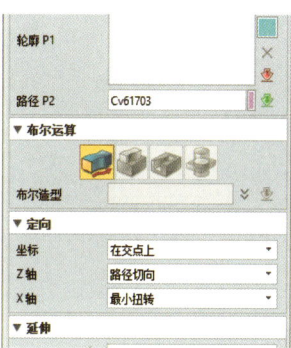

图 5-56 在交点上

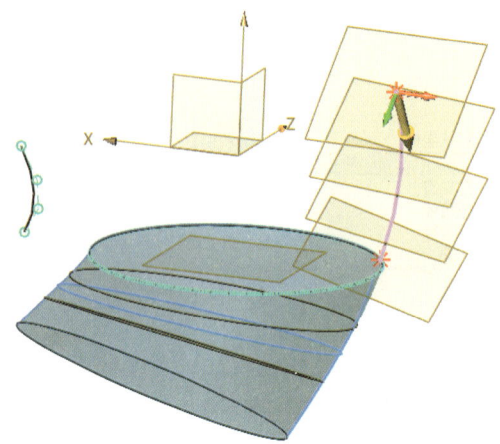 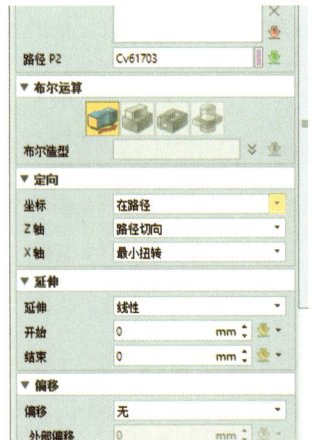

图 5-57　在路径

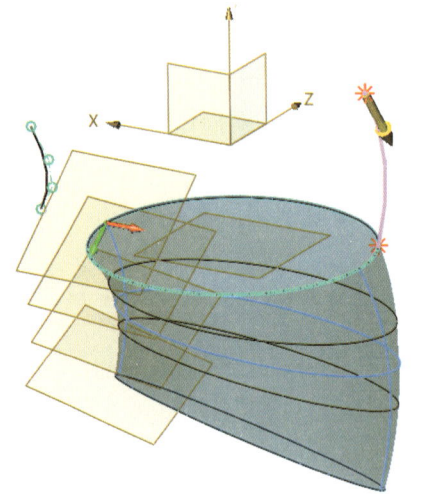 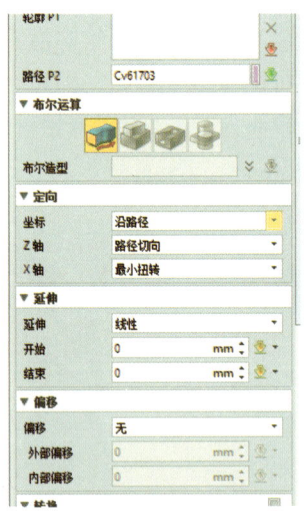

图 5-58　沿路径

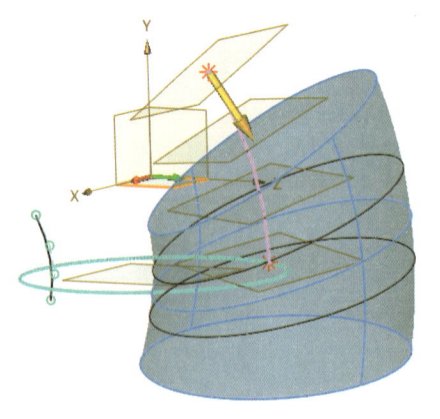 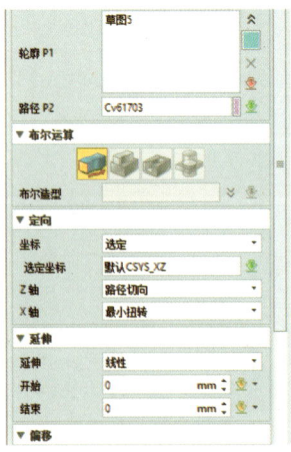

图 5-59　选定

调整 Z 轴可以改变轮廓所在面扫掠路径中的角度，Z 轴有三个选项，分别是路径切向、曲线切向和固定方向。"路径切向"是轮廓按与路径垂直的面扫掠，如图 5-56 所示。"曲线切向"是轮廓按与选定曲线垂直的面扫掠，如图 5-60 所示。"固定方向"是轮廓按与固定矢量方向垂直的面扫掠，如图 5-61 所示。

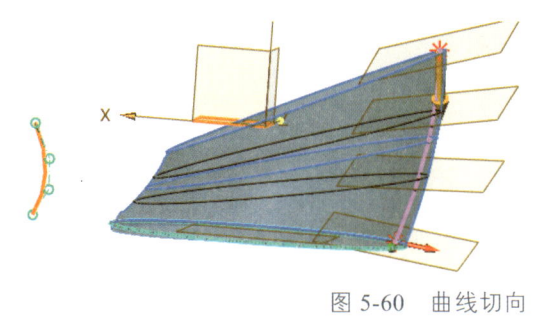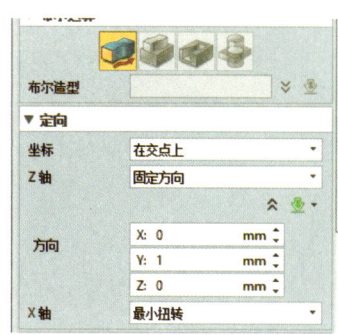

图 5-60　曲线切向

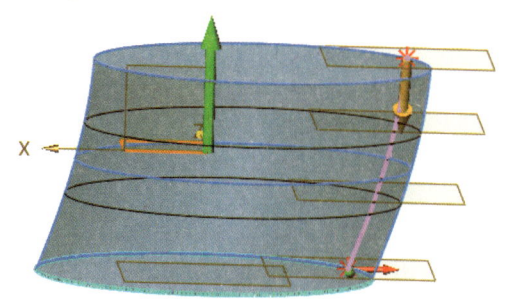

图 5-61　固定方向

调整 X 轴可以在与轮廓所在平面平行方向旋转轮廓所在面的角度，X 轴有 4 个子选项，分别是最小扭转、X 轴曲线、固定方向和面法向。"最小扭转"就是根据最小的扭转方向对基准面进行旋转，如图 5-61 所示。"X 轴曲线"是根据选定曲线来设置轮廓旋转方向，如图 5-62 所示。"固定方向"是将基准面按照固定方向在基准面投影与 Z 轴夹角进行旋转，如图 5-63 所示。"面法向"是根据选定面的法向向量来旋转轮廓，如图 5-64 所示。

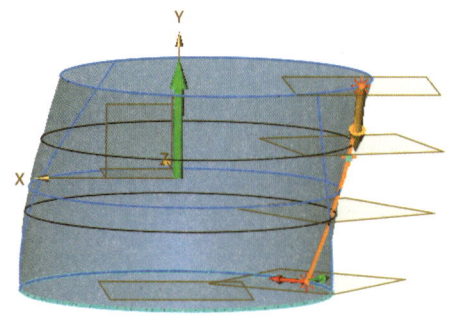

图 5-62　X 轴曲线

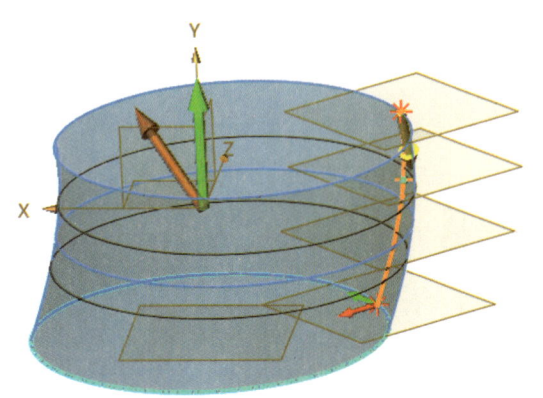 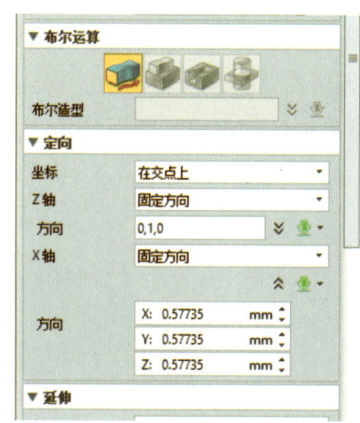

图 5-63 固定方向

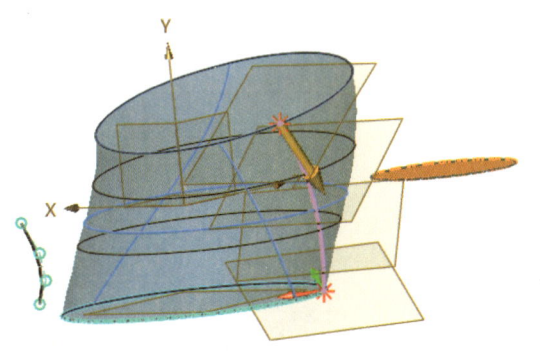 

图 5-64 面法向

"延伸"选项可以让扫掠实体在路径的首端和末端进行相应的延伸,有 4 个子选项可供选择,分别是线性、圆弧、反射和曲率递减。

"偏移"选项可以选择"收缩/扩张"来改变扫掠面大小,外部偏移为正数则向外扩张,为负数则向内收缩,其他选项同理,如图 5-65 所示。"加厚"可以构造通孔,"内部偏移"可以让中间产生中空,"均匀加厚"则是内外统一偏移的厚度,如图 5-66、图 5-67 所示。

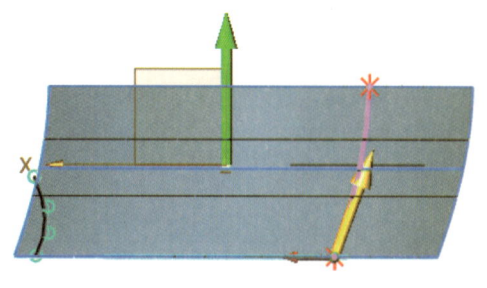 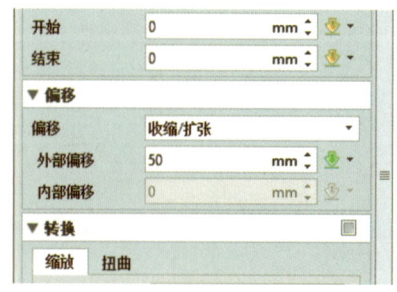

图 5-65 偏移-收缩/扩张

第 5 章 造 型

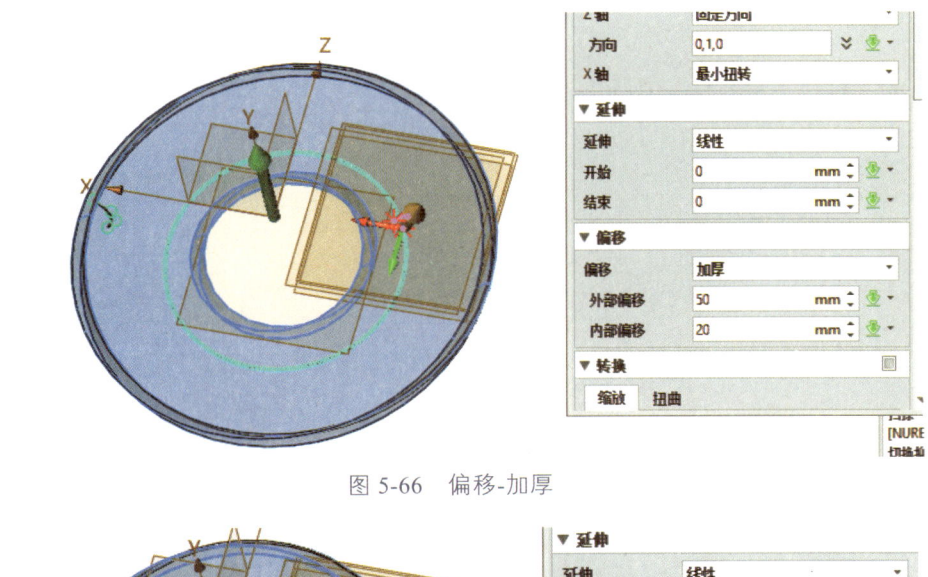

图 5-66 偏移-加厚

图 5-67 偏移-均匀加厚

"转换"的"缩放"功能可以改变扫掠首端和末端截面的大小，选择"线性"，则沿路径方向从一个缩放倍数到另一个缩放倍数，如图 5-68 所示。选择"可变"，则可以根据选择的点，以该点为中心来控制缩放大小，如图 5-69 所示。同时，可以选择多个点来进行多段缩放，如图 5-70 所示。在缩放类型中，可以选择只缩放 X、Y、Z 其中一个轴，如图 5-71 和图 5-72 所示。

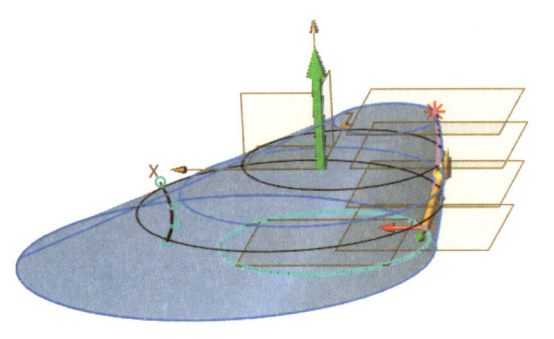
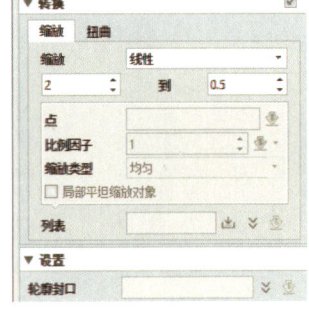

图 5-68 转换-缩放-线性

137

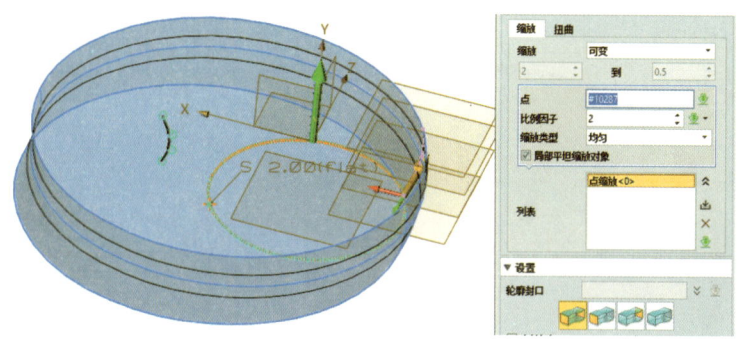

图 5-69　转换-缩放-可变（单点）

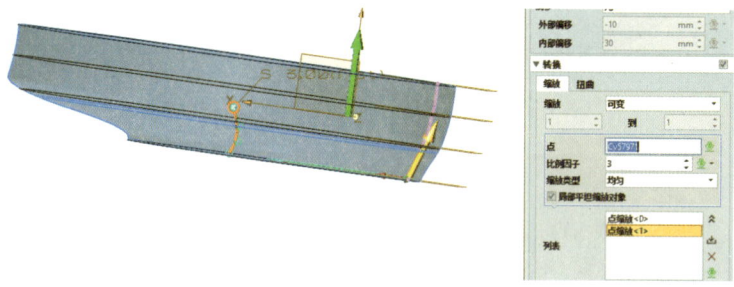

图 5-70　转换-缩放-可变（多点）

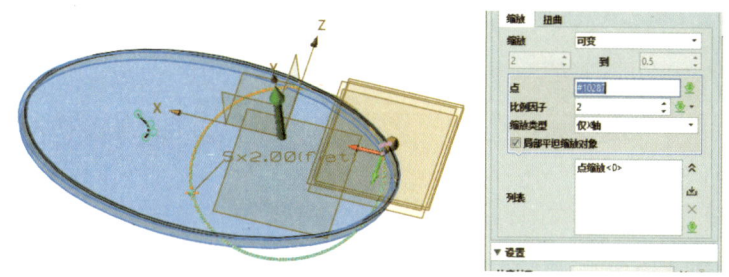

图 5-71　转换-缩放-可变（仅 X 轴）

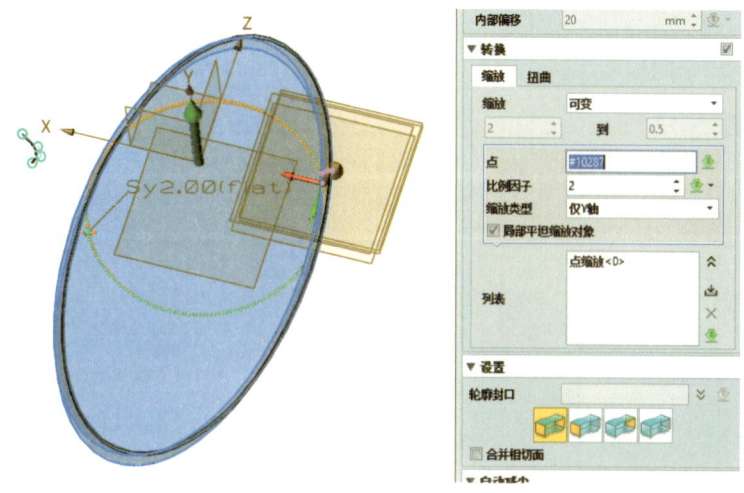

图 5-72　转换-缩放-可变（仅 Y 轴）

"转换"的"扭曲"功能可以旋转扫掠路径上的横截面。"线性"是将首端旋转第一个输入的角度到末端旋转第二个输入的角度，如图 5-73 和图 5-74 所示。"可变"是相对选择的点旋转对应的角度，如图 5-75 所示。

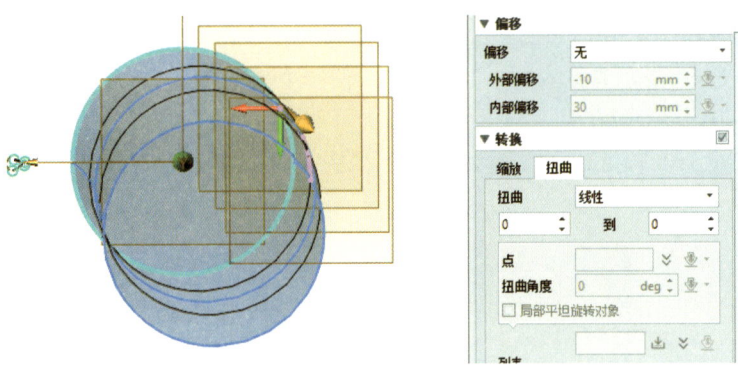

图 5-73　转换-扭曲-线性（不旋转）

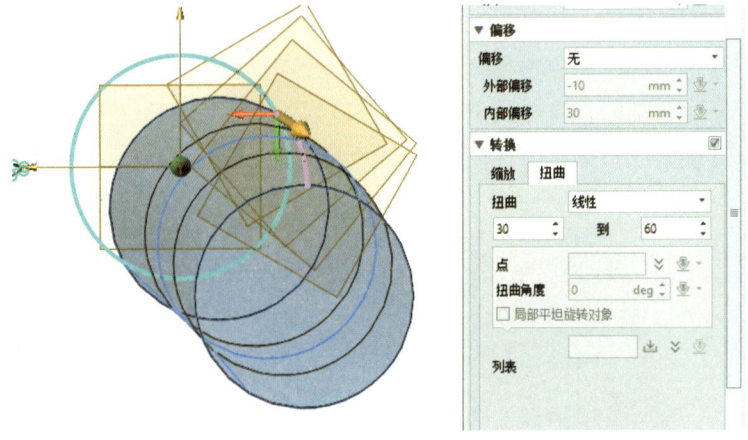

图 5-74　转换-扭曲-线性（首端旋转 30°，末端旋转 60°）

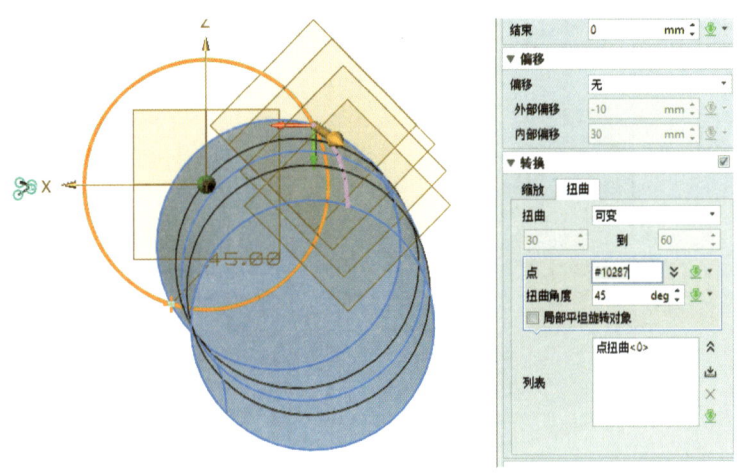

图 5-75　转换-扭曲-可变

#### 5.1.5.2 变化扫掠

变化扫掠与扫掠的功能相似，区别是变化扫掠的路径如果和外部几何有参照关系，则扫掠路径会随外部几何变化而变化，如图 5-76 所示。

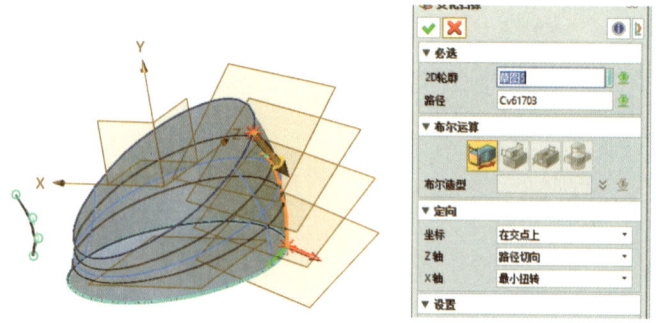

图 5-76 变化扫掠操作

#### 5.1.5.3 螺旋扫掠

螺旋扫掠是将所选轮廓沿选择轴螺旋前进方式进行扫掠，是构建螺旋实体的主要方法。在选择好轮廓和轴后，需要给定匝数和每匝的距离，以及设定"收尾"中的半径和角度，就可以直接生成扫掠实体，如图 5-77 所示。

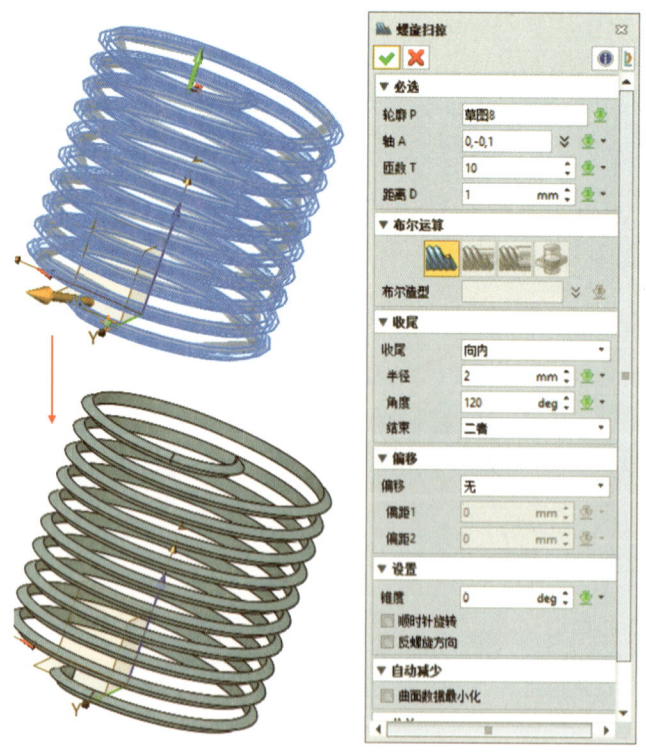

图 5-77 螺旋扫掠

收尾功能目前只能在锥度为 0 时使用，若锥度不为 0，只能选择无，若选择其他选项生成实体会出现问题。

收尾功能是设置螺旋体在开始和结束位置的过渡连接，"向内"用于加运算时的凸螺纹；"向外"用于减运算时的凹螺纹；"无"则没有过渡连接，如图 5-78 所示。可以通过改变"结束"选项选择只偏转头部或尾部或都进行偏转。

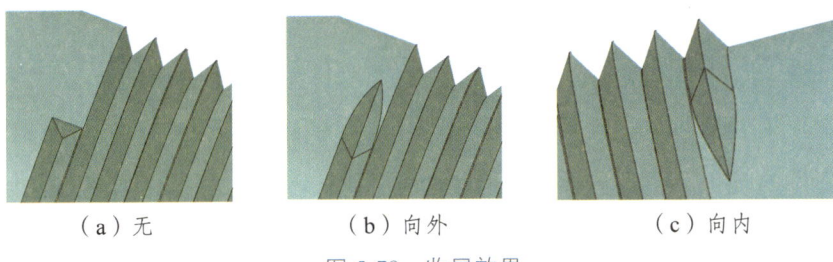

（a）无　　　　　　　（b）向外　　　　　　　（c）向内

图 5-78　收尾效果

"偏移"功能和 5.1.5.1 扫掠功能相同，此处只展示几个例子，如图 5-79、图 5-80 和图 5-81 所示。

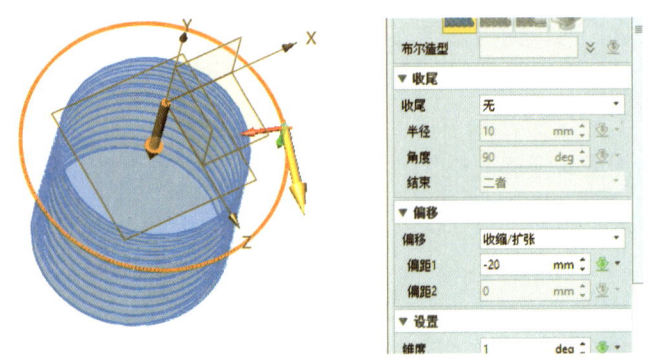

图 5-79　偏移-收缩/扩张

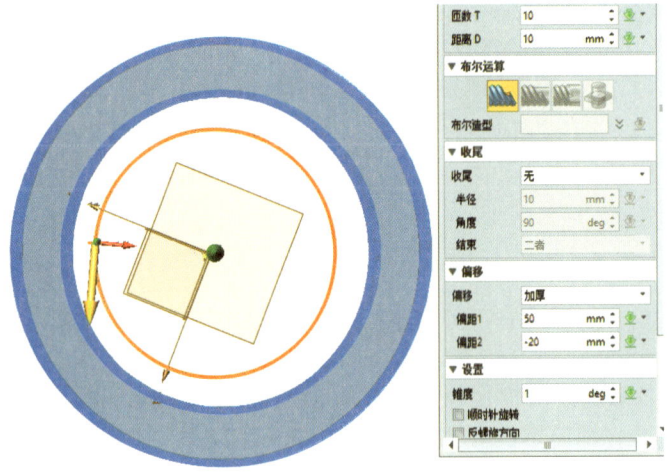

图 5-80　偏移-加厚

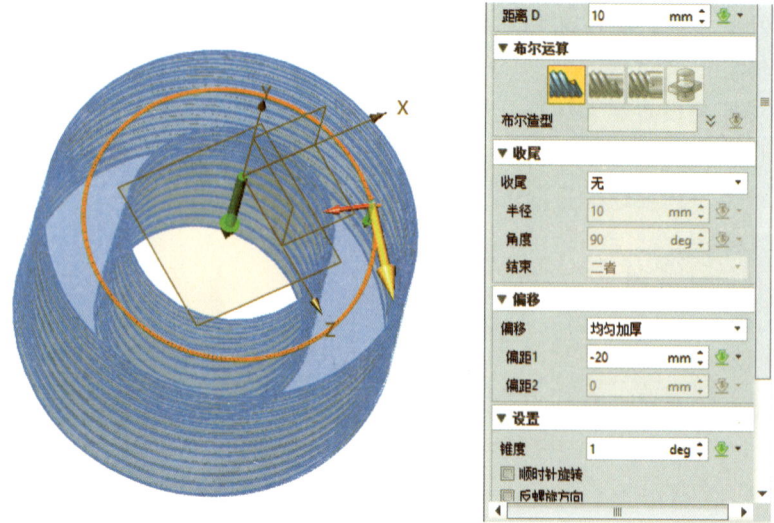

图 5-81 偏移-均匀加厚

设置锥度可以生成锥形螺旋体，勾选"顺时针旋转"可以改变螺旋体的旋转方向；勾选"反螺旋方向"可以向与选定方向相反的方向生成螺旋体。

### 5.1.5.4 杆状扫掠

选择一条封闭或者开放的曲线，给定外径和内径，可以以曲线上所有点为圆心生成管状结构，如图 5-82 所示。

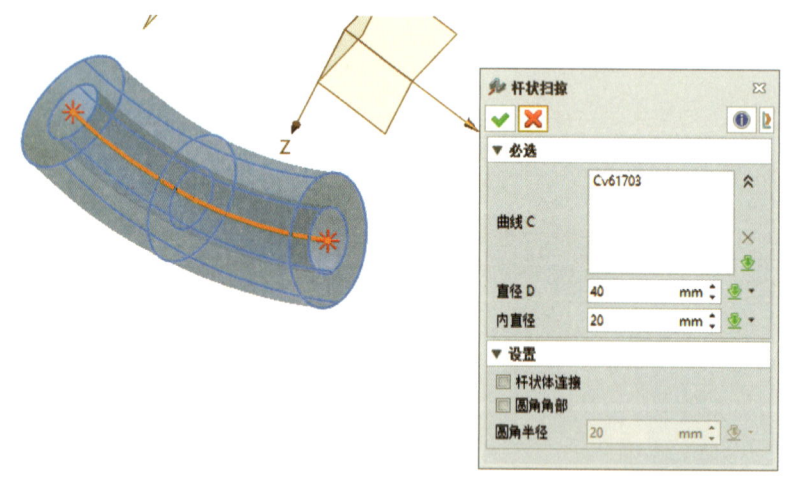

图 5-82 杆状扫掠

设置"杆状体连接"可以把杆实体断开的部分填充起来；设置"圆角角部"可以将角点变成圆角，并且即使不选择"杆状体连接"也可以生成圆角，如图 5-83~图 5-86 所示。

第 5 章 造 型

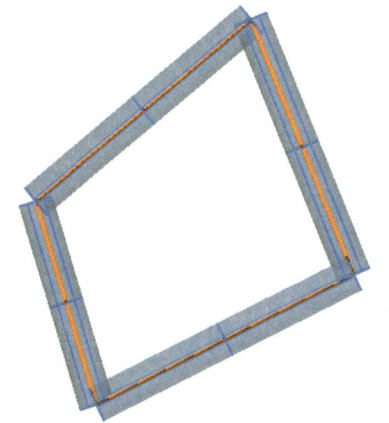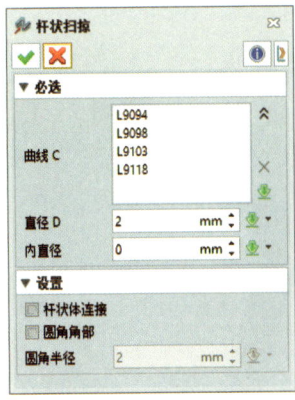

图 5-83 两个选项都不选择

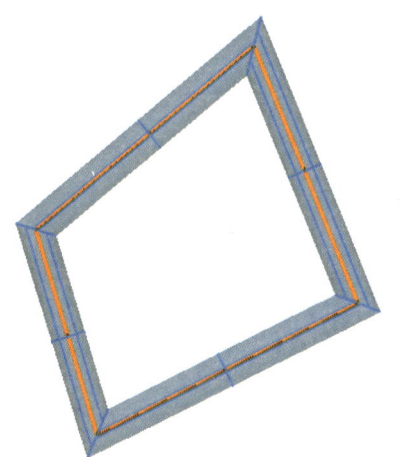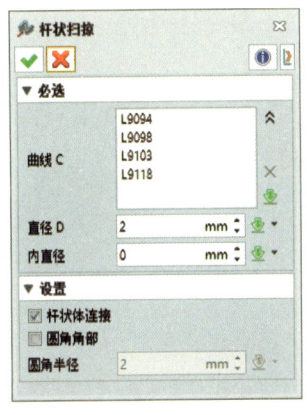

图 5-84 只选中杆状体连接

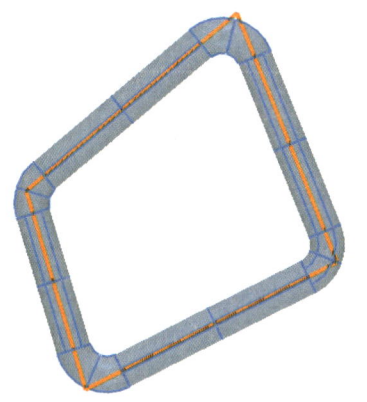

图 5-85 两个选项都选中

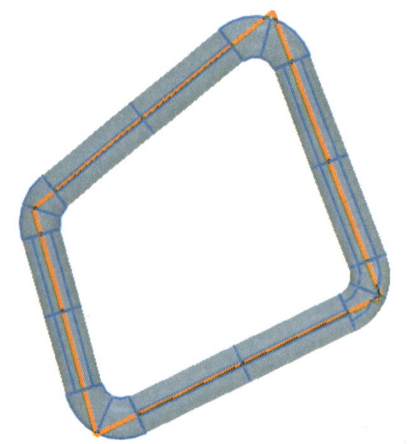
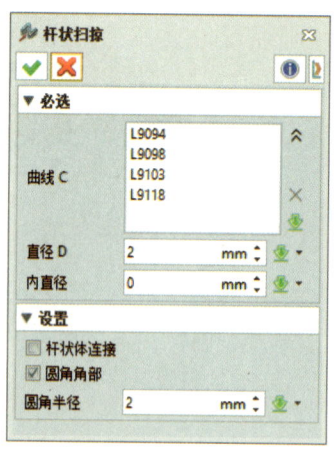

图 5-86　只选中圆角角部

### 5.1.5.5　轮廓杆状扫掠

如图 5-87 所示，选择相应的轮廓（蓝色）和路径（紫色），即可生成扫掠的实体。

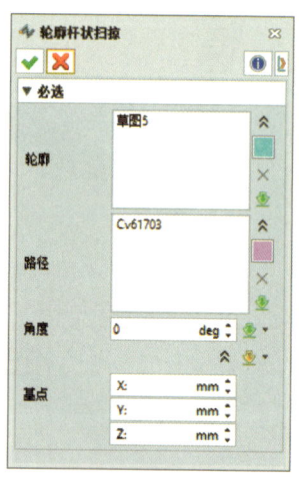

图 5-87　轮廓杆状扫掠

"基点"可以设置扫掠的起点（基点坐标与原始轮廓的相对位置决定了扫掠初始面中旋转轴的位置），如图 5-88 所示；"角度"可以设置截面绕基点的旋转角度，如图 5-89 所示。轮廓杆状扫掠与杆状扫掠功能相似，但轮廓杆状扫掠的截面形状更多，可以是正方形、多边形等，而杆状扫掠只能是圆形。

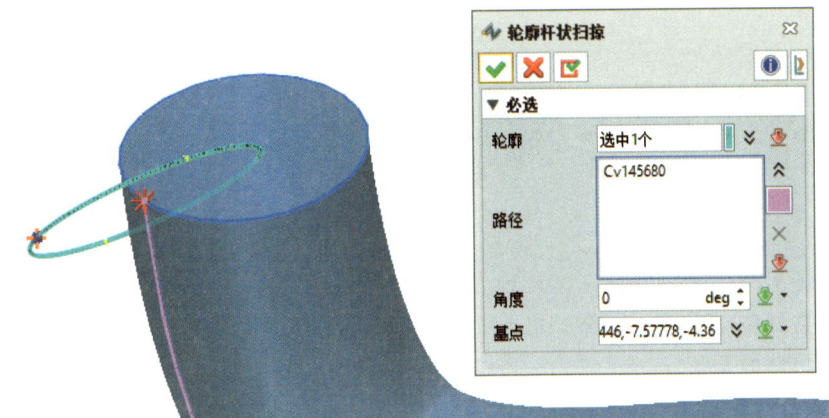

图 5-88 设置基点-旋转角度为 0°

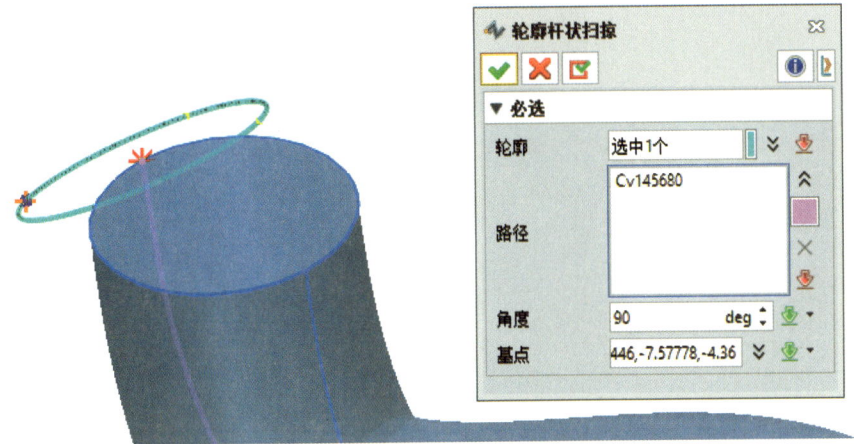

图 5-89 设置基点-旋转角度为 90°

## 5.2 工程特征

工程特征位于工具面板→"造型"→"工程特征"模块，本书主要介绍圆角、倒角、孔。

### 5.2.1 圆　角

3D 圆角相较于草图圆角多了 3 种构建方法，即椭圆圆角法、环形圆角法、顶点圆角法。

（1）椭圆圆角法在选择边后，除了定义倒角距离，还可以定义圆角角度，生成椭圆圆角，如图 5-90 所示。

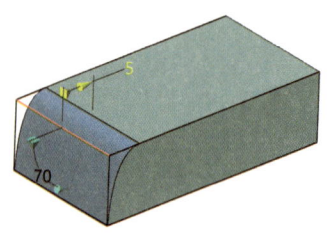

图 5-90　椭圆圆角

（2）环形圆角法需选择一个面或多个面，将面的边依据环形类型进行选择，构建圆角。环形类型包括内部、外部、共有、边界、全部和选定。图 5-91 选用边界环形类型进行环形圆角法效果展示。

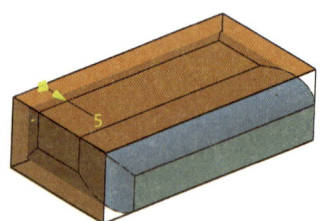

图 5-91　环形圆角法

（3）顶点圆角法通过选择顶点，输入倒角距离，生成顶点圆角，如图 5-92 所示。

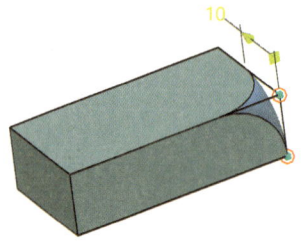

图 5-92　顶点圆角法

### 5.2.2　倒　角

通过选择顶点，输入倒角距离，生成顶点倒角，如图 5-93 所示。

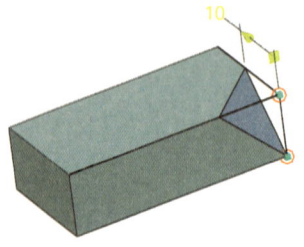

图 5-93　顶点倒角

### 5.2.3 孔

通过选择实体曲面上一点,可生成与曲面垂直的孔。可生成孔的类型包括常规孔、间隙孔、螺纹孔和轮廓孔。并可在设置中选择标准的规格孔进行生成,如图 5-94 所示。

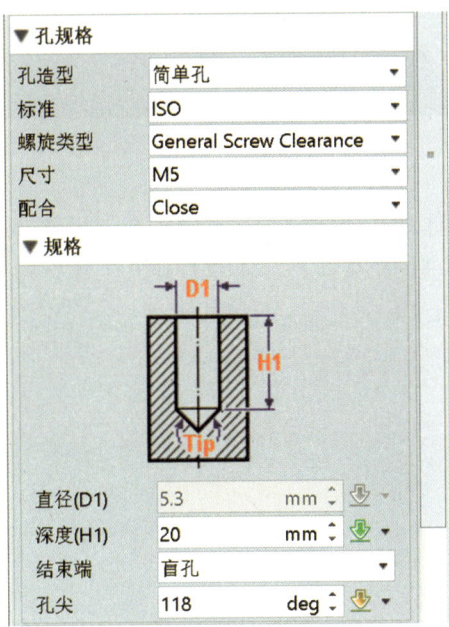

图 5-94 标准规格孔

# 第 6 章 几何编辑

本章主要介绍三维实体的几何编辑，主要用于布尔运算操作、分割和复杂特征简化等，是多物理场计算前处理的重要步骤。本章针对几何编辑的功能特点，分为实体编辑和特征简化两个部分介绍。

## 6.1 实体编辑

### 6.1.1 布尔操作

#### 6.1.1.1 添加实体

添加实体对应几何并集，可将所选基体几何与所选添加几何合并为一个几何，如图 6-1 所示。可选在添加实体操作后是否保留所选添加几何。

图 6-1 添加实体

#### 6.1.1.2 移除实体

移除实体对应几何差集，可在所选基体几何中删除与其所选移除几何相交的部分，如图 6-2 所示。可选在移除实体操作后是否保留所选移除几何。

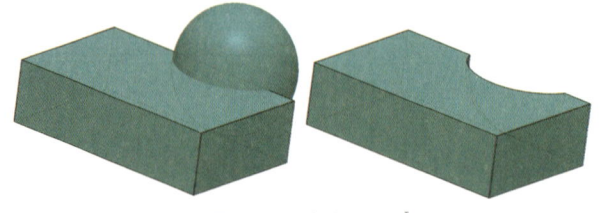

图 6-2 移除实体

#### 6.1.1.3 相交实体

相交实体对应几何交集,可将所选基体几何与其所选相交几何的相交部分剖离出来建立新的几何,如图 6-3 所示。可选在相交实体操作后是否保留所选基体几何或相交几何。

图 6-3 相交实体

特别说明,3D 自动布尔可以将所选中的多个几何体进行组合、相交或排除等不同类型的布尔操作,以创建新的几何体。

### 6.1.2 分割和修剪

#### 6.1.2.1 分　割

分割是指根据分割工具与基体几何的相交部分对基体几何进行分割。勾选"封口修剪区域"则会对基体几何实体进行分割,若不勾选则只会对基体几何表面进行分割。"延伸"功能用于所选分割工具不完全贯穿基体几何时,可选用线性或圆形方法对分割工具进行扩展延伸。分割设置如图 6-4 所示,效果如图 6-5 所示。

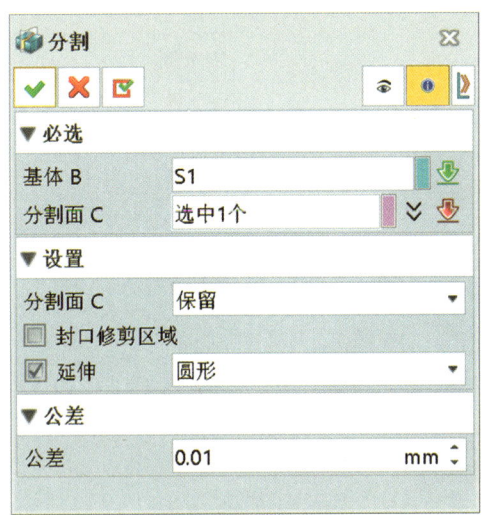

图 6-4 分割设置

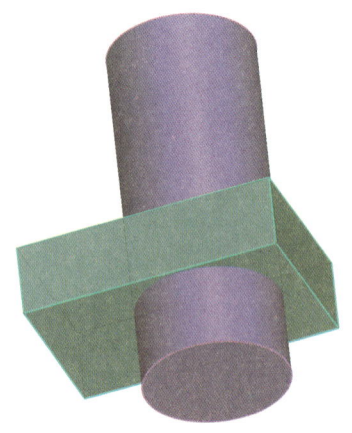

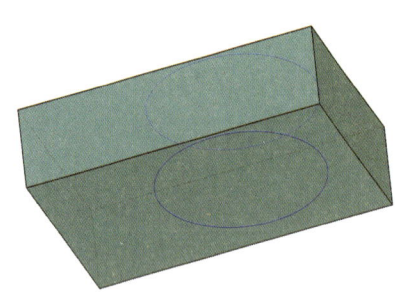
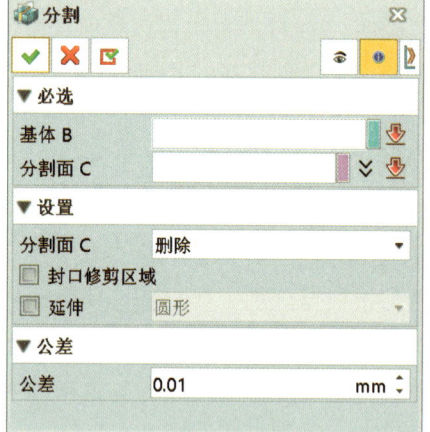

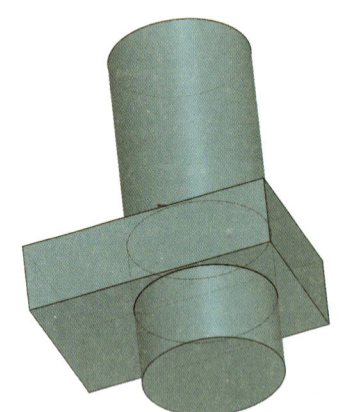

图 6-5　分割效果

#### 6.1.2.2 修 剪

修剪与分割基本一致，但会仅保留分割工具一侧的实体。修剪设置如图 6-6 所示，较分割设置多了保留相反侧、全部同时修剪。"保留相反侧"会改变保留实体的分割工具一侧为另一侧。"全部同时修剪"用于在一次修剪中选择多个基体几何时，若勾选则会用分割工具对各基体几何同时进行修剪，否则按基体几何选择顺序依次进行修剪。

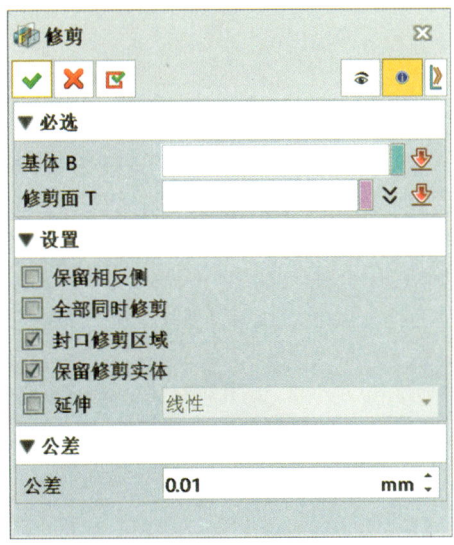

图 6-6　修剪设置

### 6.1.3　阵列几何体/镜像几何体

3D 阵列几何体的基本方法如下：

（1）点到点法：先选择基体几何，再选择多个阵列点，在阵列点处复制基体几何。

（2）在阵列上法：可将基体几何按照所选阵列的特征参数进行阵列操作，如图 6-7 所示。

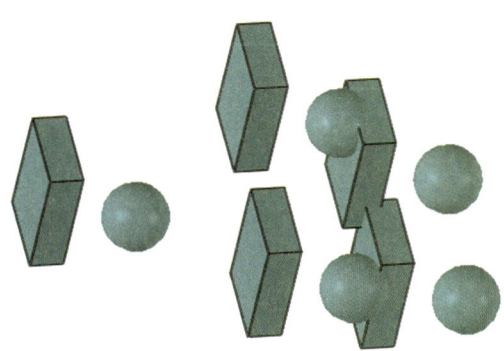

图 6-7　在阵列上法

（3）在面上法：通过选择基体几何与参考面，输入阵列数目与阵列间距，确定构建阵列。阵列构建的几何中心不能超出参考平面，如图6-8所示。

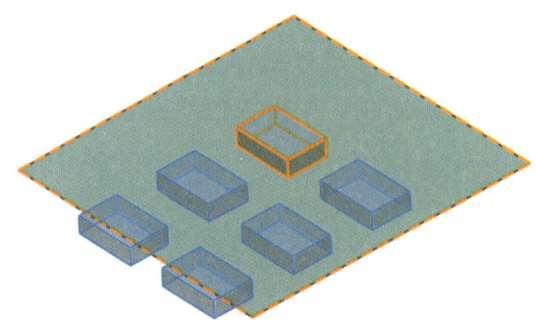

图6-8　在面上法

（4）填充模式法：可将基体几何在选择草图中按固定间距进行阵列，将草图填满，如图6-9所示。

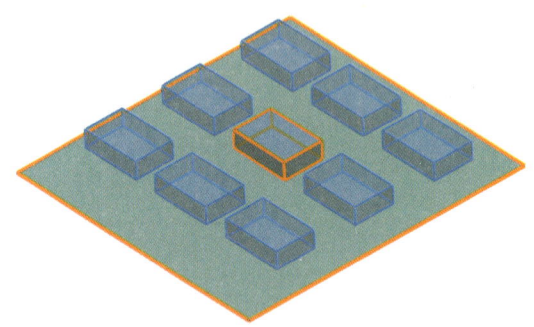

图6-9　填充模式法

3D镜像几何体与草图镜像基本一致，区别在于草图选择直线作为镜像参考，3D选择平面作为镜像参考。

3D阵列/镜像不仅可以对几何进行操作，也可以对特征进行操作，操作方法一致。在3D阵列特征中多了"按变量参数法"，可在阵列的同时，改变阵列出的特征参数。

### 6.1.4　移动/复制/缩放

3D移动的具体方法如下：

（1）动态移动法：在选择移动几何后，几何上会出现移动坐标系，通过拖动移动坐标轴或轴间旋转曲线，可对几何进行移动操作，如图6-10所示。

（2）沿路径移动法：首先需要选择目标几何，之后确定移动路径（可以是边或曲线，可以不与移动几何相交），最后确定曲线上目标点，将会参照选择曲线时最近端点到目标点的曲线路径对目标几何进行移动。沿路径移动法效果如图6-11所示。

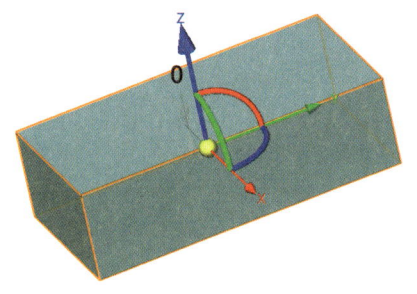
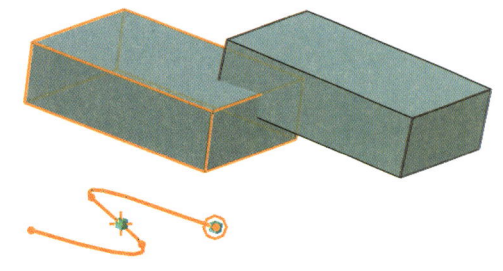

图 6-10　动态移动法　　　　　图 6-11　沿路径移动法

复制与移动几何操作逻辑基本一致，但会保留基体几何并需选择复制个数。
3D 缩放方法与草图中缩放基本一致，仅增加一个维度。

## 6.2　简　化

### 6.2.1　边简化

边简化常用功能为删除面，其中又可分为删除微小边、删除开方边。

"删除微小边"可在选择几何中自动搜索小于输入最大长度的边，并在下方结果列表显示，可在列表中进行部分删除或全部删除，如图 6-12 所示。

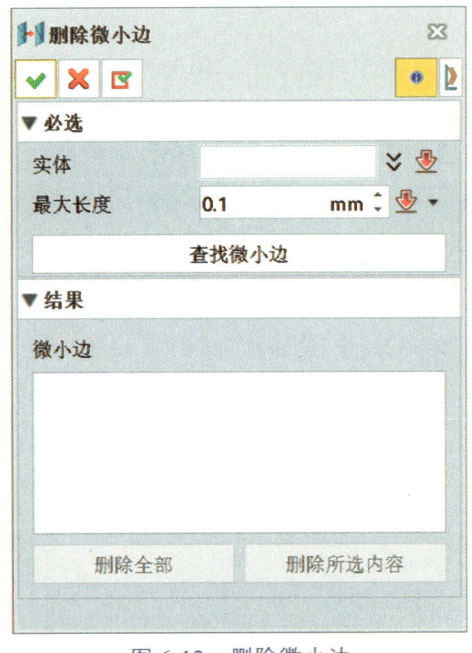

图 6-12　删除微小边

"删除开放边"可自动在选择实体中查找开放边，并在下方结果列表进行显示，可在列表中进行部分删除或全部删除，如图 6-13 所示。

图 6-13 删除开放边

### 6.2.2 面简化

面简化共有 5 个常用功能，分别为缝合、置换、DE 面偏移、删除面和合并面。

缝合功能又可分为缝合、缝合边缝隙、闭合空隙和填充缝隙，将在"第 7 章 几何修复"中进行详细阐述。

置换功能可使用一个置换面来替换某个实体上的面，进而更改实体结构。通常是将置换面进行延伸，若置换面与目标实体相交，则将置换面与目标面之间的几何删除，剩余几何构成新的实体。若置换面不与目标实体相交，则软件自动将目标面进行拉伸至与置换面相交，再进行后续步骤。可更改置换面偏移距离从而改变置换后几何大小。置换设置如图 6-14 所示，可选择是否保留置换面。置换效果如图 6-15 所示。

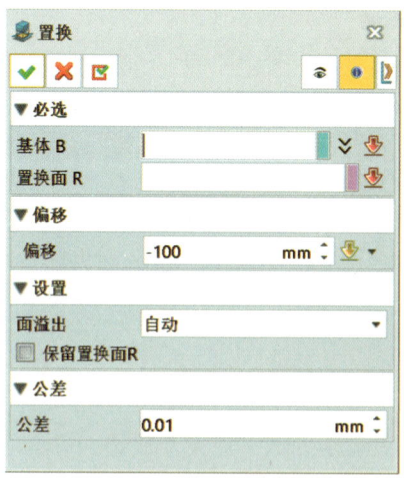

图 6-14 置换设置

第 6 章　几何编辑

图 6-15　置换效果

DE 面偏移功能可直接对实体上的面进行移动，从而拉伸或压缩实体大小。DE 面偏移功能效果如图 6-16 所示。

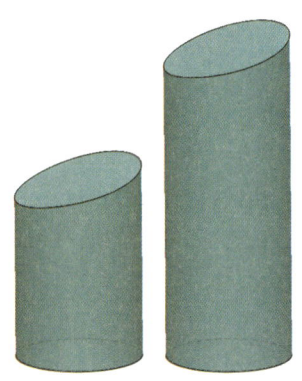

图 6-16　DE 面偏移效果

删除面功能又可分为删除小面、删除狭长面和删除自相交面。"删除小面"可在选择几何中自动搜索小于输入最大面积的曲面在下方结果列表显示，可在列表中进行部分删除或全部删除。"删除狭长面"则是自动搜索小于输入最大宽度的曲面，同时可选择查找半狭长面与有洞的面。"删除自相交面"则可以对自相交的曲面进行选择删除。

合并面功能在"4.2.5.2 合并面"小节已有详细讲解。

### 6.2.3　几何特征简化

几何特征简化共有 3 个常用功能，分别为解析自相交、移除孔和简化圆柱。

"解析自相交"可以对选择实体进行自相交及对反转区域（包括反转的内环）进行检测并删除。

"移除孔"可分别对输入尺寸（直径、深度）范围内的三维孔和二维孔进行选择移除。勾选"只有整个圆柱"则只会寻找常规孔，否则会同时搜索常规孔、间隙孔、螺纹孔和轮廓孔。移除孔设置如图 6-17 所示。

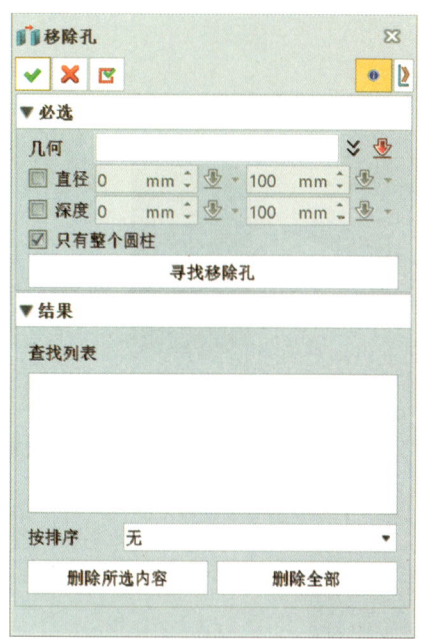 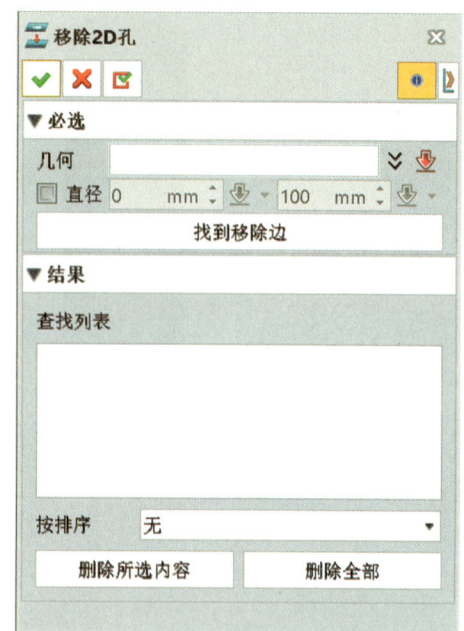

图 6-17　移除孔

"简化圆柱"可将输入尺寸（直径、高度）范围内的圆柱进行寻找，并可将圆柱侧面均匀分割为多个面。简化后分割面数量有 3 种选项：好（一般为 32 边）、正常（一般为 16 边）、粗（一般为 8 边）。简化圆柱设置如图 6-18 所示。简化圆柱效果如图 6-19 所示。

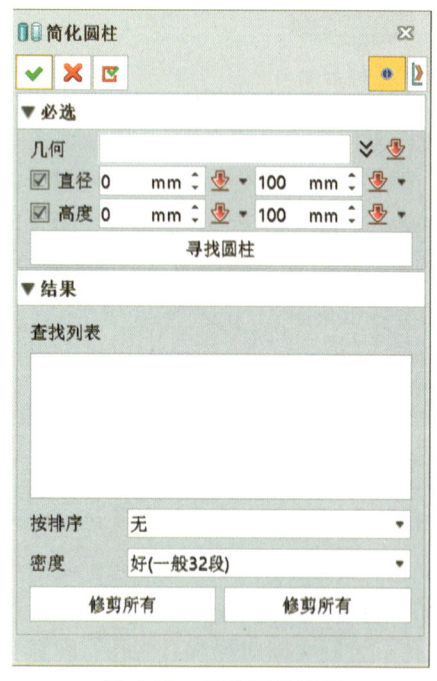 

图 6-18　简化圆柱设置　　　　　图 6-19　简化圆柱效果

### 6.2.4 自动简化

自动简化共有 2 个常用功能，分别为解析简化和自动修复。

"解析简化"可对所选面进行删除，并将面所在的几何自动修复为闭合实体。该功能常用于圆角、倒角、小面的删除。

"自动修复"是对选择实体同时进行多种简化功能的自动操作。其中可进行的简化功能包括：移除标志、移除孔、去除狭长面、移除小面、融合小面、合并短边和打断短边。可对选择实体的全部面或仅修复失败的面作为自动修复的范围。自动修复设置如图 6-20 所示。

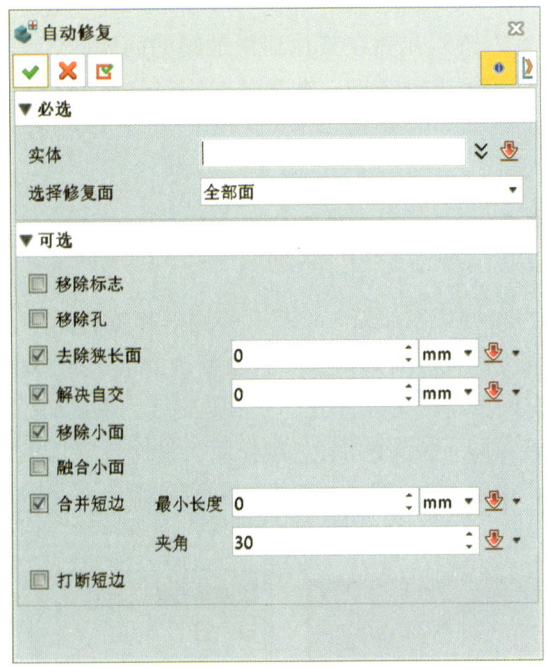

图 6-20　自动修复设置

# 第7章 几何修复

当模型出现几何运算错误或存在其他建模逻辑的问题时，为保证多物理场仿真网格剖分的可行性，需对几何进行修复。本章对 TRSim-Pre 软件的几何修复功能进行简要介绍。

## 7.1 修复/分析

修复/分析功能是分析并试图修复与实体几何图形相关的异常，例如面边间的间隙和重合顶点。选择想要修复的面，可以选择"禁止修改的面"来防止面被修改；取样数表示造型取样的点数；有四种特征可以修复，分别是支线、重复面、狭长面和开放边。"重复面"是有两个相同且在同一位置的面；"狭长面"是比较窄且很长的面；"开放边"是不与其他面共用的边，如图 7-1、图 7-2 和图 7-3 所示。

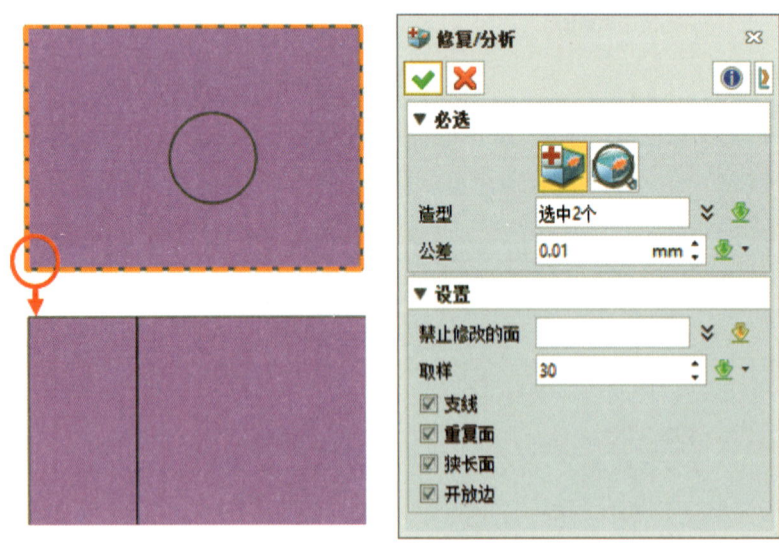

图 7-1 修复/分析操作

第 7 章　几何修复

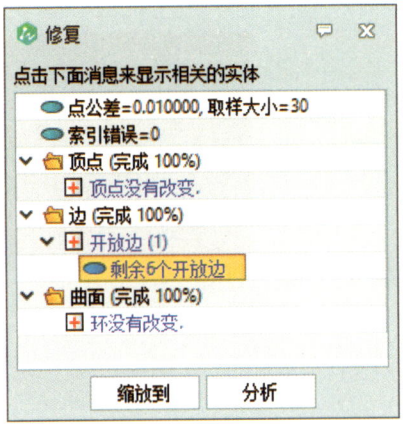

图 7-2　修复显示界面

（a）修复前　　　　　　　　　　（b）修复后

图 7-3　修复狭长面

选择"分析" ，也可以只进行分析，在弹出界面选择"修复"后再进行修复，如图 7-4 所示。

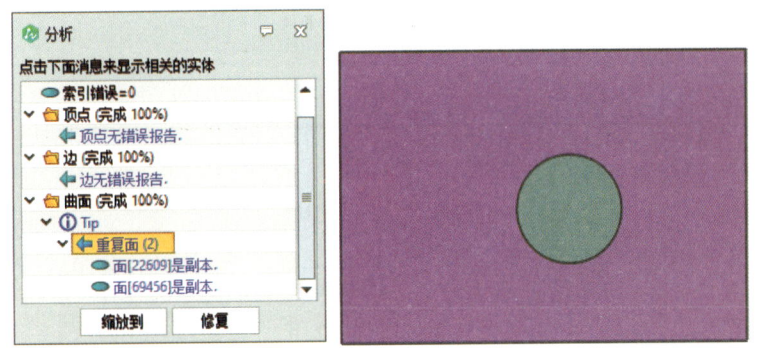

图 7-4　分析界面

## 7.2　显示开放权

"显示开放边"功能是将每个开放边以红色高亮实线显示，并在每个端点显示图标 O ，在边上显示编号文本。这有助于识别很小的边。通过点击 和 可切换显示的开放边，如图 7-5 所示。

159

图 7-5　开放边操作

## 7.3　检查边

"检查边"功能是检查和删除微小边,这些微小边的曲线长度小于指定的公差,且无须定义激活零件的拓扑结构。构建含有微小边的几何模型,如图 7-6 所示。在"检查边"界面,选择想要检查的边,选择公差,在公差范围内的微小边会被检测,检测结果如图 7-7 和图 7-8 所示,也可以勾选"删除微小边"直接删除,如图 7-9 所示。

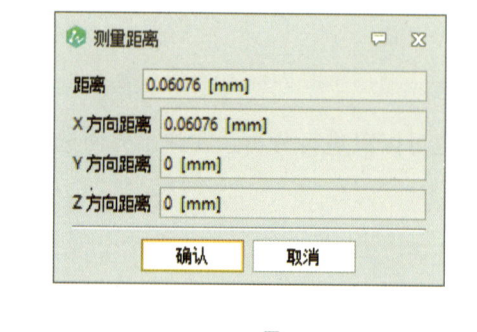

图 7-6　草图构建

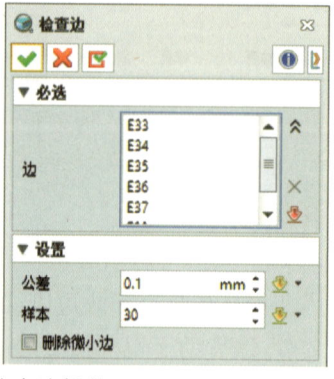

图 7-7　检查边操作

图 7-8　检查/修复边报告

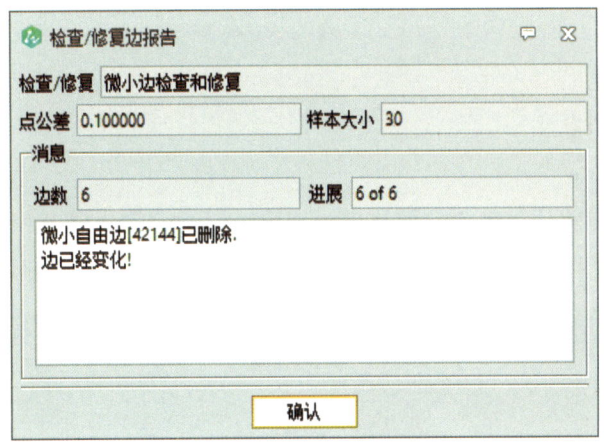

图 7-9　勾选删除微小边

## 7.4　缝合边缝隙

"缝合边缝隙"功能是缝合两组面上的边 E1 和 E2 间存在的间隙。延伸两个面形成的相交曲线成为新共用边，如图 7-10 所示。选择想要缝合的两条边，点击确定，如图 7-11 所示。

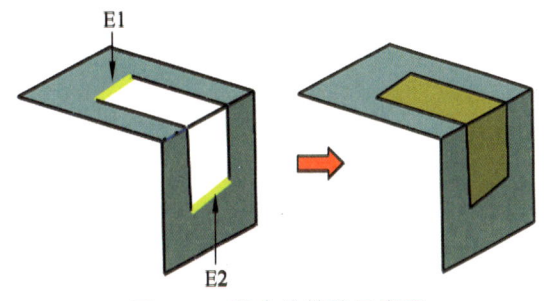

图 7-10　缝合边缝隙示意图

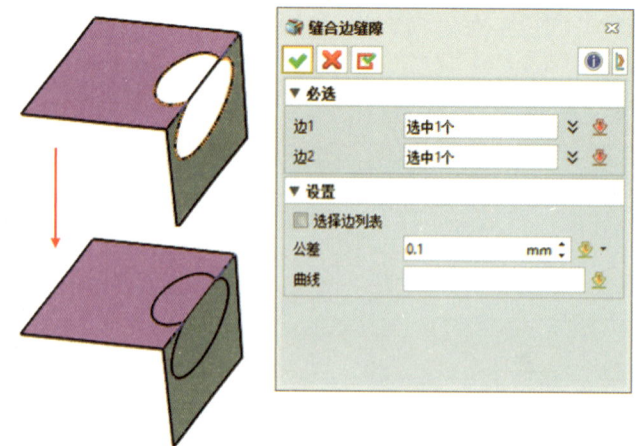

图 7-11　缝合边缝隙操作

## 7.5　闭合空隙

"闭合空隙"功能是对输入几何体进行编辑,以缝合输入的几何体面边间的缝隙。选择想要修复的两边,给定公差距离大于两边之间的距离,如图 7-12 和图 7-13 所示。

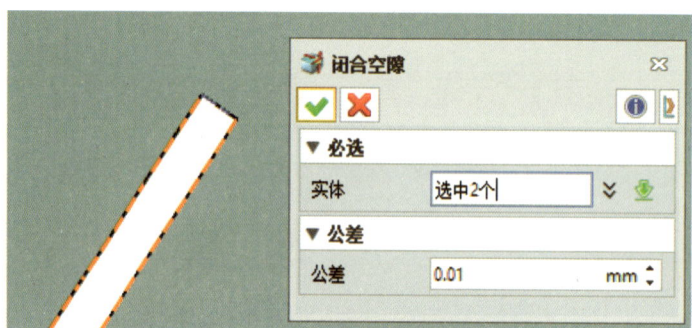

图 7-12　闭合空隙操作

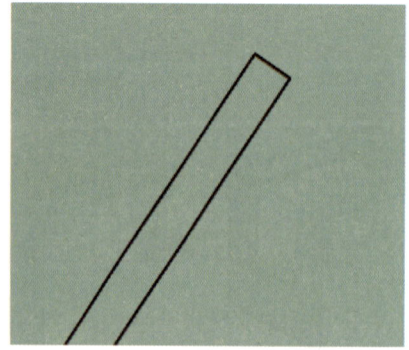

图 7-13　闭合空隙后

## 7.6 填充缝隙

"填充缝隙"功能用于填充面间的间隙,间隙的边界应是开放边的闭环。如果边不是共平面的,会创建一个直纹曲面。如果边是共平面的,会创建一个修剪平面。

选择缝隙的任意边,选择想要缝合的实体,若不勾选"缝合实体",缝隙会单独生成一个面,勾选则与造型合并。在边界约束时,可以选择"无""相切"和"曲率"三种拟合方式,如图 7-14 所示。

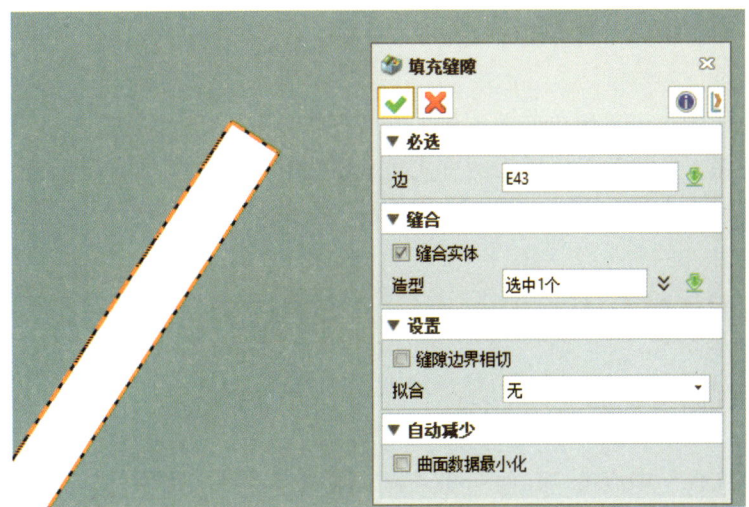

图 7-14　填充缝隙

# 第 8 章 装配

TRSim-Pre 软件可采用自底向上或由上而下两种方式建立装配模型，构建零件之间的装配约束关系。这些关系以图表的方式显示在装配树里。本章将介绍 TRSim-Pre 装配体建模的基本操作、约束方式和相关查询方法。

## 8.1 装配体操作

### 8.1.1 新建装配体文件

在"新建文件"中点击"几何"和"装配体"，如图 8-1 所示。

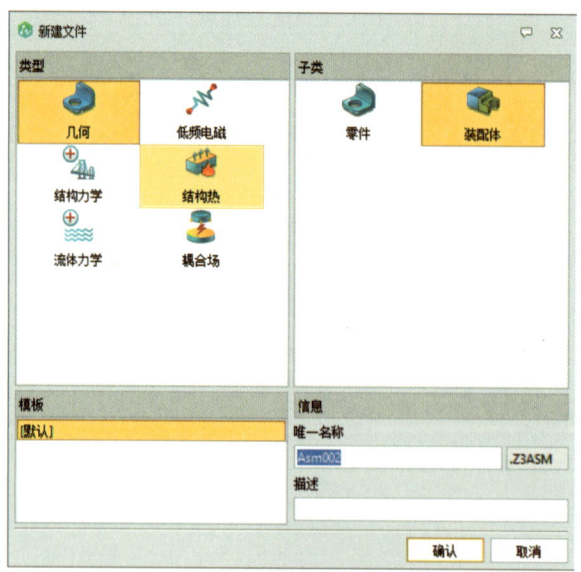

图 8-1 新建装配体文件

点击"插入"，选择想要插入的零件，点击屏幕将零件放置到想要放的位置，如图 8-2 所示。放置方式有 8 种可选，如图 8-3 所示。

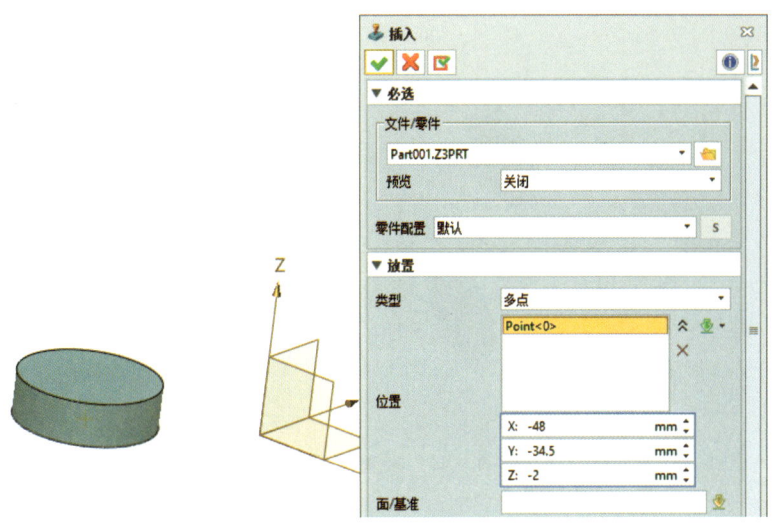

图 8-2 插入零件

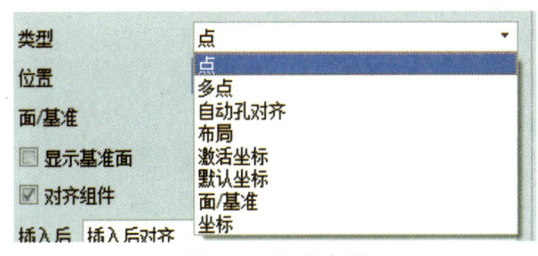

图 8-3 放置类型

"点"方式是直接根据所选点的位置放置零件，可以直接点击屏幕，也可以手动输入；"多点"可以在多个位置生成相同的零件；"自动孔对齐"选择孔状零件的横截面，则插入的实体自动对齐到其圆心位置，如图 8-4 所示；"布局"可以通过阵列的方式插入零件，其可以选择"圆弧"或者"线性"布局，同时选择布局的中心位置、基准面、阵列圆周的直径、数量等信息，如图 8-5 所示；"默认坐标"是将零件放置到原点位置；"面/基准"是以所选面为基准面放置零件；"坐标"是选择默认的 XY、YZ 或 XZ 平面为基准面放置零件。

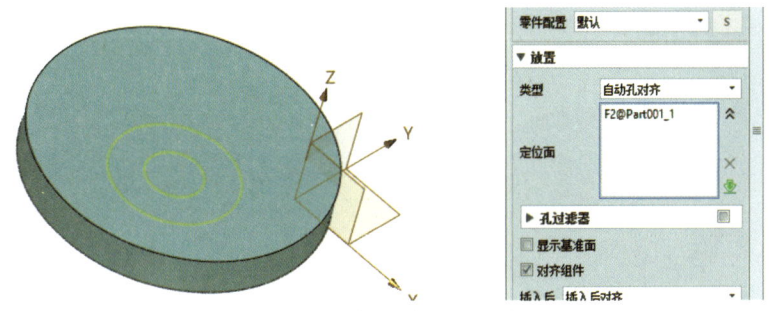

图 8-4 放置类型-自动孔对齐

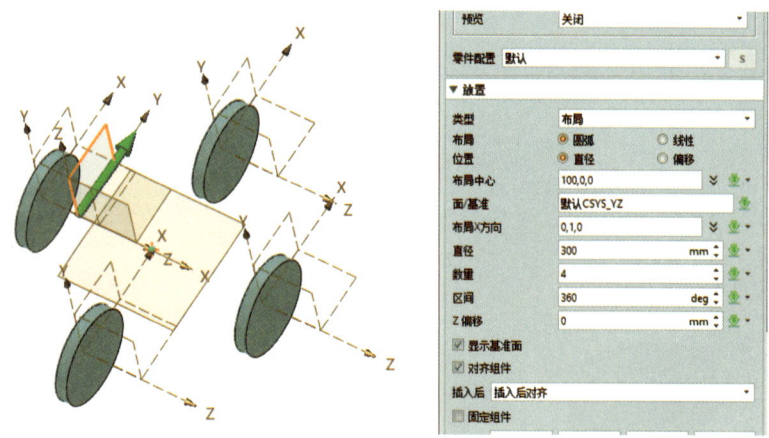

图 8-5 放置类型-布局

此外,"插入"选项还有三个功能,如图 8-6 所示。选择"插入新建零件"可以直接新建一个零件并默认添加到该装配体文件中;选择"插入多组件"可以一次性添加多个零件;"包括未放置组件"可以将组件添加进装配体但不加载该零件,此时零件显示为 ,右键该零件点击"加载组件"可以将该零件加载进来。

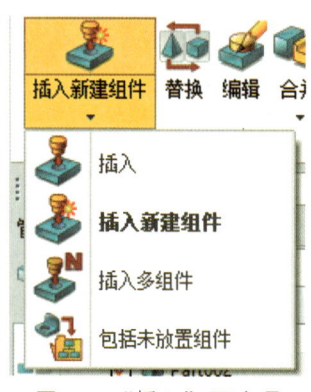

图 8-6 "插入"子选项

"替换"和"编辑"分别可以进行零件的替换以及进入该零件的工程,编辑中选择想要修改的零件则直接进入零件的工程,如图 8-7 和图 8-8 所示。

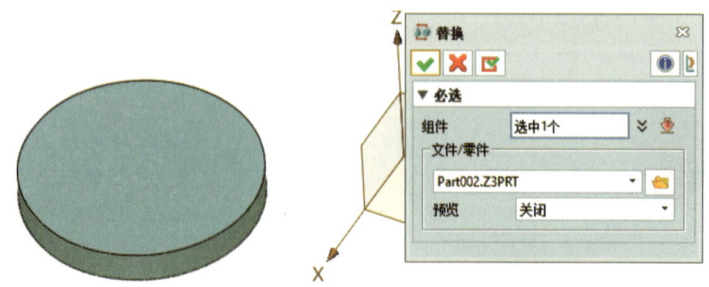

图 8-7 替换零件

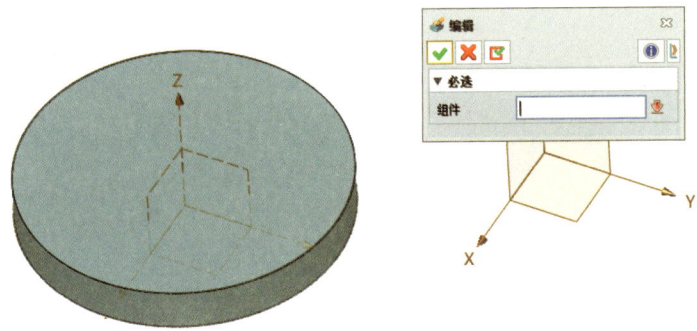

图 8-8 编辑零件

"合并"操作是将零件合并成一个实体,如图 8-9 所示,可以在"特征节点"界面查看生成的实体,并且合并后"装配节点"将不会显示合并的零件,如图 8-10 所示。

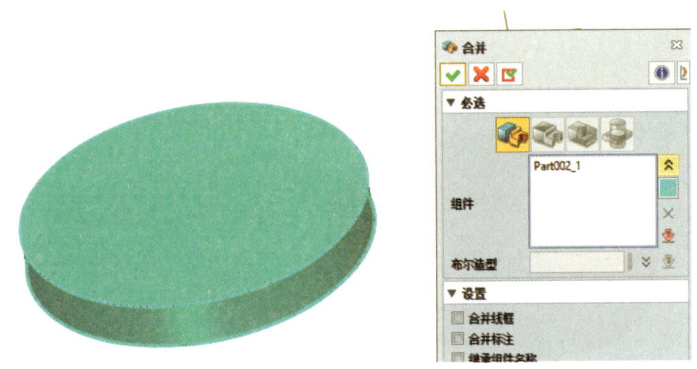

图 8-9 合并操作

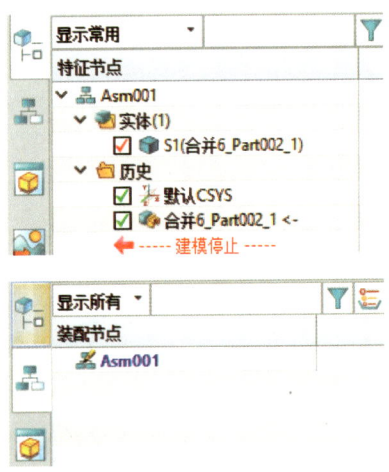

图 8-10 合并操作后界面

"提取造型"将实体以零件的工程文件形式提取至新窗口,此时原来装配体的特征节点将删除该零件实体,如图 8-11 所示。

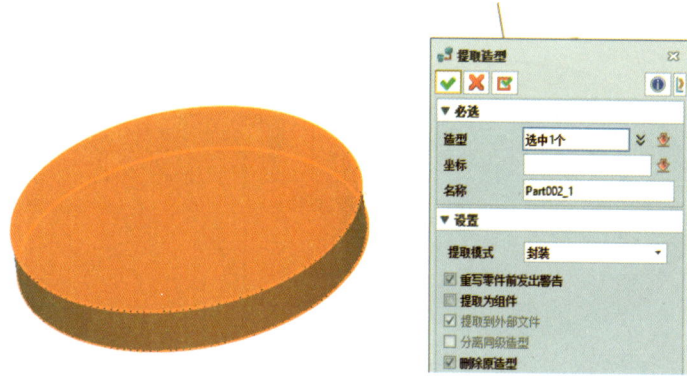

图 8-11　提取造型

"复制几何到其他零件"可以将选择的零件实体复制到所选的零件工程中，如图 8-12 和图 8-13 所示。

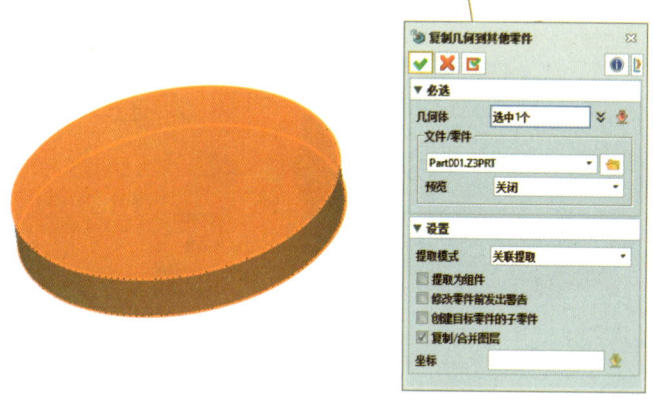

图 8-12　复制几何到其他零件

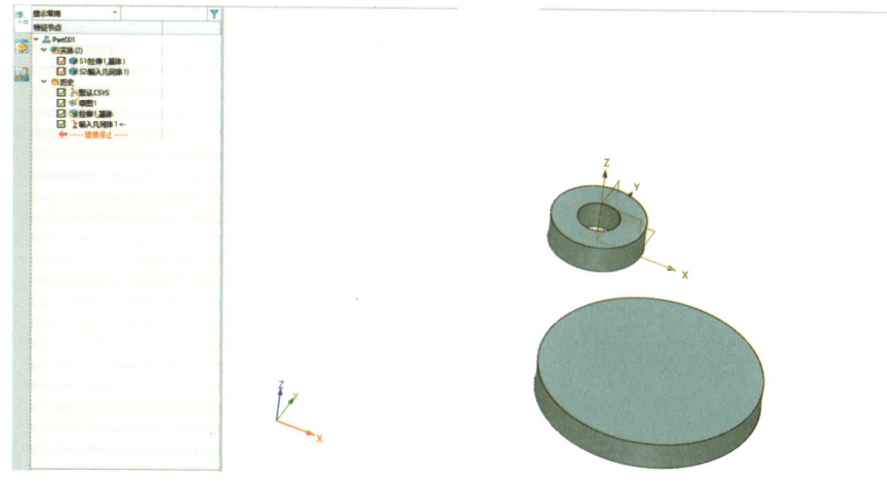

图 8-13　零件所在工程界面

"外部零件"可以将其他零件文件导入该装备工程中。

## 8.1.2 零部件基础编辑

在"基础编辑"中,阵列、移动、空、圆角、倒角等功能和之前操作相同,本处不再进行阐述,主要讲解剪切和拖拽功能。

点击"剪切"功能,选择剪切体和被切体,即可实现相减操作,如图 8-14 所示。

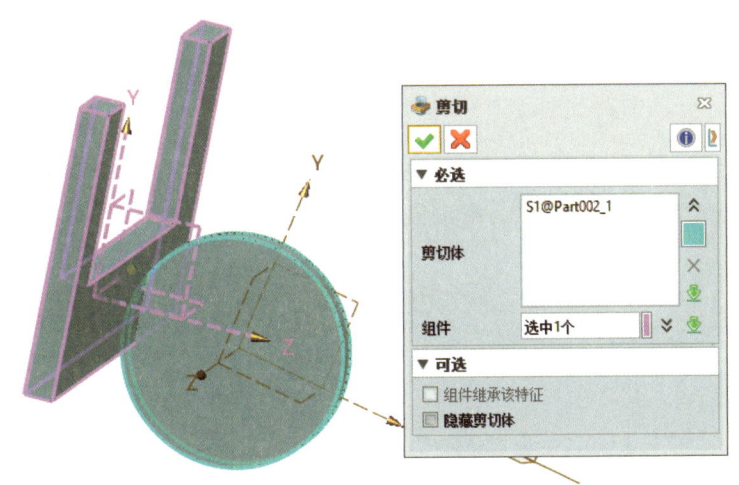

图 8-14 剪切功能示意

点击"基础编辑"中的拖拽图标，选中想要拖拽的组件,滑动鼠标即可完成零件的移动,如图 8-15 所示。在"干涉"选项中可以选择"无""高亮"和"停止"。"无"就是没有设置;"高亮"是在移动零件接触到其他实体时显示高亮,如图 8-16 所示;"停止"是在移动零件接触到其他实体时会停止移动,直到鼠标继续移动超过一定限值才会穿过接触到的实体。

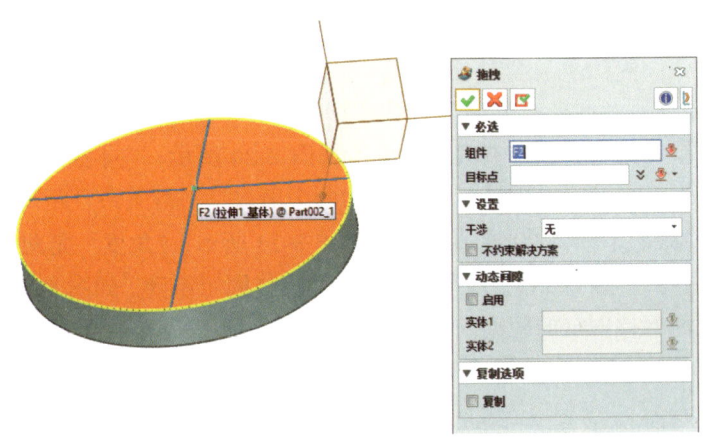

图 8-15 拖拽零件

169

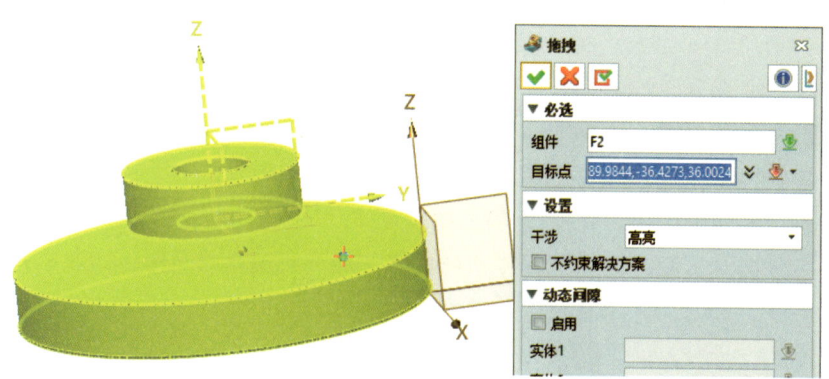

图 8-16 干涉-高亮

若要旋转零件，则选择"拖拽"里的子选项"移动"，并选择想要旋转的零件，设置旋转的原点（也可以不设置），滑动鼠标即可旋转，如图 8-17 所示。

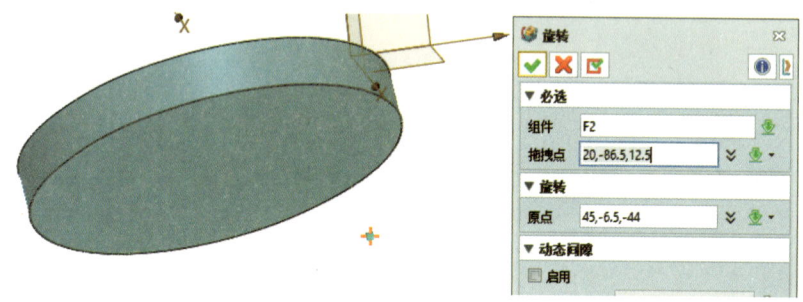

图 8-17 旋转零件

## 8.2 约束方式

先选择想要约束的实体的表面，再选择约束关系，即可完成对应的约束，如图 8-18 所示。几何约束关系分为重合 ⊕、相切 ◯、同心 ◎、平行 ∥、垂直 ⊥、角度 ∠、锁定 🔒、偏移 H、置中 ⊪、对称 ≡、坐标 ⚿。

"重合"是让所选的表面重合，如图 8-19 所示；"相切"是让两个面保持相切关系，其中一个面需要是圆柱、圆锥或者球面等，如图 8-20 所示；"同心"是将所选面位于同一中心线，如图 8-21 所示；"平行"是所选的两个面保持平行关系且距离相同，如图 8-22 所示；"垂直"是两个面以 90°垂直配合，如图 8-23 所示；"角度"是两个面按设置的角度进行配合，如图 8-24 所示；"锁定"是将所选实体固定不动，如图 8-25 所示；"偏移"是将所选面之间保持固定的距离，如图 8-26 所示；"置中"是将置中实体置于基础实体的中间，如图 8-27 所示；"对称"是使两个实体相对所选的基准面、平面等保持对称关系，如图 8-28 所示；"坐标"是将所选的零件的基准面或装配体的基准面重合，如图 8-29 所示。另外，可以通过点击零件上的箭头改变零件的朝向。

第 8 章 装　配

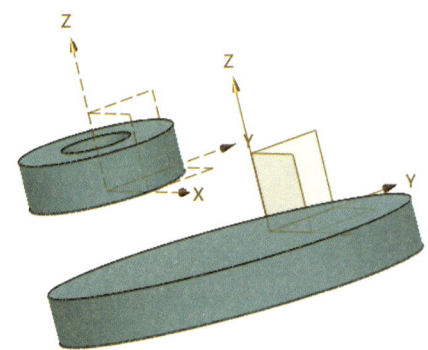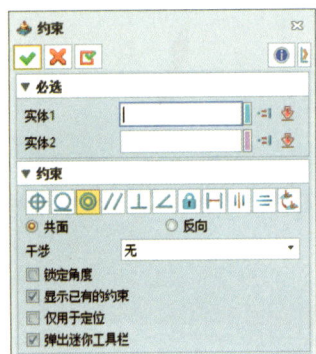

图 8-18　约束设置

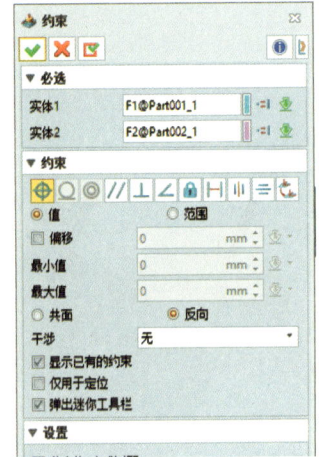

图 8-19　约束-重合

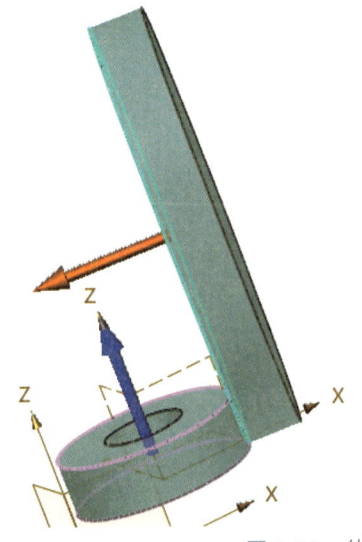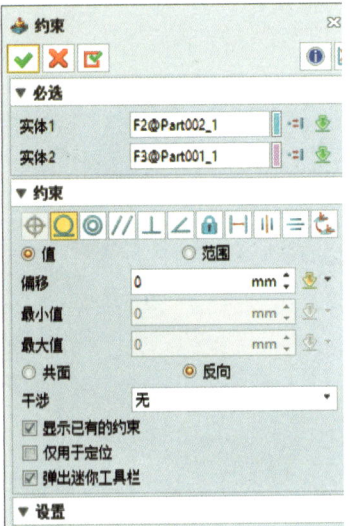

图 8-20　约束-相切

171

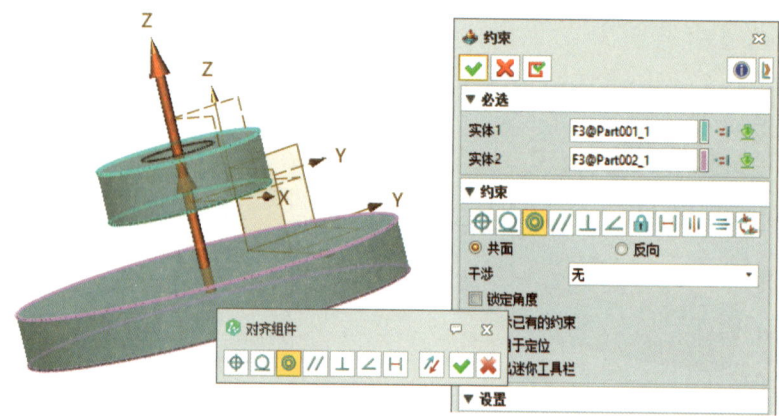

图 8-21 约束-同心

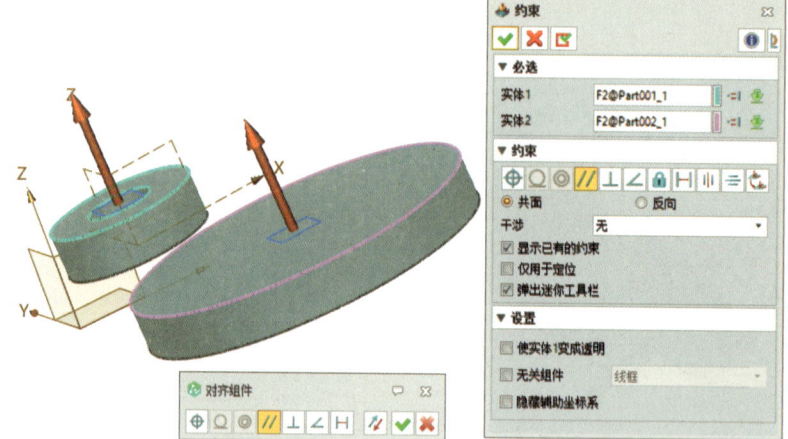

图 8-22 约束-平行

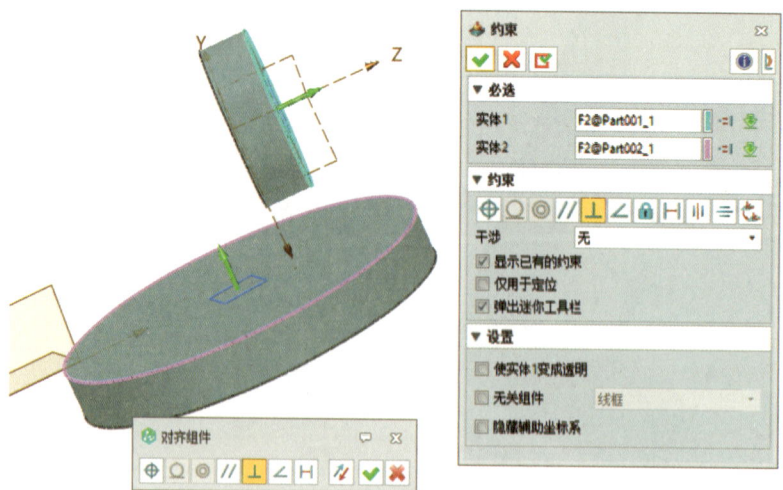

图 8-23 约束-垂直

第 8 章 装　配

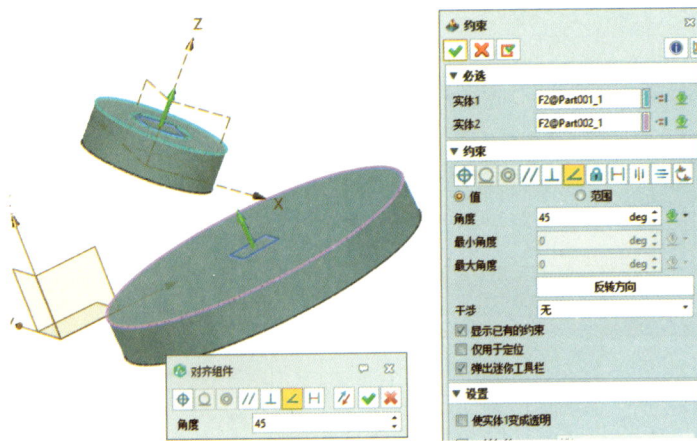

图 8-24　约束-角度

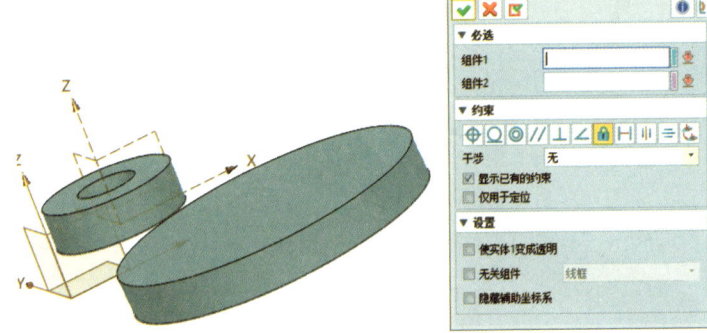

图 8-25　约束-锁定

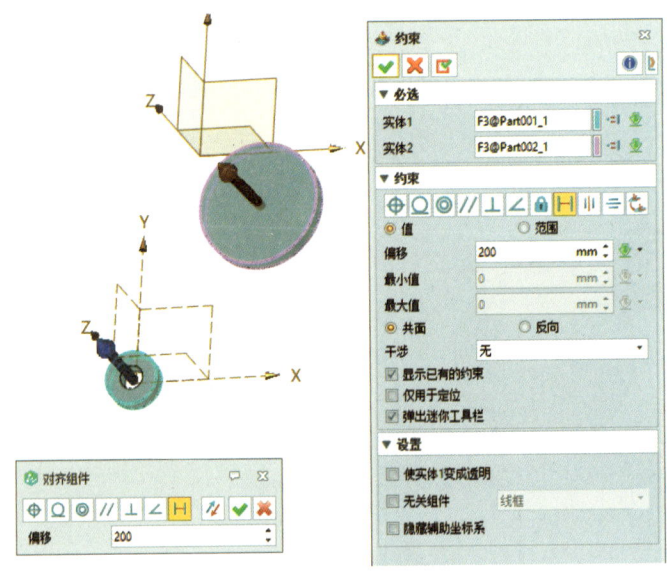

图 8-26　约束-偏移

173

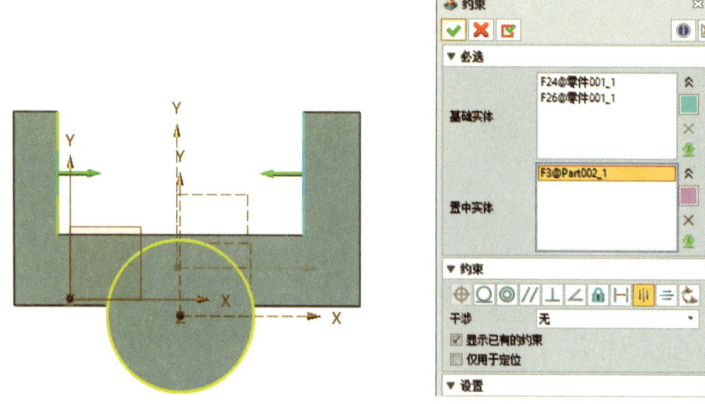

图 8-27 约束-置中

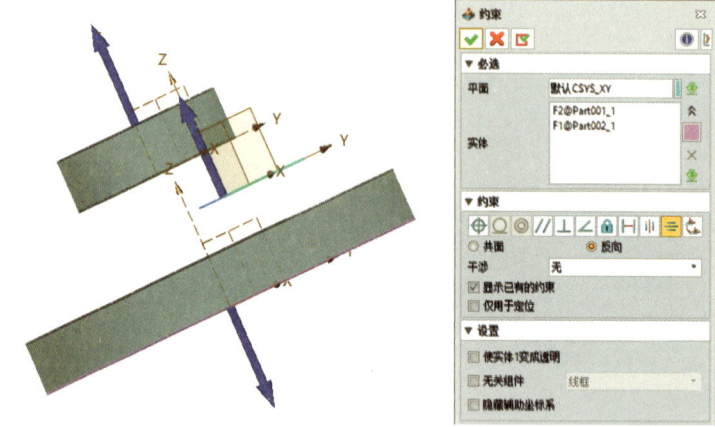

图 8-28 约束-对称

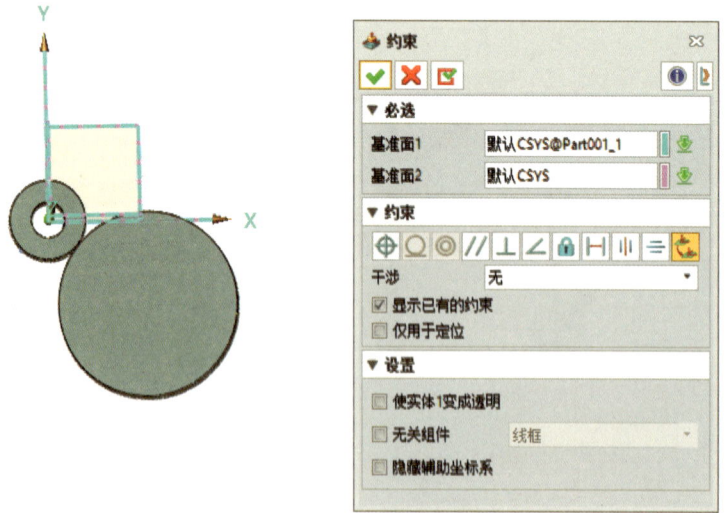

图 8-29 约束-坐标

## 8.3 装配体查询

点击"查询"中的"约束状态",可以查看零件的约束状态,如图 8-30 所示。点击"拾取",选择想要查询约束状态的零件,可以看到详细的状态,包括哪个自由度没有定义以及已经受到的约束等,如图 8-31 和图 8-32 所示。可以点击编辑来修改已经受到的约束,如图 8-33 所示。

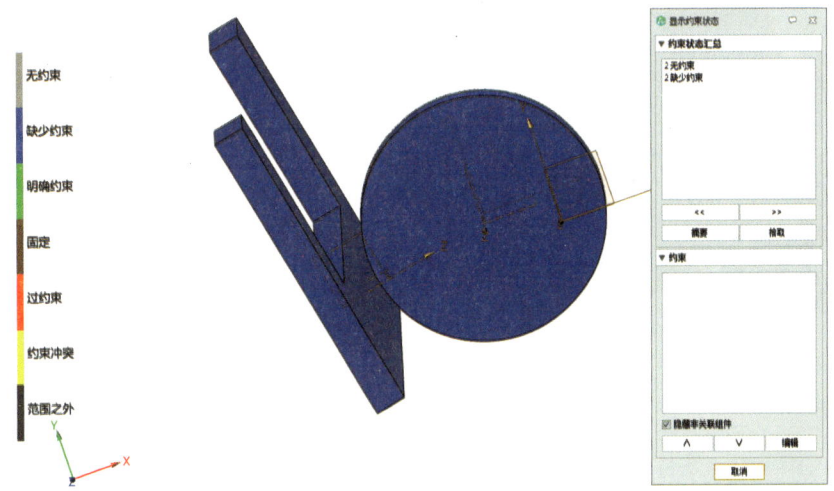

图 8-30 约束状态

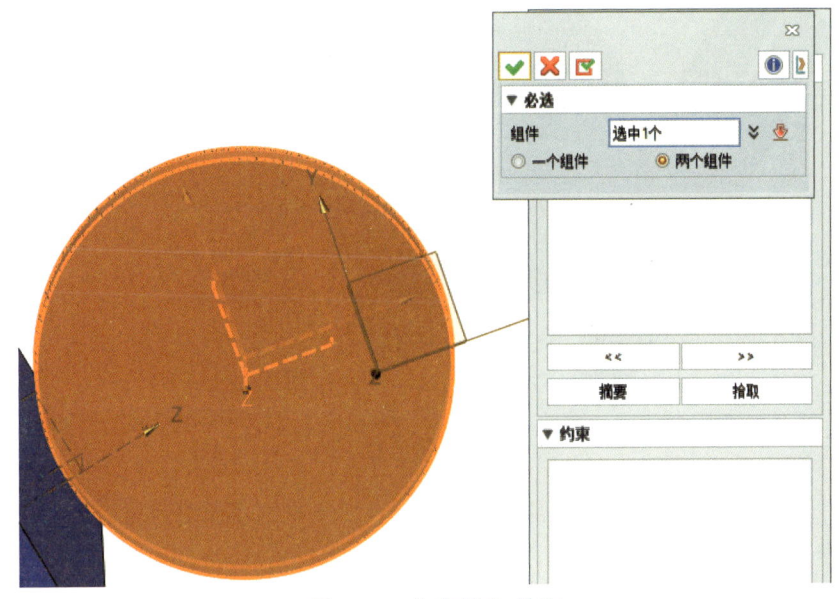

图 8-31 约束状态-拾取

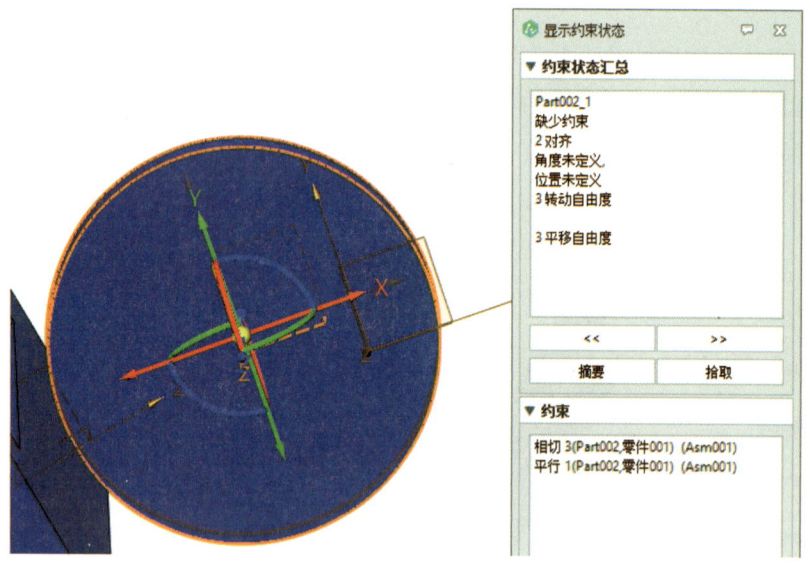

图 8-32 查看零件的详细约束状态

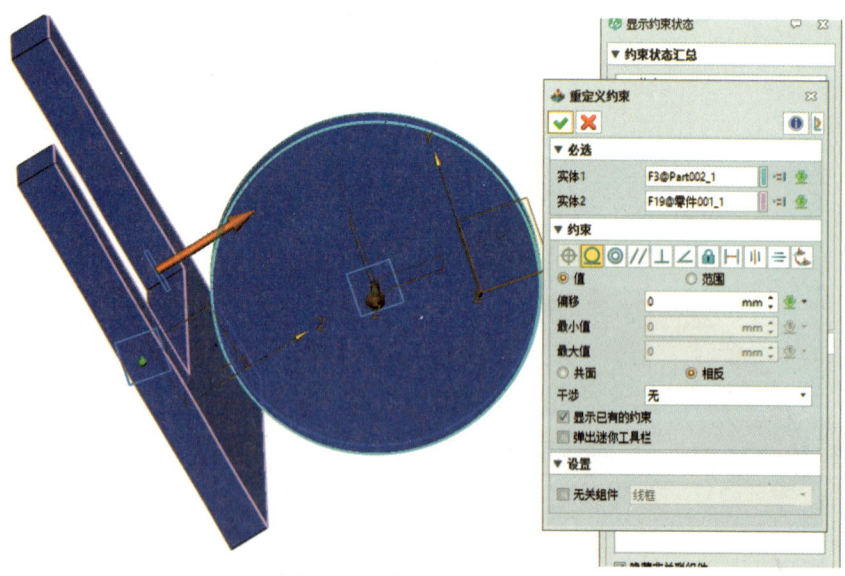

图 8-33 编辑已有约束

点击"干涉查询",可以查询零件有无干涉。由于有的小的干涉用肉眼很难发现,选择想要查询的零件,点击"查询",若出现干涉,在界面中会用红色显示,并在"结果"位置显示干涉具体信息,如图 8-34 所示。

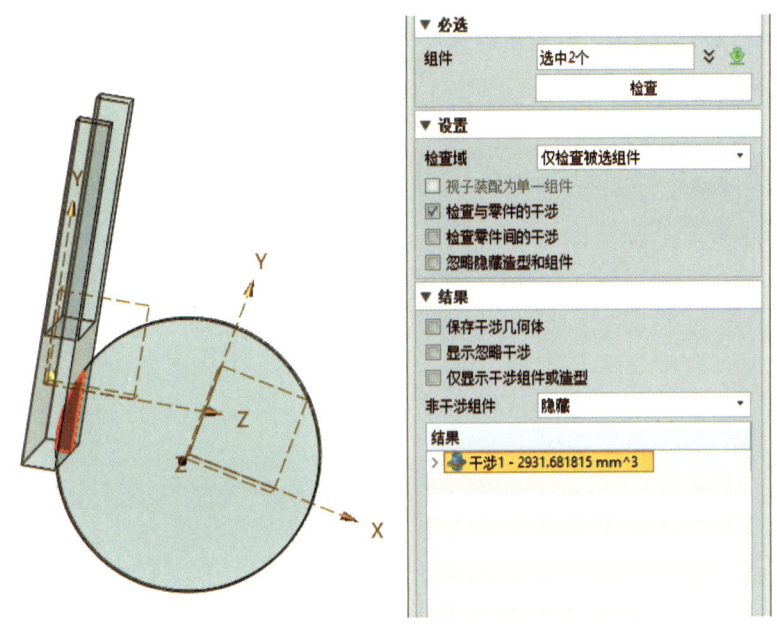

图 8-34 干涉查询

点击"间隙检查"可以查询零件之间的间隙。设置想要查询的零件以及间隙的最大值,点击"检查",在"结果"位置即可显示查询结果,结果将以红色在图中显示,如图 8-35 所示。

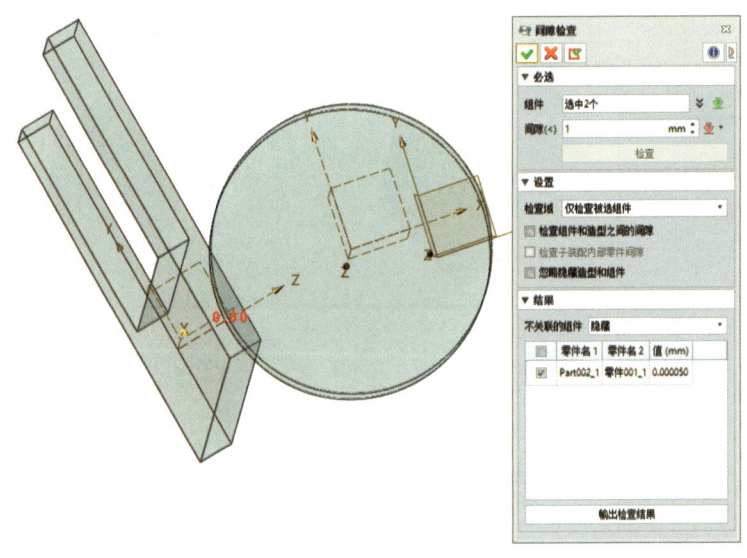

图 8-35 间隙检查

点击"对比零件"可以对比零件是否被修改等。在"对比零件"界面设置想要对比的零件,左边输入参照零件,右边输入想要检查的零件,点击计算,如图 8-36 所示。在新的界面会生成对比结果，其中未改变的面用绿色表示，改变的面用红色表示，独有的面用蓝色表示，如图 8-37 所示。

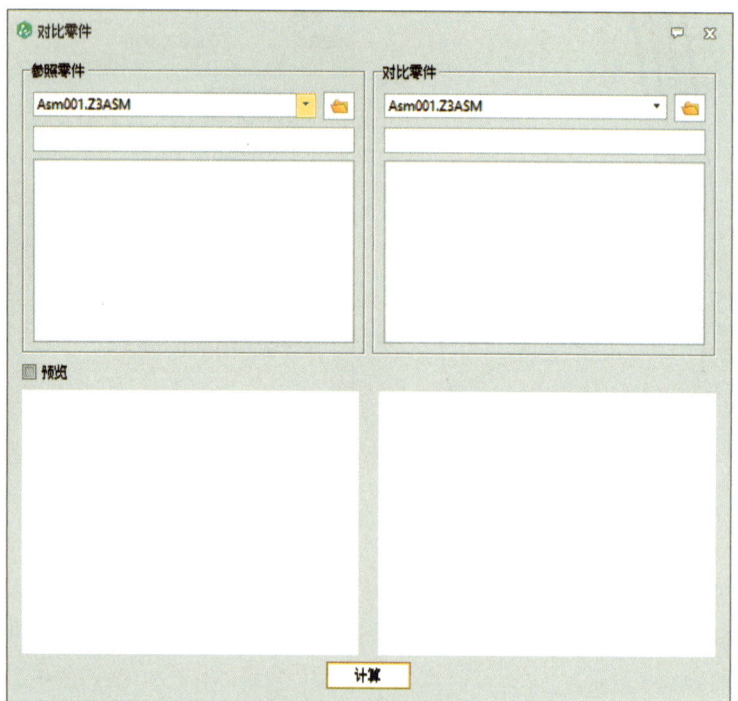

图 8-36　对比零件设置

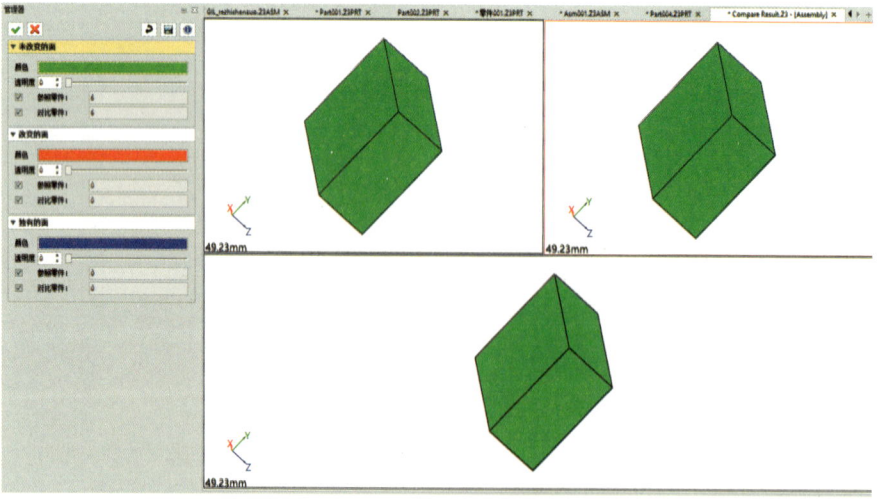

图 8-37　对比零件结果

# 第 9 章 网格剖分

网格是高压电力设备多物理场计算的基础，在求解多物理场仿真前，需要将几何体在空间离散为多个单元，才能构建用于数值计算的待求解方程组。本章主要介绍 TRSim-Pre 的网格剖分功能，也是软件的重要核心功能之一。

## 9.1 基础设置

### 9.1.1 更新网格

在几何模型、求解类型等发生变化后，网格需要随之改变以适应仿真计算，此时可采用"更新网格"。也可以通过右键单击"网格"，选择"更新网格"。

### 9.1.2 网格引用设置

可以在某物理场中引用其他物理场或者网格任务的网格，如图 9-1 所示。

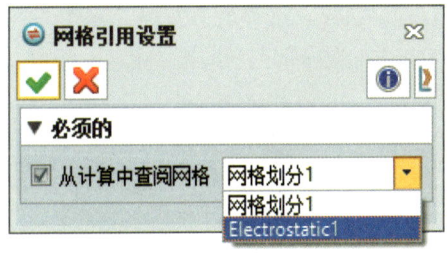

图 9-1　网格引用设置

## 9.2 兼　容

### 9.2.1 几何压印

"几何压印"功能用于几何的自动检查、布尔和拆分。

该操作将清空软件中已设置好的各个实体的材料参数和边界条件，因此其通常在模型构建好之后进行。选择想要几何压印的实体，点击"开始"，一段时间后将自动完成压印，如图 9-2 所示。

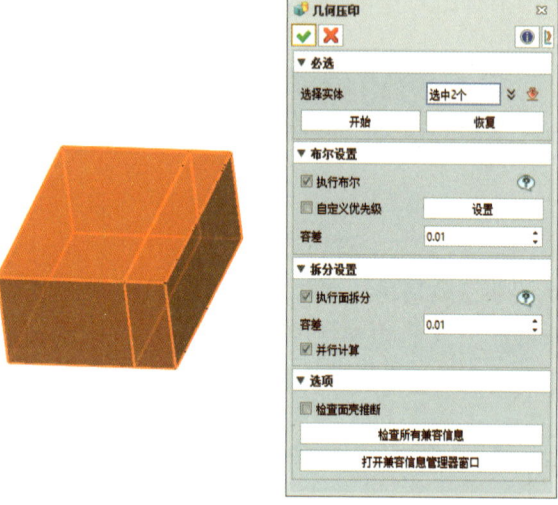

图 9-2　几何压印操作

### 9.2.2　兼容对

"兼容对"功能是通过在两个面或多个实体之间设置网格兼容对来连接它们，最终达到的效果和几何压印相同。该操作不会清空边界条件和材料参数，但其运行速度在接触面较多的时候会比几何压印慢一个数量级。

进入"兼容对"操作后的对话框如图 9-3 所示，兼容对操作可分为"通过面匹配对" 和"通过几何体" 。"通过面匹配对"是选择不同实体的两个接触面进行设置，但这种效率太低，一般选择"通过几何体"。选择所有实体，选择"查找接触对"，在查找列表将会生成接触面的兼容对。点击"生成全部"，点击"确定"即可，如图 9-4 和图 9-5 所示。

图 9-3　兼容对操作

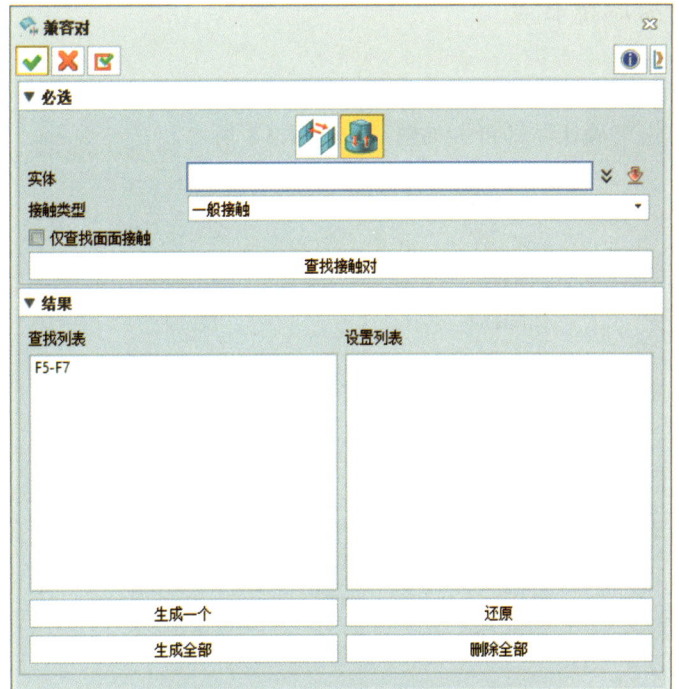

图 9-4 查找接触对

图 9-5 生成全部

### 9.2.3 合并网格节点

如要对重合的网格节点进行合并,在"网格节点"栏中选择想要合并的节点,点击"执行",之后点击"确认"即可,如图 9-6 和图 9-7 所示。

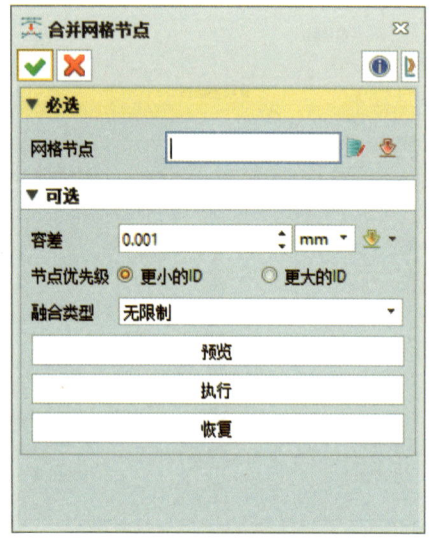

图 9-6 合并网格节点操作

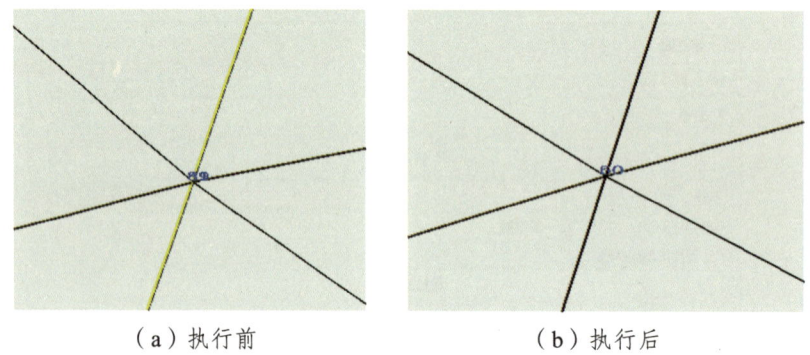

(a)执行前　　　　　　　　(b)执行后

图 9-7 合并前后网格节点结果

## 9.3 网格剖分

### 9.3.1 生成自适应网格

"生成自适应网格"是对所有几何体剖分网格,通过"网格密度"可以调整网格的精细程度,也可以手动输入参数进行调整。可以选择"标准" 或者"高级" 来输入网格大小。在选择"高级"时,可以调整单元的最小尺寸、最大尺寸、单元尺寸变化率以及单元类型,其余选项默认即可。单元尺寸变化率越小,单元尺寸增长得越慢,反之则越快。"单元类型"有"曲线/三角形/四面体"和"曲线/四边形/六面体"。操作界面如图 9-8 和图 9-9 所示。

下拉选项中,"兼容网格"会自动生成兼容对;"二阶"可以用二阶网格剖分;"四边形拆分为三角形"可以将四边形网格拆分为三角形网格;"最小圆周划分"可以设置剖分圆的最少单元。

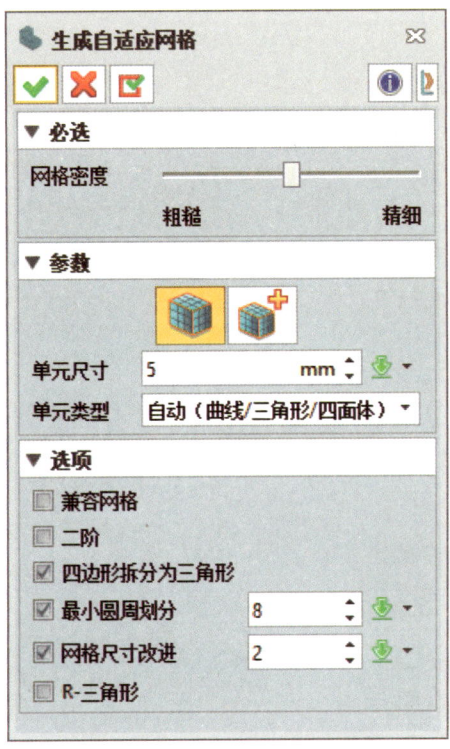

图 9-8 生成自适应网格操作

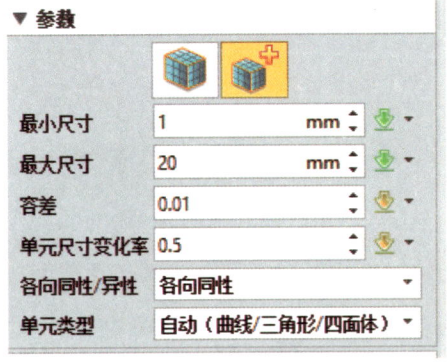

图 9-9 "高级"网格剖分

### 9.3.2　1D/2D/3D 网格

1D/2D/3D 三种网格剖分分别对应边、面和实体的网格。其中在 2D 网格中，可以选择对某个选定面进行网格剖分，也可以选择对一个实体的所有面进行网格剖分，通过"面" 和"几何体的面" 控制，如图 9-10 所示。

图 9-10　2D 网格

### 9.3.3　重划分

"重划分"对已经剖分的网格进行重新剖分，其包括三个功能，"重划分"可以选择想要重新剖分的网格单位，并修改单元参数进行重新剖分，如图 9-11 所示。

图 9-11　重划分操作

### 9.3.4　边界层网格

"边界层网格"可以实现对一个面的边生成边界层网格，选择选定面，选择网格单元尺寸，设定边界层的层数，"厚度比例"可设置每层厚度增长率；"狭长比"可以调整边界层的总宽度，如图 9-12 和图 9-13 所示。

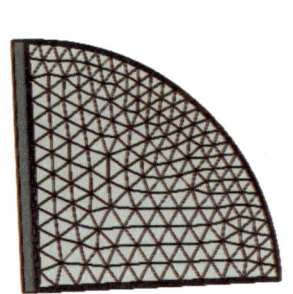 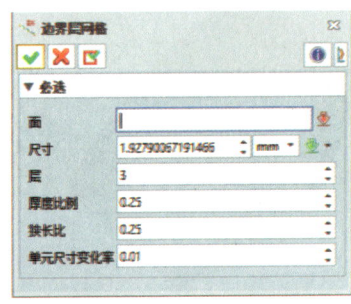

图 9-12　边界层网格操作

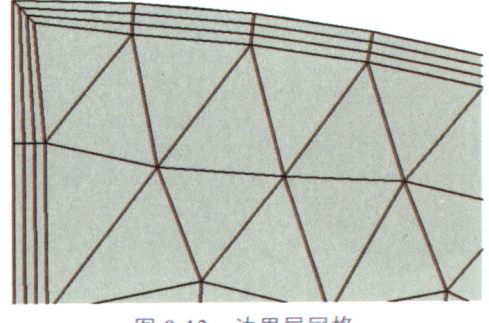

图 9-13　边界层网格

### 9.3.5　3D 扫描

"3D 扫描"可以将面网格沿一个方向扫掠形成体网格,共有两种方式,一种是在源面和目标面选择对应的面,其中,源面要已经画好面网格;另一种是在源面选择对应实体,目标面不选,软件会根据所选实体以及面所在位置,沿其对应方向自动生成扫掠网格。"尺寸"越小,扫掠的次数越多,表现为层数越多。"密度"可以具体设置扫掠的次数。3D 扫掠建模的功能如图 9-14 ~ 图 9-17 所示。

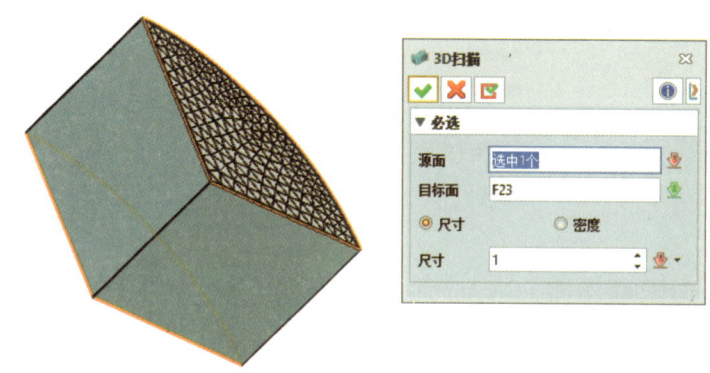

图 9-14　选择源面和目标面进行 3D 扫描

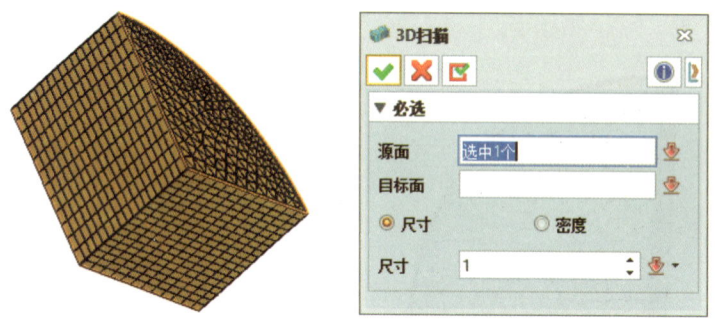

图 9-15　选择实体进行 3D 扫描(尺寸为 1)

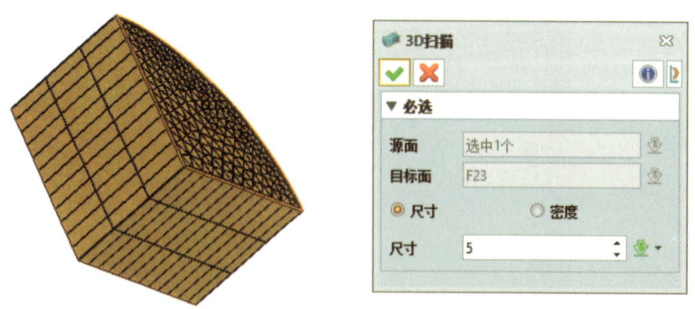

图 9-16　选择实体进行 3D 扫描(尺寸为 5)

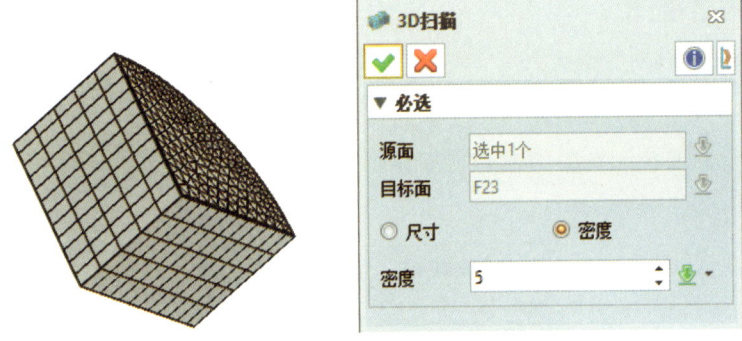

图 9-17　选择实体进行 3D 扫描（密度为 5）

### 9.3.6　扫掠网格

"扫掠网格"是将面网格通过旋转扫掠，形成 3D 网格。选择想要旋转的面，且该面已有网格，"中心"选择旋转轴上任意一点，"方向"选择旋转轴，注意旋转轴的方向，其会影响旋转的角度是顺时针还是逆时针。设置角度和网格旋转的次数。勾选"关联实体"，选择想要生成网格的实体，则该扫掠网格会成为该实体的 3D 网格。若不勾选，则不会关联实体，而是生成网格部件，如图 9-18 和图 9-19 所示。

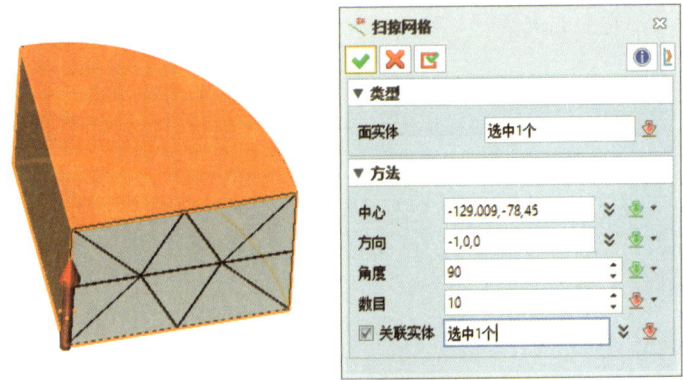

图 9-18　扫掠网格操作

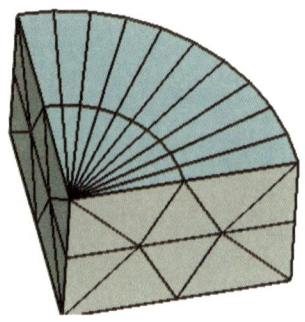

图 9-19　扫掠后获得的网格

## 9.4 网格视图

### 9.4.1 显示/隐藏网格和显示全部

可以通过选择单元来隐藏或者独立显示，点击"显示全部"可恢复显示所有网格，如图 9-20 和图 9-21 所示。

图 9-20　显示/隐藏网格

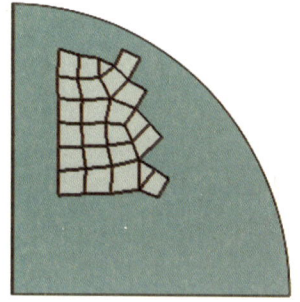　　　　　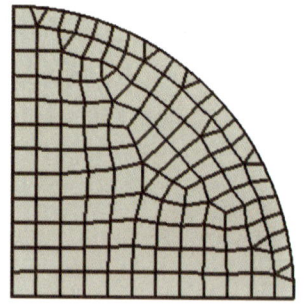

（a）独立显示部分网格　　　　　（b）显示全部

图 9-21　显示网格功能

### 9.4.2 右键功能

右键单击网格或部分零件网格，可以选择显示或隐藏节点编号、单元编号和节点，如图 9-22 和图 9-23 所示。

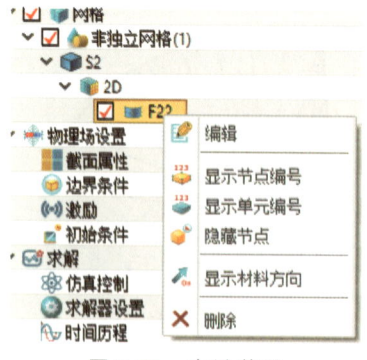

图 9-22　右键菜单

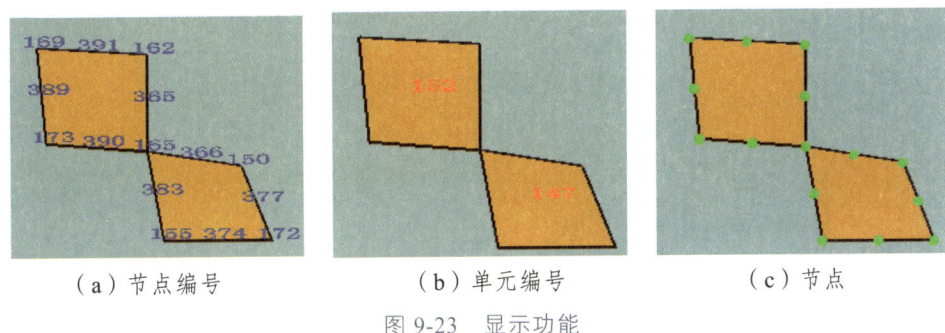

(a) 节点编号　　　　　　(b) 单元编号　　　　　　(c) 节点

图 9-23　显示功能

## 9.5　检查信息

### 9.5.1　网格质量

点击"网格质量",可以查看网格单元的长宽比、扭曲度、雅克比、最小角度和最大角度的云图,也可以通过直方图和表格的方式显示出来,如图 9-24、图 9-25 和图 9-26 所示。

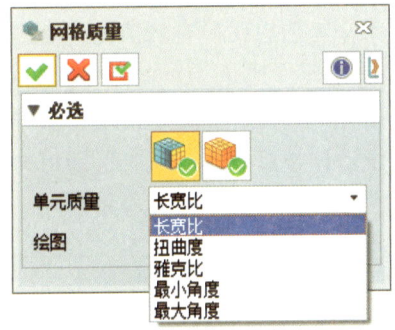

图 9-24　网格质量操作

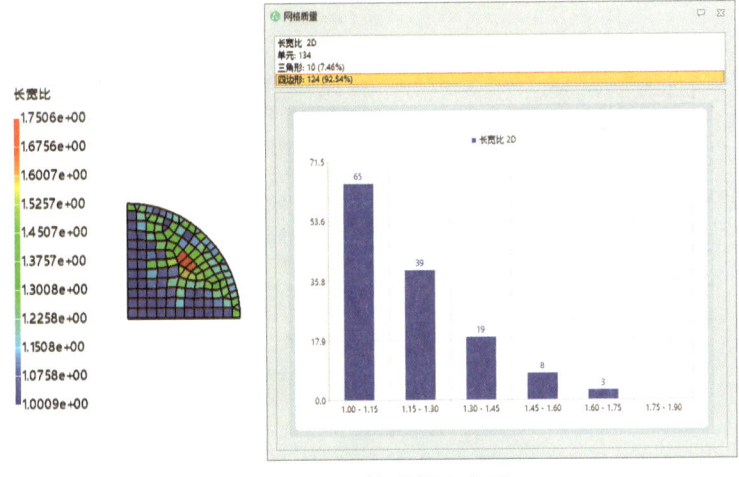

图 9-25　网格质量直方图

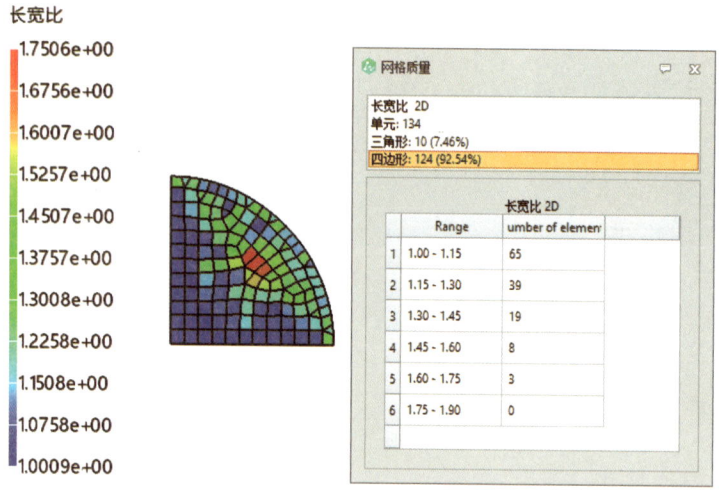

图 9-26　网格质量表格

## 9.5.2　网格错误信息

选择想要检查的网格单元，勾选想要检查的信息，有边界边、退化 2D 单元、相交 2D 单元、非流行边、复制 2D 单元、退化 3D 单元和相交 3D 单元。一般在检查网格单元的时候通常 2 维模型选择退化 2D 单元和相交 2D 单元，3 维模型选择退化 3D 单元和相交 3D 单元，如图 9-27 所示。勾选后点击"检查"即可自动检查选择的网格，若网格有错误，可以点击"细节"在弹出对话框中选择修复。

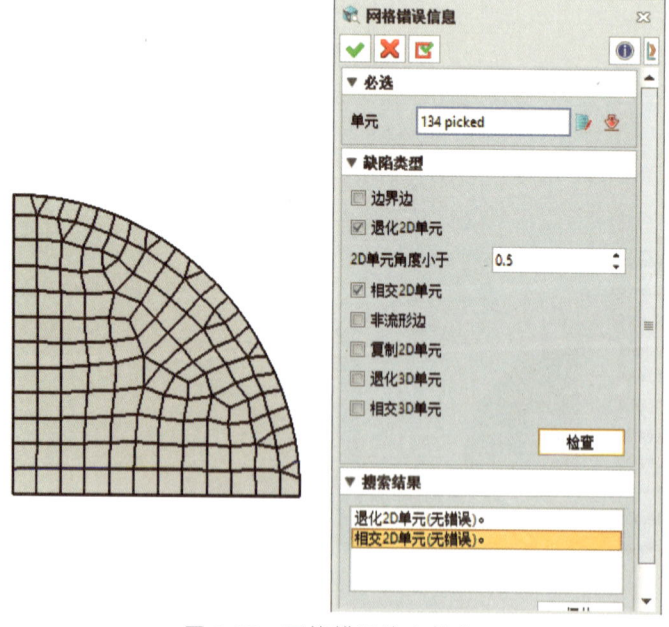

图 9-27　网格错误信息操作

### 9.5.3 单元检查和网格信息

如图 9-28 所示,"单元检查"可以根据给定条件检查指定单元;"网格信息"可以显示所选网格单元的信息,包括单元编号、网格类型和节点编号。

图 9-28　单元检查和网格信息

# 第 10 章 工程案例和综合应用

几何建模和网格剖分是高压电力装备多物理场计算的基础，掌握 TRSim Pre V1.0 软件是该系列软件应用的前提。本节依据工程实例对 TRSim-Pre 在应用中的全流程操作进行介绍，帮助读者更深入了解二维、三维的工程建模、网格剖分及模型导入修复步骤，可作为软件应用的操作指引和指南。

## 10.1 变压器绕组二维几何建模实例

本节以变压器绕组漏磁场二维仿真计算为例，通过演示模型的建立、预处理和网格，详细讲解通过 TRSim-Pre 软件建立二维工程仿真计算模型。

### 10.1.1 模型建立

#### 10.1.1.1 进入草图界面

（1）在启动页面点击新建图标 ▯。
（2）新建文件界面点击几何图标 ▯，选择零件图标 ▯，设置新建文件"唯一名称"：Coil.Z3PRT，点击"确认"进入建模主界面，如图 10-1 所示。

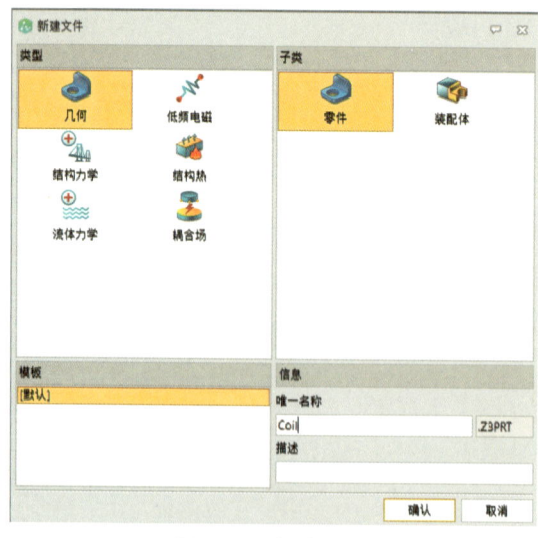

图 10-1 新建零件

（3）点击建模主页面左上的草图图标 ![icon]，设置草图平面，视图窗口选择 XY 平面（2D 及 2D 轴对称仿真计算，仅支持 XY 平面模型），点击"确认"，进入草图建模界面，如图 10-2 所示。

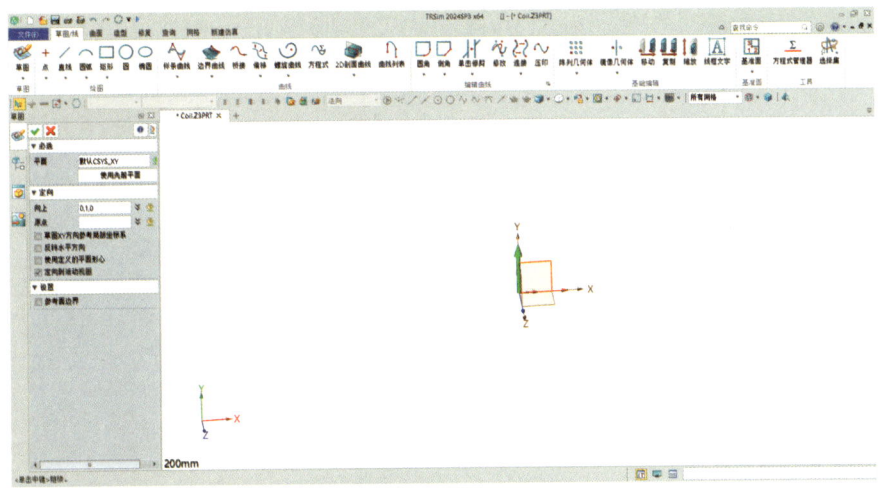

图 10-2　进入草图界面

#### 10.1.1.2　绘制铁芯

草图工具栏中点击矩形图标 □；选择角点设置方式图标，点击原点，设置为矩形左下角点，修改点 2 坐标（742，3630），设置为右上角点；点击"确定"，创建铁芯，如图 10-3 所示。

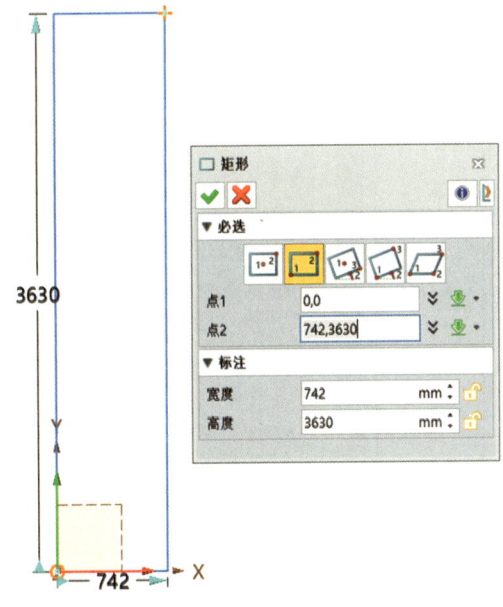

图 10-3　绘制铁芯

### 10.1.1.3　绘制线圈

（1）绘制初级线圈首饼：草图工具栏中点击矩形图标▢；选择角点设置方式图标，修改点1坐标（830，510），修改点2坐标（1 016，530.5），点击"确定"，创建线圈1首饼，如图10-4所示。

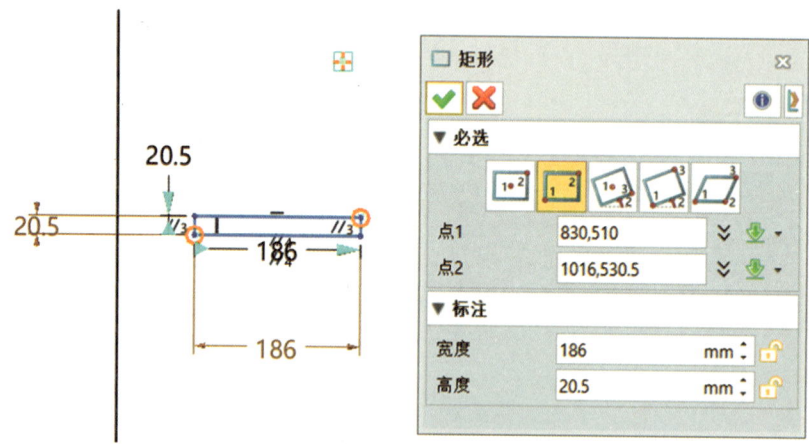

图10-4　绘制线圈1首饼

（2）绘制初级线圈：草图工具栏中点击阵列图标，设置为线性阵列图标，点选线圈1首饼矩形四条边作为基体，设置方向沿着Y轴正方向即为（0，1），设置间距类型为"数据和区间"，设置阵列数目为100，设置区间距离为2 426.4 mm，点击"确定"，创建线圈1，如图10-5所示。

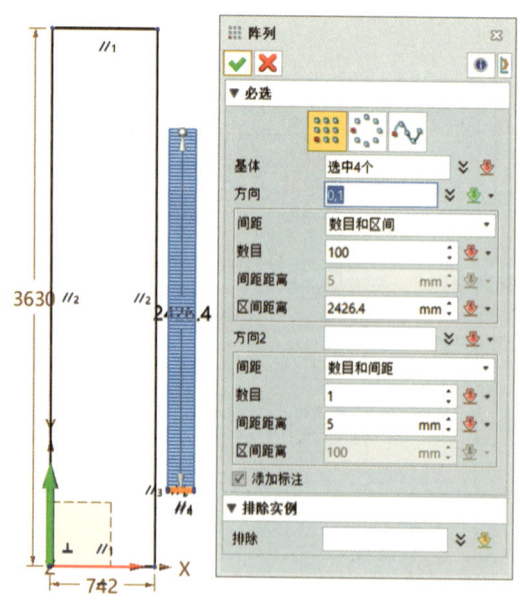

图10-5　绘制线圈1

（3）绘制次级线圈首饼

草图工具栏中点击矩形图标▭，选择角点设置方式图标，修改点1坐标为（1 117，540），修改点2坐标为（1 296，563），点击"确定"，创建线圈2首饼，如图10-6所示。

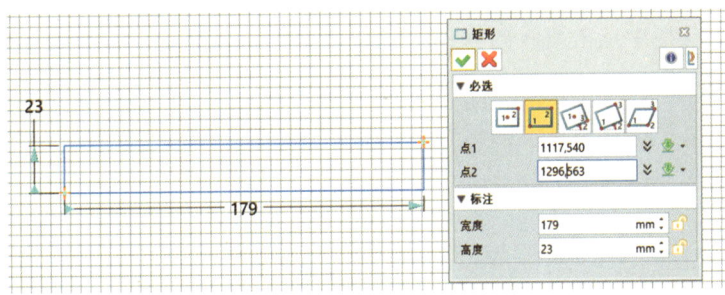

图10-6　绘制线圈2首饼

（4）绘制次级线圈

草图工具栏中点击阵列图标，设置为线性阵列，点选线圈2首饼矩形四条边界作为基体，设置方向沿着Y轴正方向即为（0，1），设置间距类型为数据和区间，设置阵列数目为86，设置区间距离为2 333.64 mm，点击"确定"，创建线圈2，如图10-7所示。

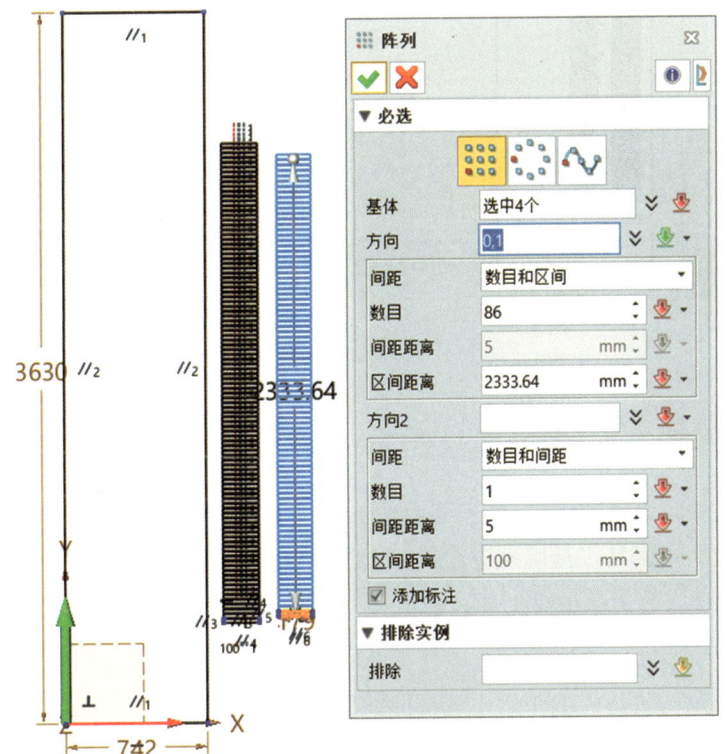

图10-7　绘制线圈2

#### 10.1.1.4　绘制油箱边界

（1）草图工具栏中点击直线图标，设置两点绘制直线，设置点 1 坐标（742，0），设置点 2 坐标（1 800，0），点击"确定"。

（2）草图工具栏中点击直线图标，设置两点绘制直线，设置点 1 坐标（1 800，0），设置点 2 坐标（1 800，3 630），点击"确定"。

（3）草图工具栏中点击直线图标，设置两点绘制直线，设置点 1 坐标（1 800，3 630），设置点 2 坐标（742，3 630），点击"确定"，如图 10-8 所示。

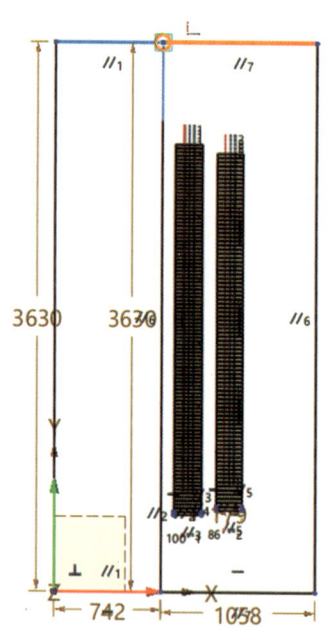
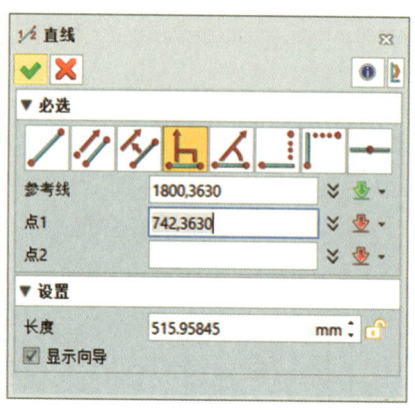

图 10-8　绘制油箱

### 10.1.2　仿真模型预处理

（1）菜单栏中点击"曲面"，切换到曲面工具栏。

（2）生成曲面：工具栏基础面中选择 N 边形面工具图标，工具栏左下"选择管理器"切换到曲线，点击绕组模型外轮廓边线，点击"确定"，生成完整曲面，如图 10-9 所示。

（3）轮廓分割：工具栏编辑面中选择曲线分割工具图标，工具栏左下"选择管理器"切换到曲面，点击选择完整曲面，工具栏左下"选择管理器"切换到曲线，框选所有曲线，点击"确定"，将完整曲面按轮廓分割，如图 10-10 所示。

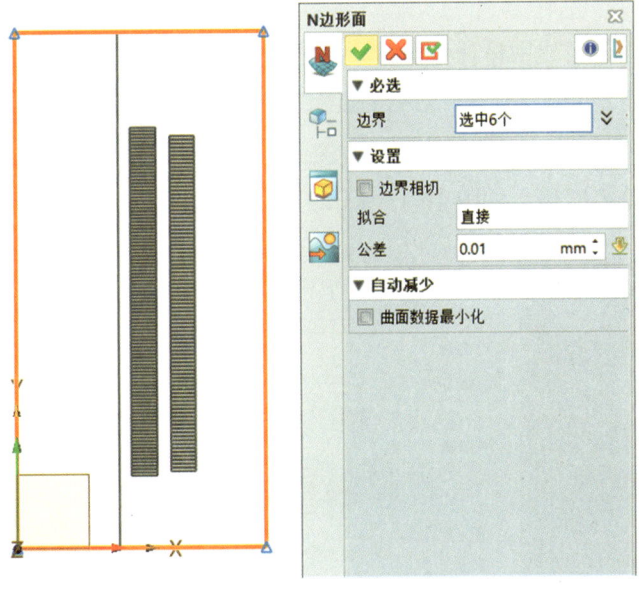

(a) N 边形面　　　　　　　　　　　　　　(b) 选择管理器

图 10-9　生成完整曲面

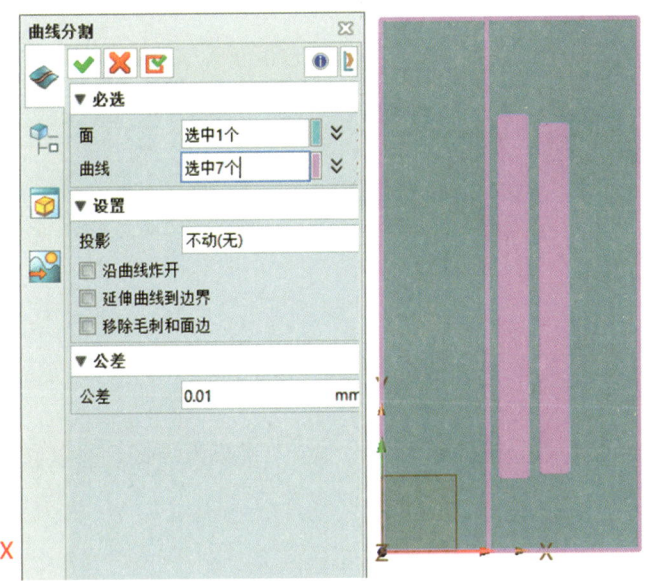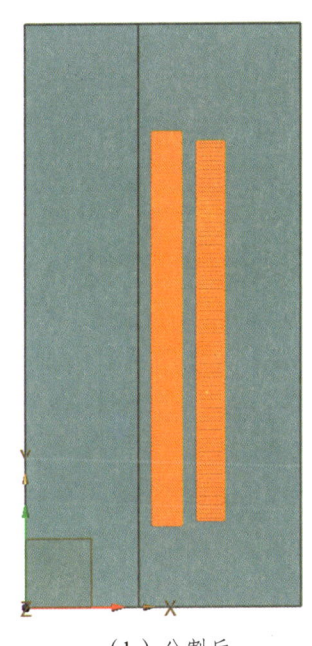

(a) 曲线分割工具　　　　　　　　　　　　(b) 分割后

图 10-10　生成完整曲面

（4）炸开：工具栏编辑面中选择炸开工具图标，点击选择全部曲面，点击"确定"，生成分割后的造型，该模型即可用于网格剖分及后续仿真计算。

197

### 10.1.3 网格剖分

（1）菜单栏切换到网格，点击新建网格任务图标 。
（2）工具栏点击"生成网格"，点击切换高级网格设置图标 ，设置单元最小尺寸 5 mm，最大单元尺寸 100 mm，单元尺寸变化率 0.3，勾选"二阶"网格，勾选"兼容网格"，点击"确定"，绘制 2 阶兼容网格，如图 10-11 所示。

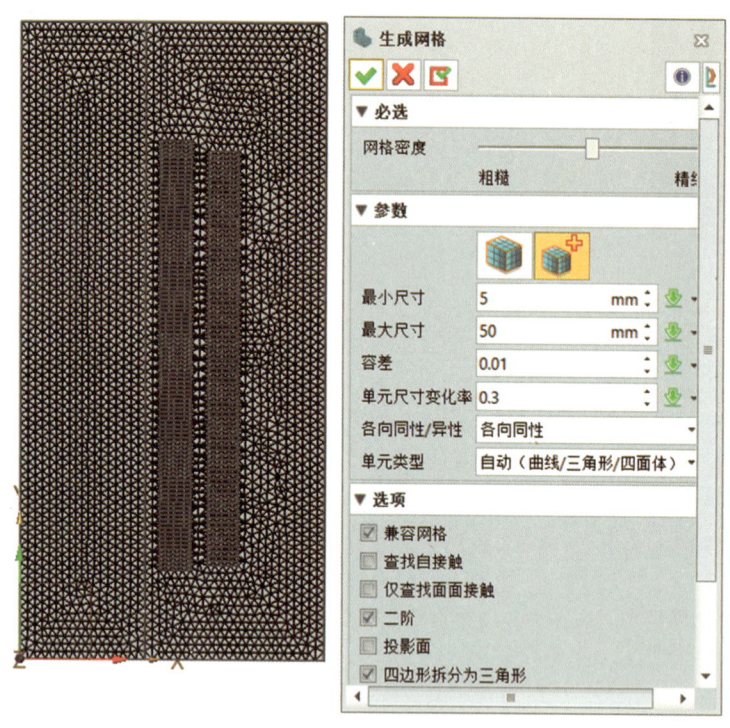

图 10-11　绘制网格

## 10.2　变压器绕组二维模型导入及修复实例

本节以油浸式变压器绕组主绝缘电场分析模型为例，介绍二维模型导入、修复和预处理的详细步骤。

### 10.2.1　模型导入

（1）启动页面点击新建图标 ；
（2）新建文件界面点击几何图标 ，选择零件图标 ，设置新建文件"唯一名称"：Coil.Z3PRT，点击"确认"进入建模主界面，如图 10-12 所示。

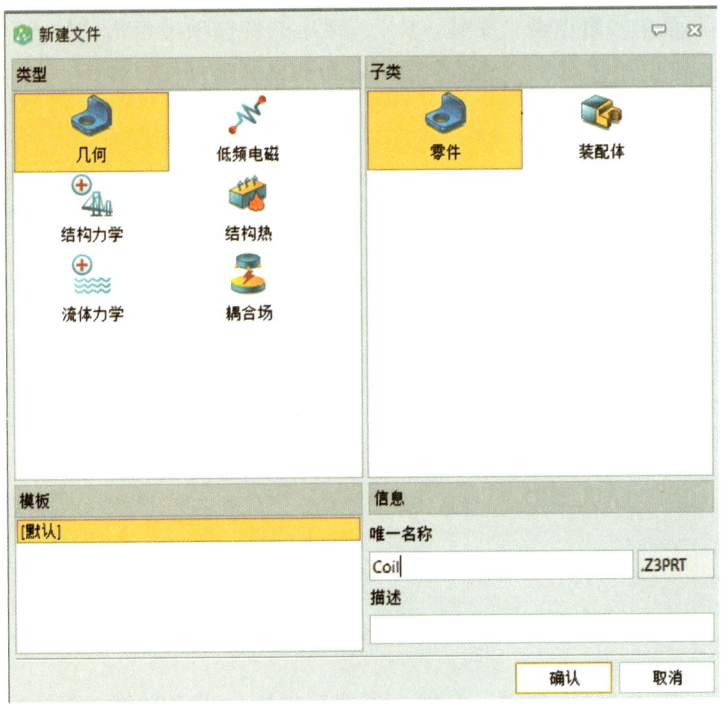

图 10-12 新建零件

（3）建模主页面左上点击草图图标 ![icon]，设置草图平面，视图窗口选择 XY 平面（2D 及 2D 轴对称仿真计算，仅支持 XY 平面模型），点击"确认"，进入草图建模界面，如图 10-13 所示。

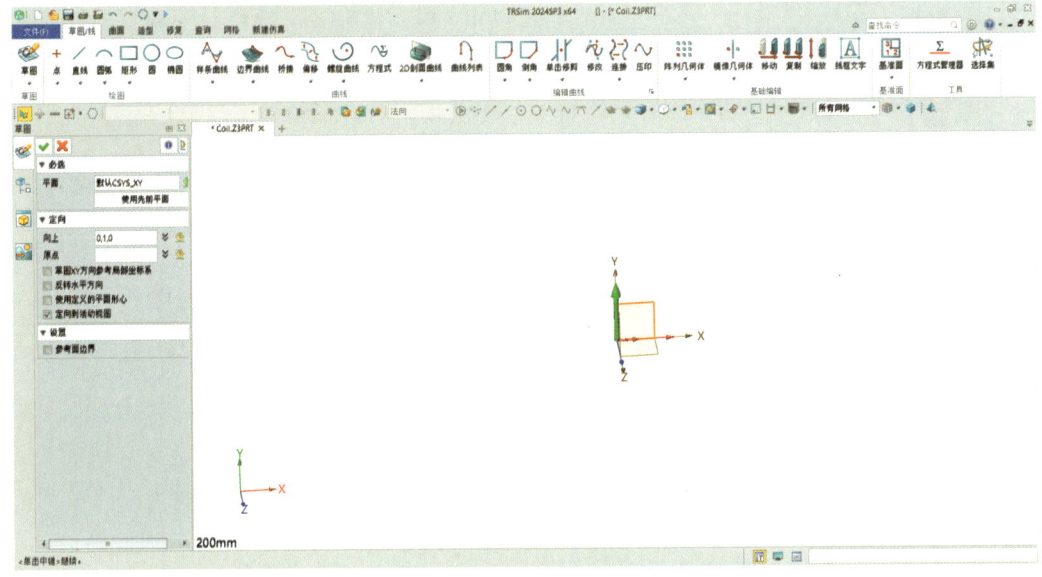

图 10-13 进入草图界面

（4）草图界面左上角点击"文件（F）"，弹出文件选项中点击"输入"，选择需要导入的 dxf/dwg 二维模型，点击"确认"导入，如图 10-14 所示。

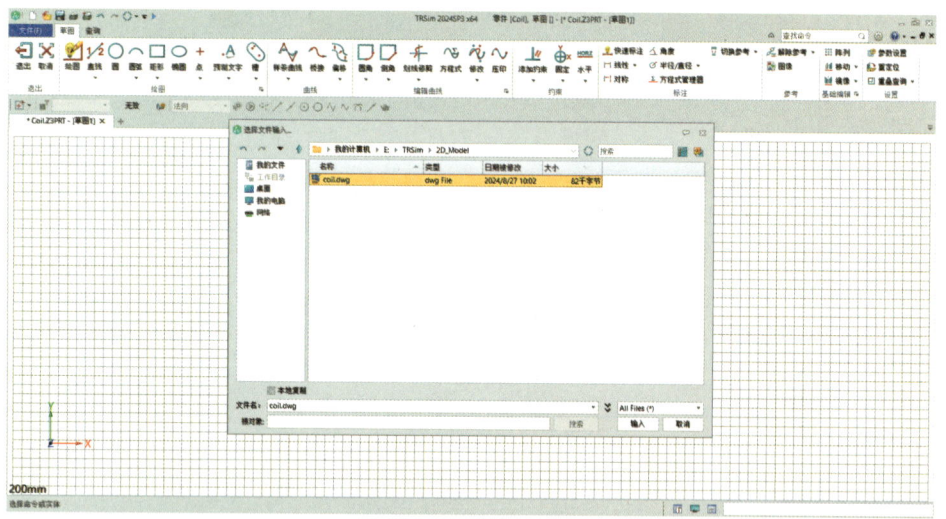

图 10-14　模型输入界面

（5）导入后弹出"输入选项"界面，模型缺省导入当前对象（草图界面），缺省单位为文件单位，切换过滤器，可设置排除几何体、线宽、样式以及线条颜色，设置完毕后点击"确定"，导入模型，如图 10-15、图 10-16 所示。

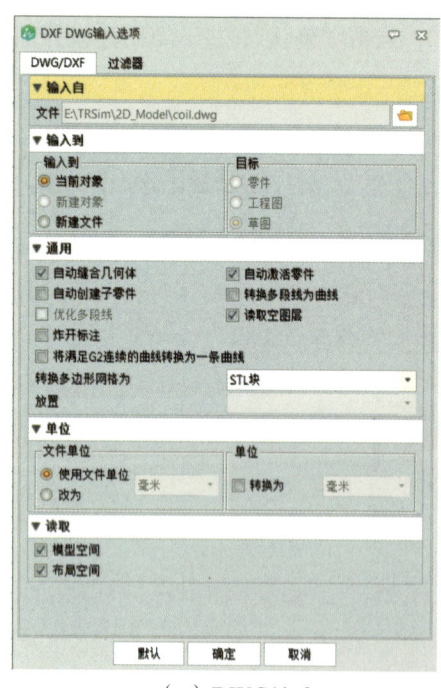

（a）DWG/dxf

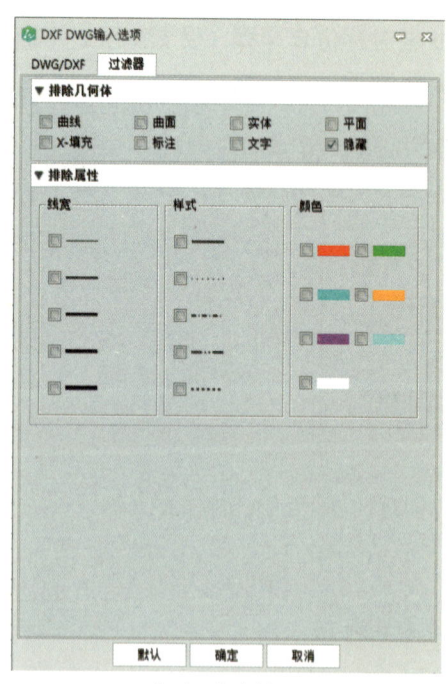

（b）过滤器

图 10-15　输入选项

第 10 章　工程案例和综合应用

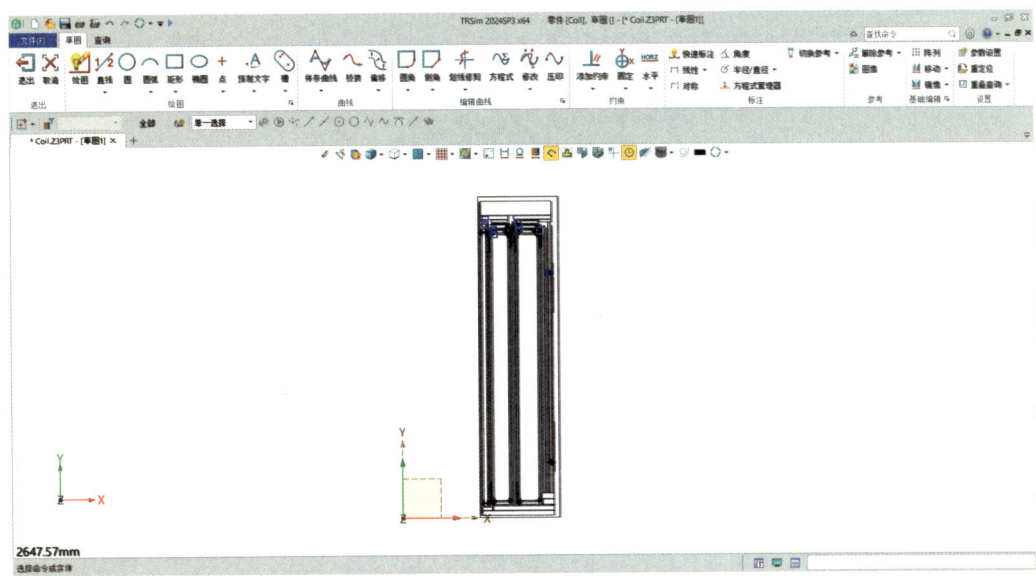

图 10-16　导入 2D 模型

## 10.2.2　模型修复

### 10.2.2.1　连接断点

（1）草图界面工具栏点击打开/关闭显示开放端点图标，2D 模型断点会出现蓝框，如图 10-17 所示。

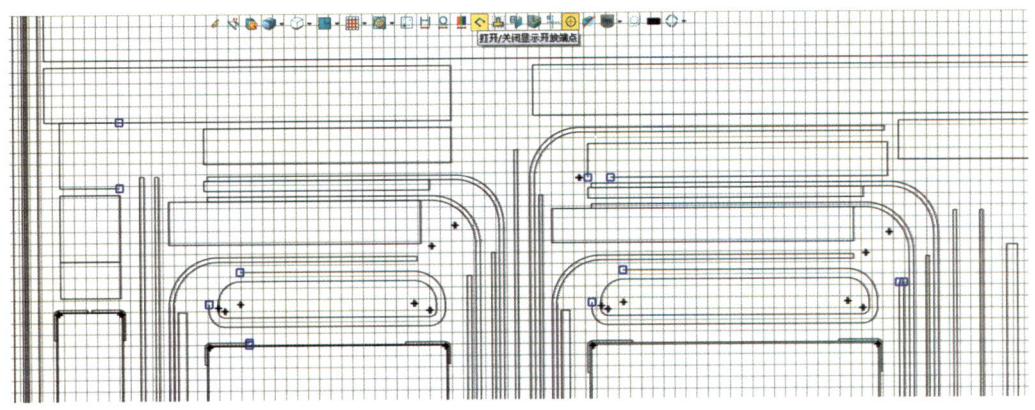

图 10-17　2D 模型断点

（2）直线断点：工具栏选择直线图标，点击直线断点两端，点击"确定"，连接两断点，如图 10-18 所示。

201

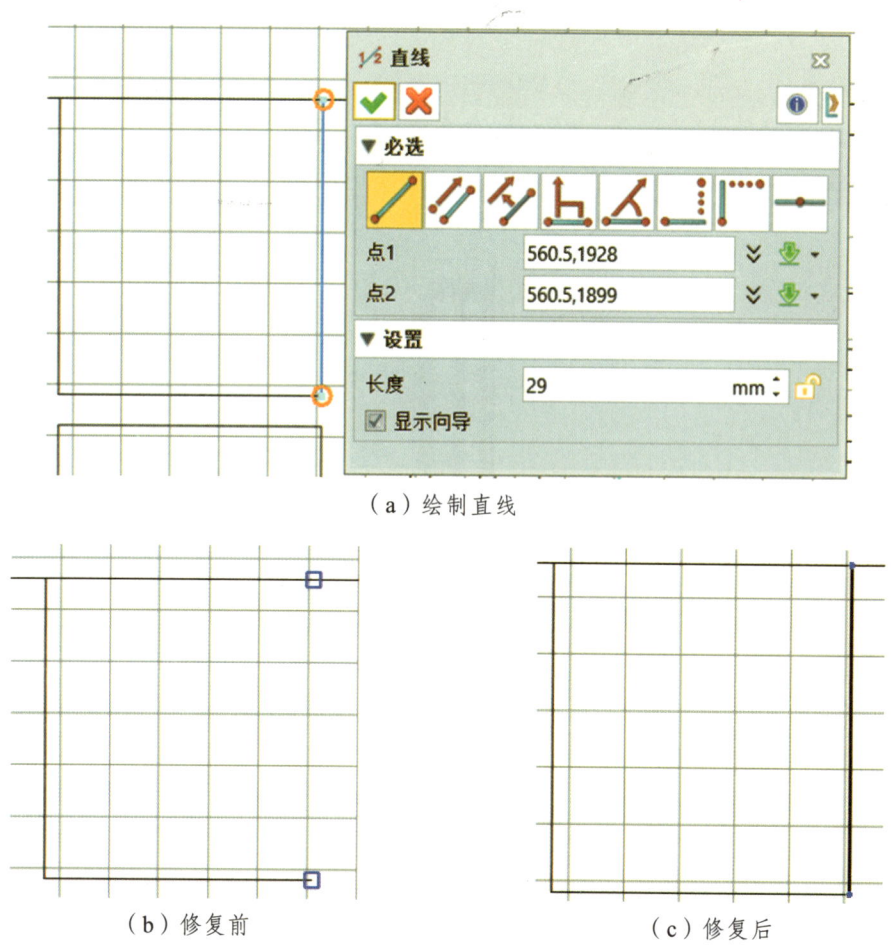

（a）绘制直线

（b）修复前　　　　　　　　　　　　（c）修复后

图 10-18　直线断点

（3）圆弧断点：工具栏选择圆弧图标 ⌒ ，点击圆弧断点两端①、②，选择圆弧路径一点③，自动设置相切约束，点击"确定"，连接两断点，如图 10-19 所示。

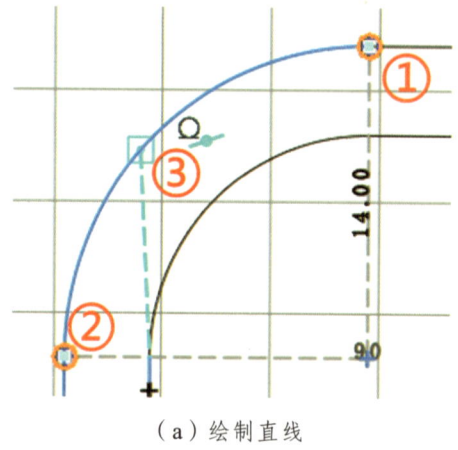

（a）绘制直线

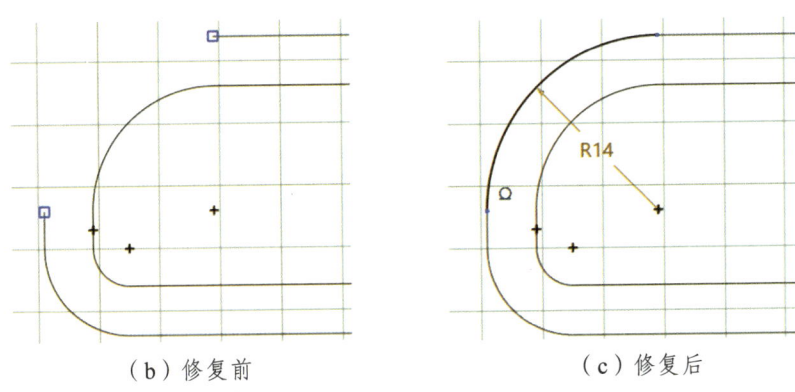

（b）修复前　　　　　　　　　（c）修复后

图 10-19　圆弧断点

#### 10.2.2.2　删除多余曲线

工具栏中选择划线修剪工具图标 ![icon]，从左至右划过多余曲线，将多余曲线删除，如图 10-20、图 10-21 所示。

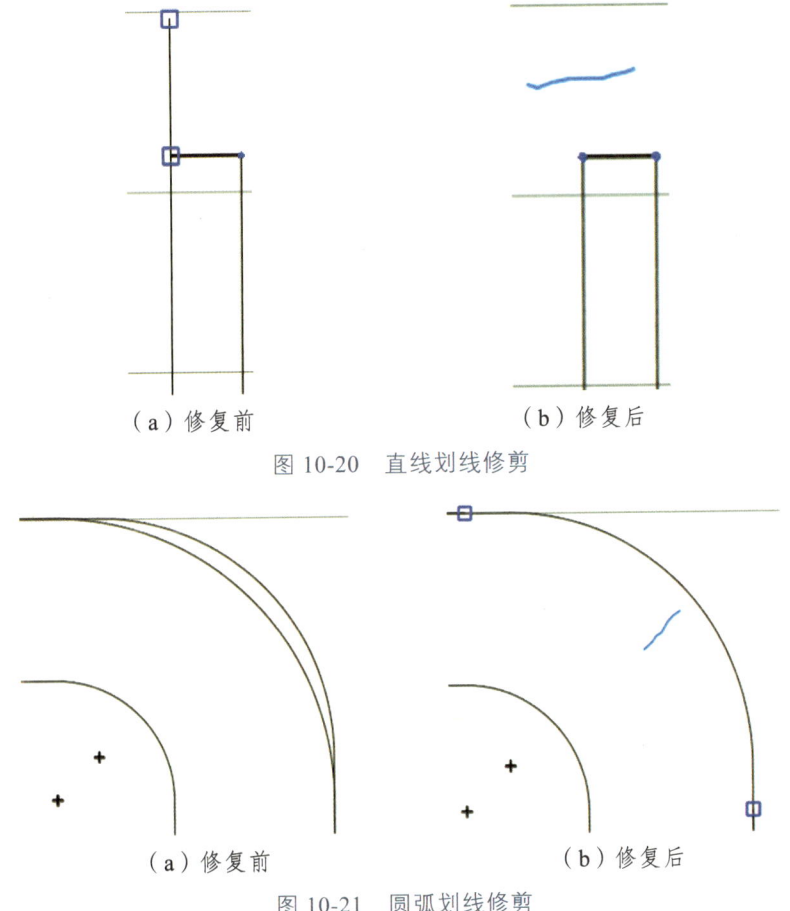

（a）修复前　　　　　　　　　（b）修复后

图 10-20　直线划线修剪

（a）修复前　　　　　　　　　（b）修复后

图 10-21　圆弧划线修剪

### 10.2.2.3 延伸曲线

工具栏中选择修剪/延伸工具图标 ✕，点击待延伸曲线①，点击延伸终点②，点击"确定"，延伸曲线至断点，如图 10-22 所示。

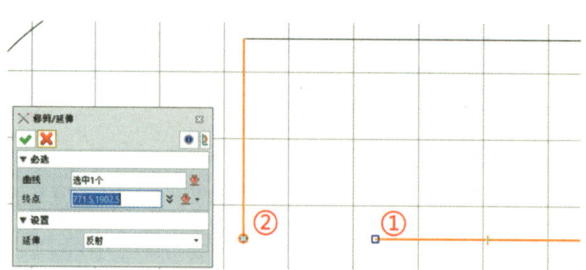

图 10-22　延伸操作

### 10.2.2.4 草图压印

（1）点击退出图标 ⬅，若草图中存在重叠曲线，会提示存在重叠对象，需进行处理，如图 10-23 所示。

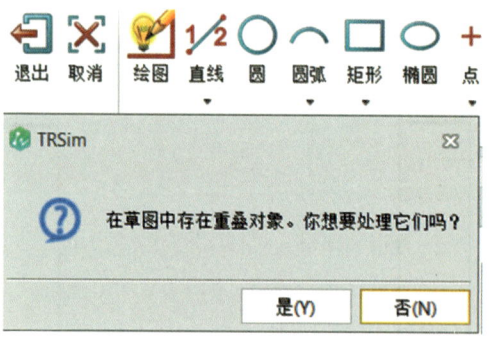

图 10-23　重叠对象

（2）点击工具栏编辑曲线中压印功能图标 〰，框选所有模型，点击"确定"进行草图压印，压印后，曲线自动分割打断，无重合线条，如图 10-24 所示。

### 10.2.3　仿真模型预处理

模型修复完毕后，需分割各个线框，生成 2D 曲面，以开展后续仿真计算，操作步骤如下：

（1）菜单栏中点击"曲面"，切换到曲面工具栏。

（2）工具栏基础面中选择 N 边形面工具图标 N，工具栏左下"选择管理器"切换到曲线，点击绕组主绝缘模型外轮廓四条边线，点击"确定"，生成完整曲面，如图 10-25 所示。

第 10 章　工程案例和综合应用

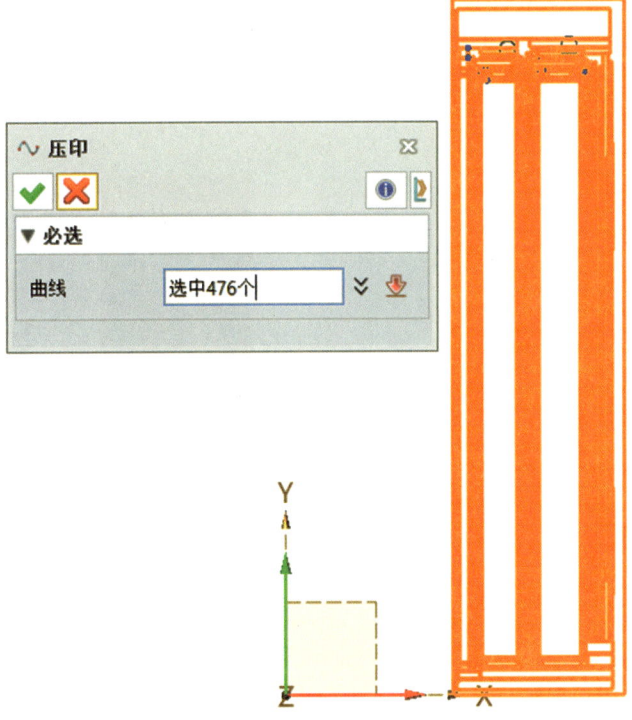

图 10-24　草图压印

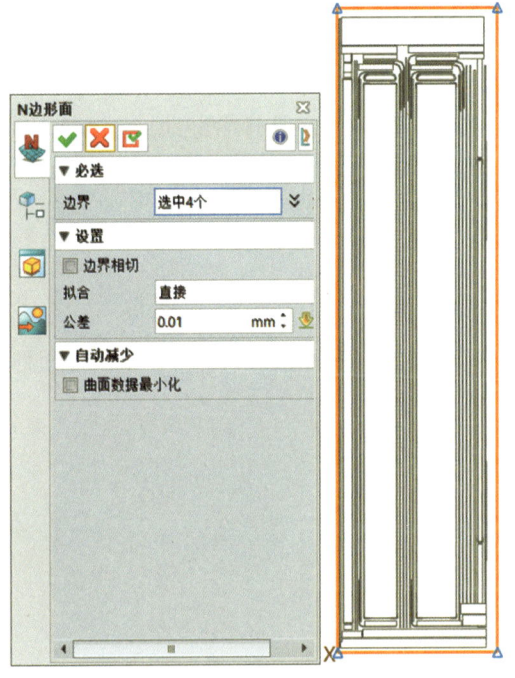
（a）N 边形面

（b）选择管理器

图 10-25　生成完整曲面

205

（3）工具栏编辑面中选择曲线分割工具图标，工具栏左下"选择管理器"切换到曲面，点击选择完整曲面，"选择管理器"切换到曲线，框选所有曲线，点击"确定"，将完整曲面按轮廓分割，如图10-26所示。

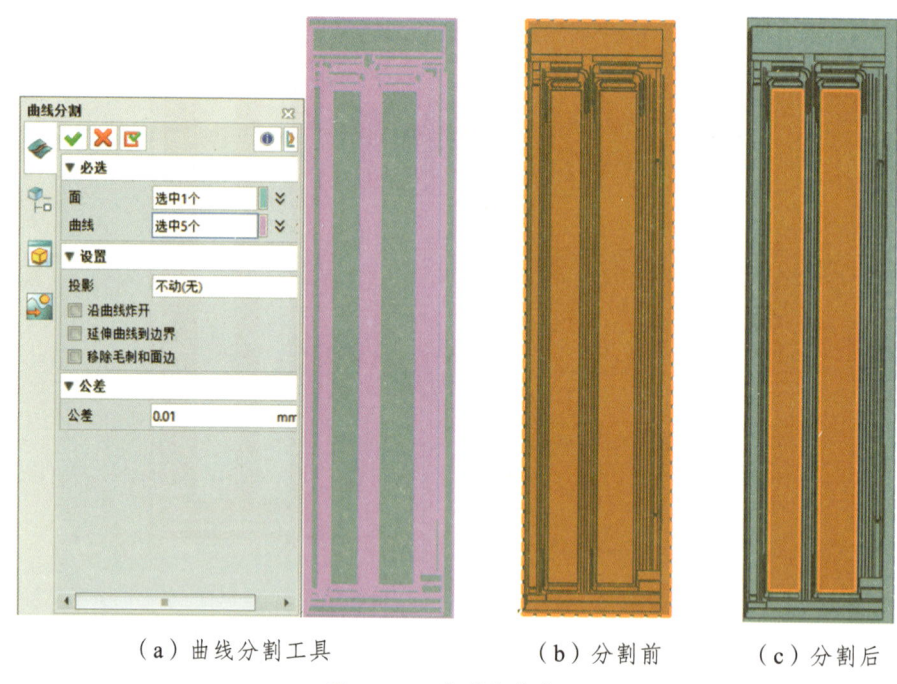

（a）曲线分割工具　　　（b）分割前　　　（c）分割后

图 10-26　生成完整曲面

（4）工具栏编辑面中选择炸开工具图标，点击选择全部曲面，点击"确定"，生成分割后的造型，该模型即可用于网格剖分及后续仿真计算。

## 10.3　复合绝缘子串三维几何建模实例

本节以绝缘子串三维电场仿真计算为例，介绍 TRSim-Pre 三维建模、预处理和网格剖分的详细步骤。

### 10.3.1　模型建立

#### 10.3.1.1　建立芯棒

（1）启动页面点击新建图标。

（2）新建文件界面点击几何图标，选择零件图标，设置新建文件"唯一名称"，点击"确认"进入建模主界面，如图10-27所示。

第 10 章　工程案例和综合应用

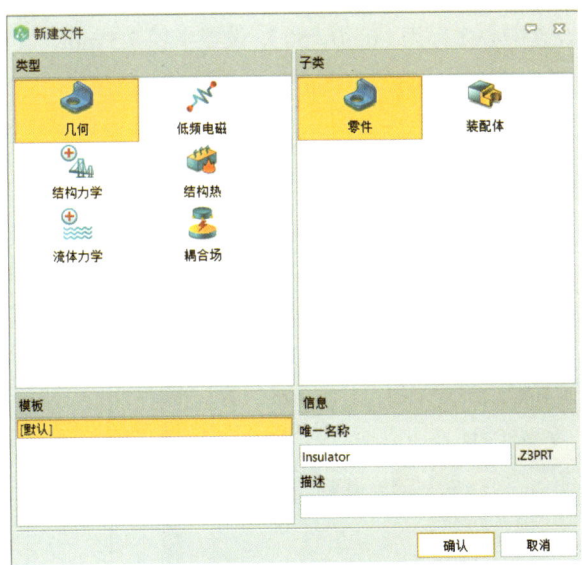

图 10-27　新建零件

（3）新建外护套：菜单栏切换到"造型"，点击工具栏"基础造型中六面体"下拉三角，选择圆柱体图标 ，设置中心为原点，设置半径为 15 mm，设置长度为 1 200 mm，选择方向为 Z 轴正方向（0，0，1），点击应用图标 ，继续绘制下一圆柱体结构，如图 10-28 所示。

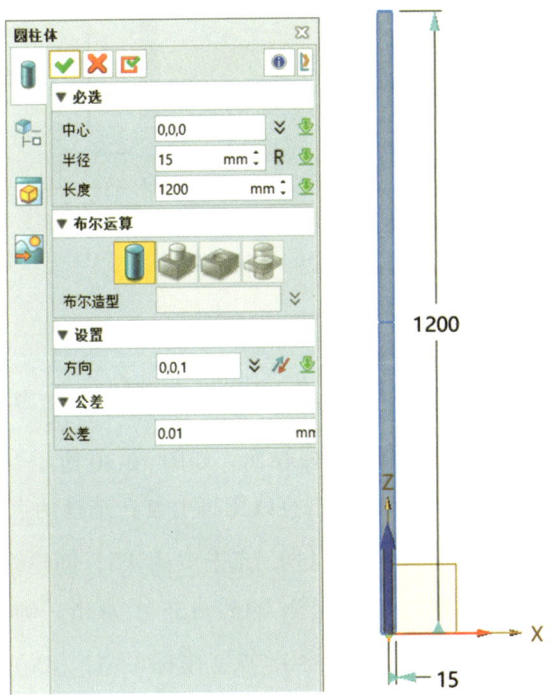

图 10-28　新建外护套

207

（4）新建芯棒：设置中心坐标为（0，0，50），设置半径 7.5 mm，设置长度为 1 100 mm，选择方向为 Z 轴正方向（0，0，1），点击"确定"，完成芯棒绘制，如图 10-29 所示。

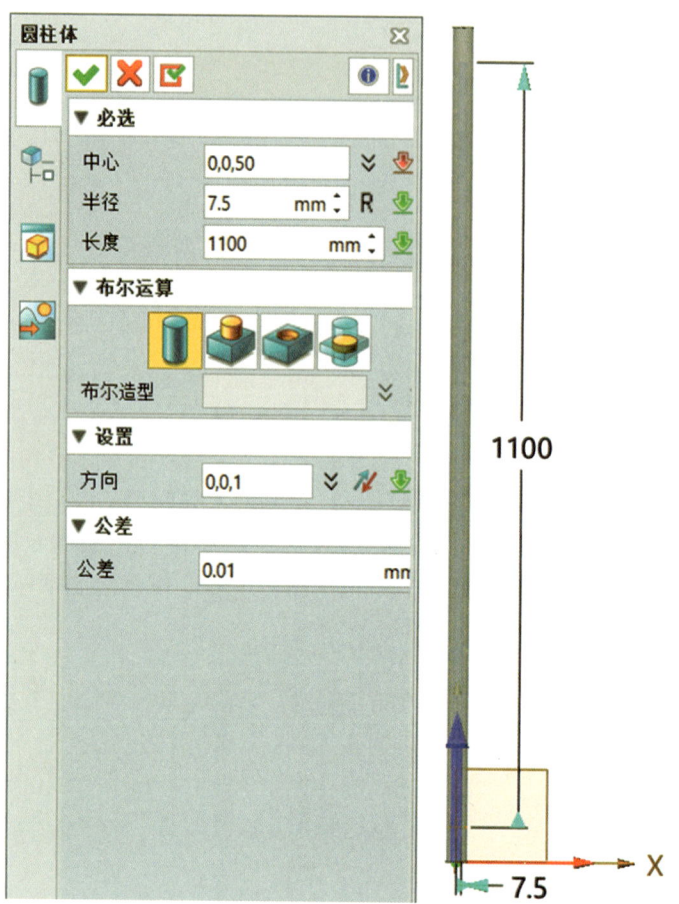

图 10-29　新建芯棒

#### 10.3.1.2　建立伞裙

（1）创建草图：建模主页面左上点击草图图标，设置草图平面，视图窗口选择 YZ 平面，点击"确认"，进入草图建模界面，如图 10-30 所示。

（2）建立草图轮廓：工具栏绘图点击直线图标，选择两点绘图方式，设置点 1 坐标（15，145），点 2 坐标（85，145），点击"确认"，创建线条 1；点击直线图标，设置点 1 坐标（85，145），点 2 坐标（15，155），点击"确认"，创建线条 2；点击直线图标，设置点 1 坐标（15，155），点 2 坐标（15，145），点击"确认"，创建线条 3，并退出草图界面，如图 10-31 所示。

第 10 章　工程案例和综合应用

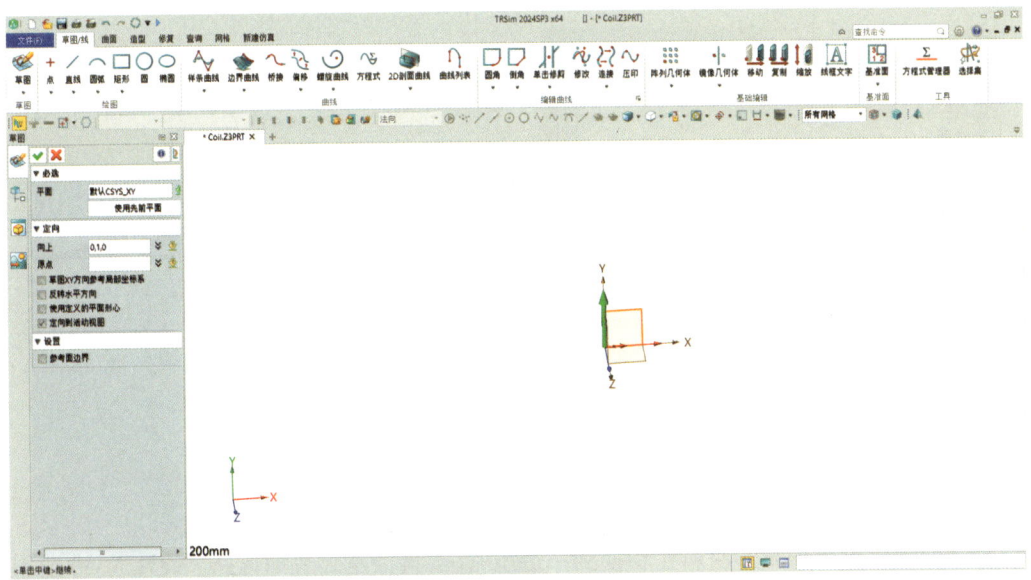

图 10-30　进入草图界面

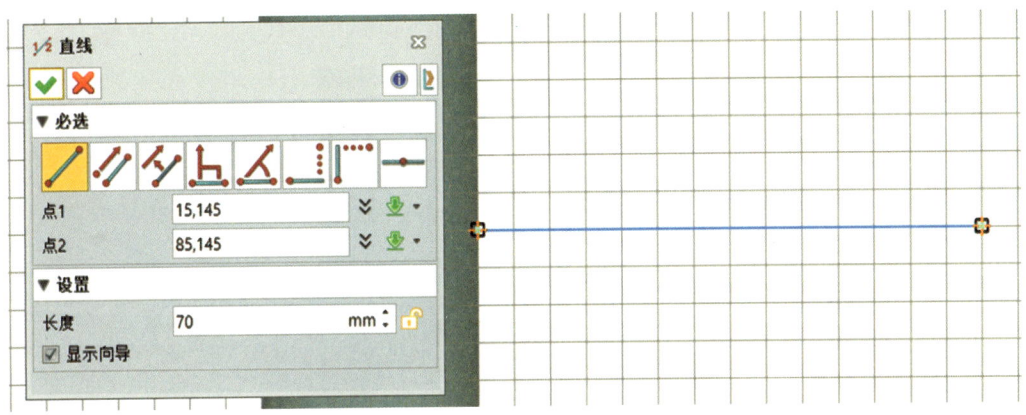

（a）线条 1

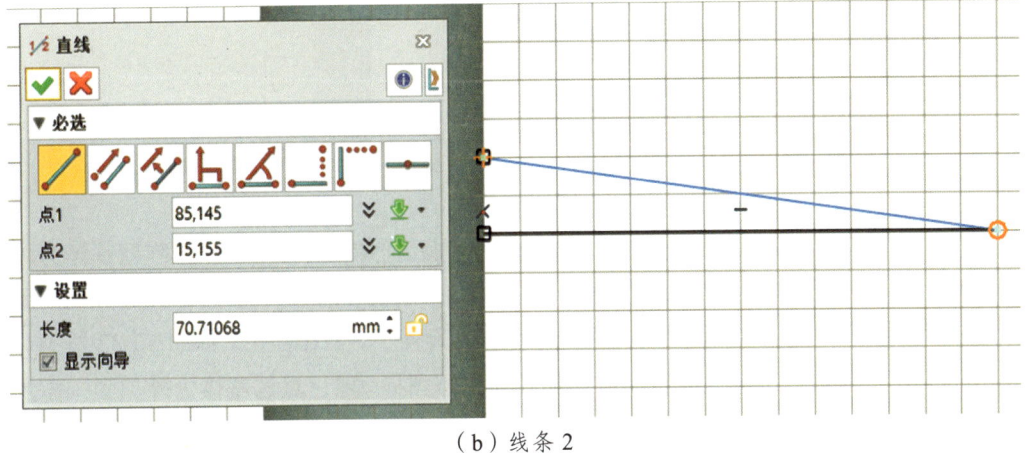

（b）线条 2

209

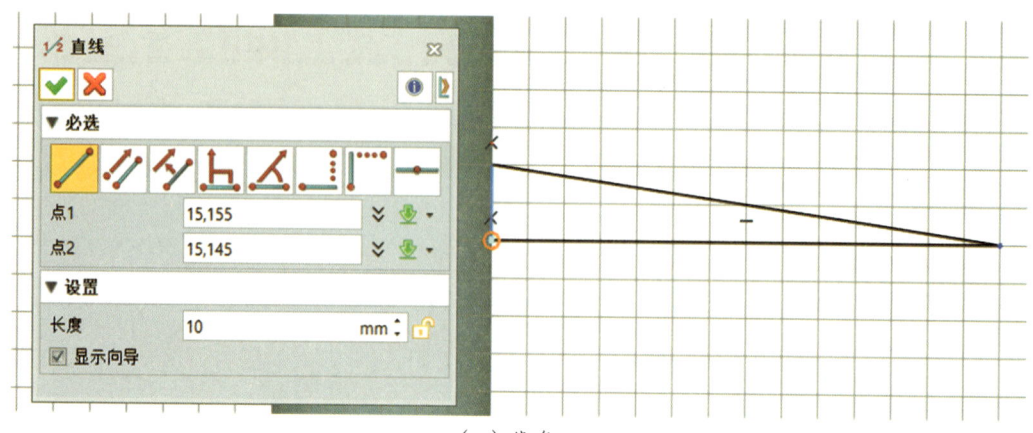

(c)线条3

图 10-31　建立草图轮廓

（3）创建单个伞裙：材料栏切换到"造型"，工具栏基础造型选择"旋转"，点选创建的三角形伞裙轮廓，设置旋转轴为（0，0，1），设置起始角度为0°，结束角度为360°，点击"确认"，创建单个伞裙，如图10-32所示。

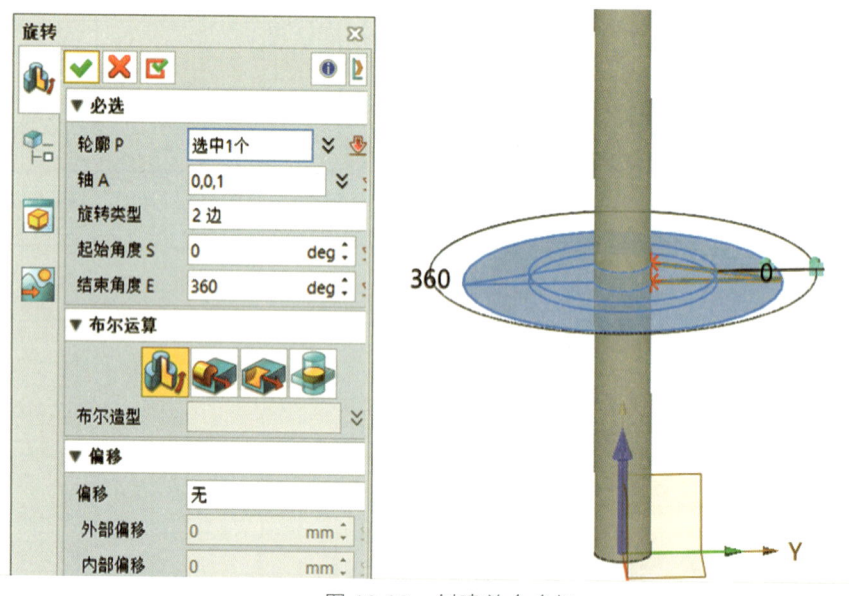

图 10-32　创建单个伞裙

（4）创建伞裙阵列：工具栏基础编辑选择阵列几何体图标 ，点选阵列基体为单个伞裙，设置阵列方向为 Z 轴正方向（0，0，1），设置阵列数目为 11，设置阵列间隔 91 mm，选择阵列模式为"间距与实例数"，点击"确认"，创建伞裙，如图10-33所示。

（5）合并伞裙：工具栏编辑模型选择添加实体图标 ，点选基体为外护套，添加阵列伞裙，点击"确认"，合并伞裙，如图10-34所示。

第 10 章　工程案例和综合应用

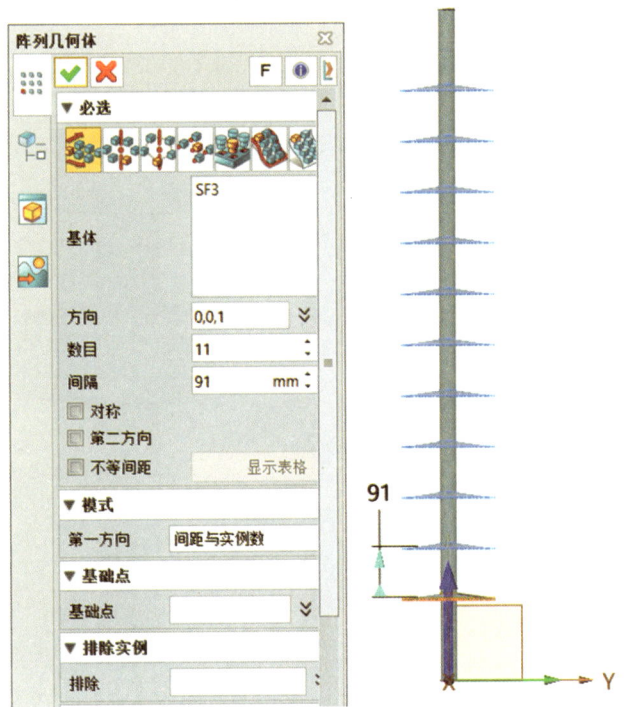

图 10-33　创建单个伞裙

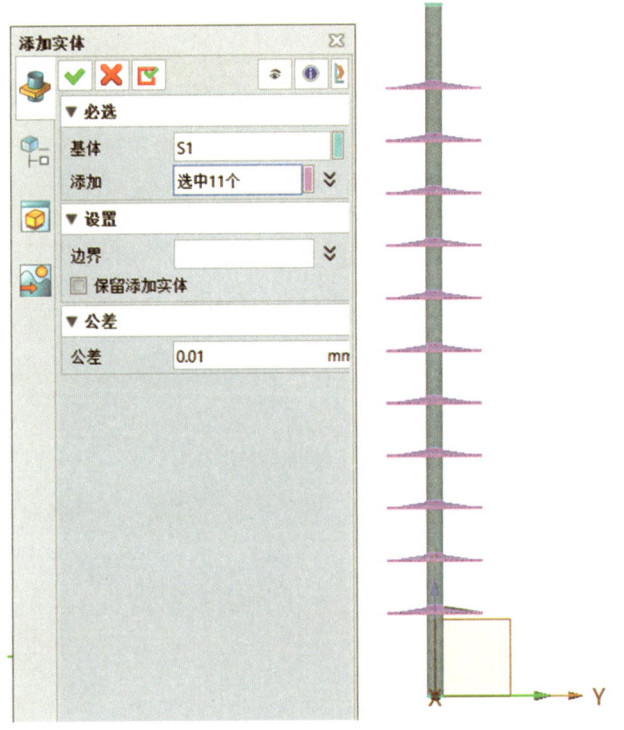

图 10-34　伞裙合并

211

### 10.3.1.3 建立均压环

(1) 创建基准面:工具栏基准面,点击创建基准面图标 ![icon],设置基准面参考平面为 XY 平面,偏移距离为 150,点击"确认",创建基准面 1,如图 10-35 所示。

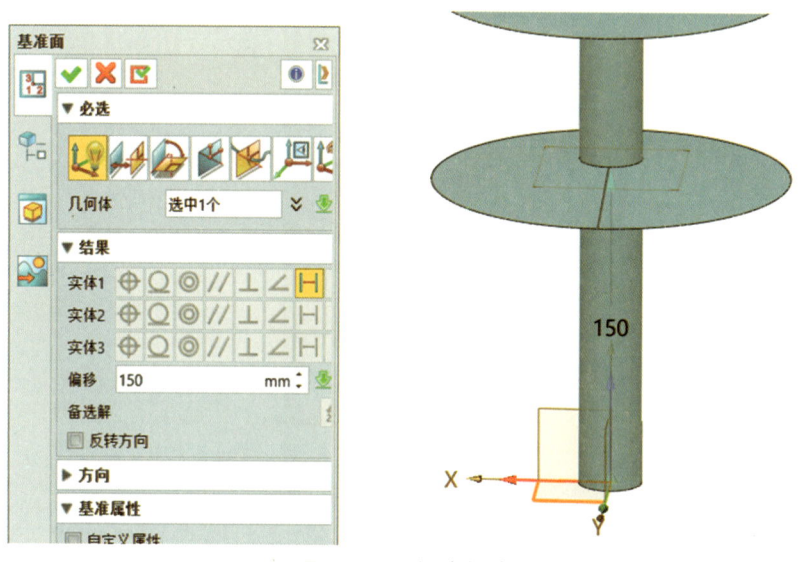

图 10-35 创建基准面 1

(2) 创建均压环路径:建模主页面左上点击草图图标 ![icon],设置草图平面,视图窗口单击"基准面 1 平面",点击"确认",进入草图建模界面;工具栏创建圆图标 ○,设置圆心为原点,半径为 150 mm,点击"确认",创建均压环路径,并退出草图,如图 10-36 所示。

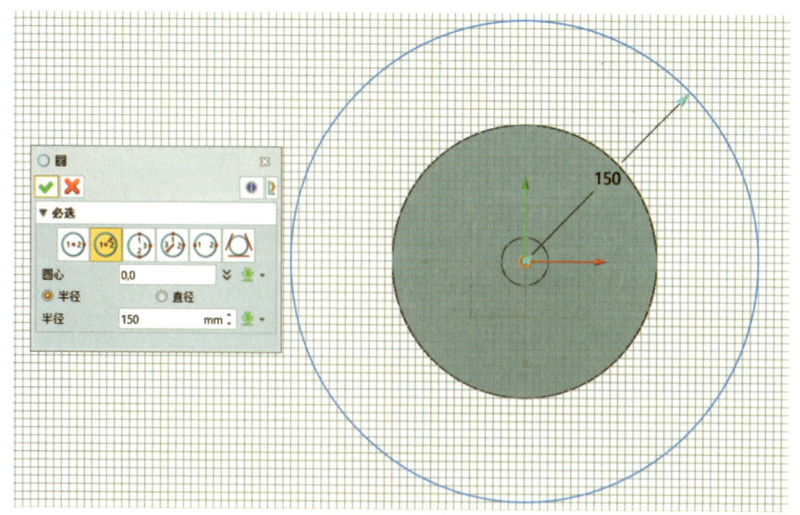

图 10-36 创建均压环路径

(3)创建低压侧均压环：菜单栏切换到造型界面，点击基础造型"扫掠"下拉三角，选择杆状扫掠图标，设置曲线为草图建立的均压环路径，直径为 30 mm，内直径为 0 mm，点击"确认"，创建均压环 1，如图 10-37 所示。

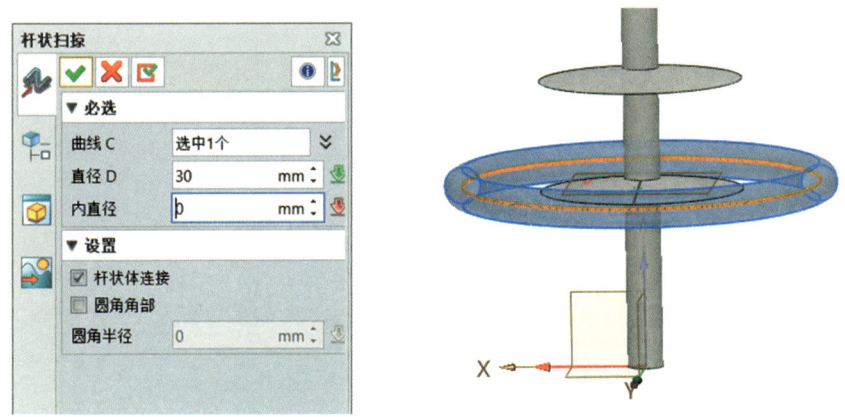

图 10-37　创建均压环 1

(4)创建高压侧均压环：建立基准面 2，参考面为外护套顶部平面，偏移 –150 mm，其余创建方式与均压环 1 相同，如图 10-38 所示。

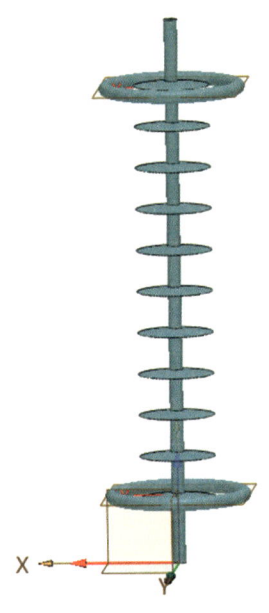

图 10-38　创建均压环 2

### 10.3.1.4　创建模型细节

(1)外护套圆角：工具栏工程特征选择圆角图标，设置外护套顶部和底部轮廓线，设置圆角半径为 5 mm，点击"确认"，创建圆角，如图 10-39 所示。

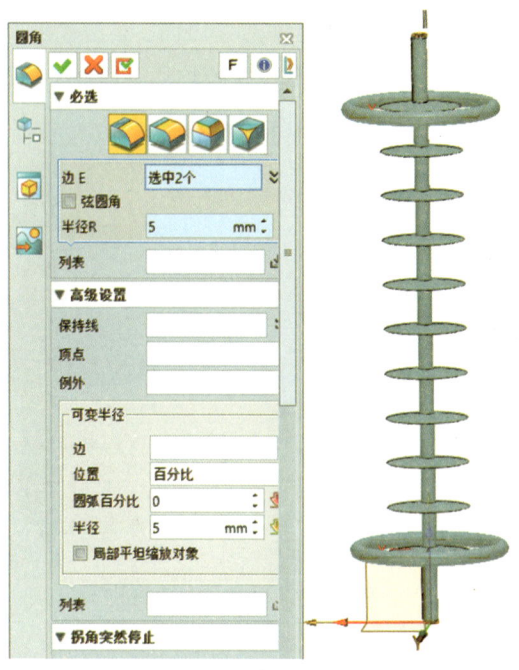

图 10-39　创建外护套圆角

（2）伞裙与护套圆角：工具栏工程特征选择圆角图标，框选伞裙与护套缝合线，设置圆角半径为 8 mm，点击"确认"，创建圆角，如图 10-40 所示。

图 10-40　创建伞裙与护套圆角

（3）创建伞尖圆角：工具栏工程特征选择圆角图标 ，选择伞裙下表面，设置圆角半径为 1 mm，点击"确认"，创建圆角，如图 10-41 所示。

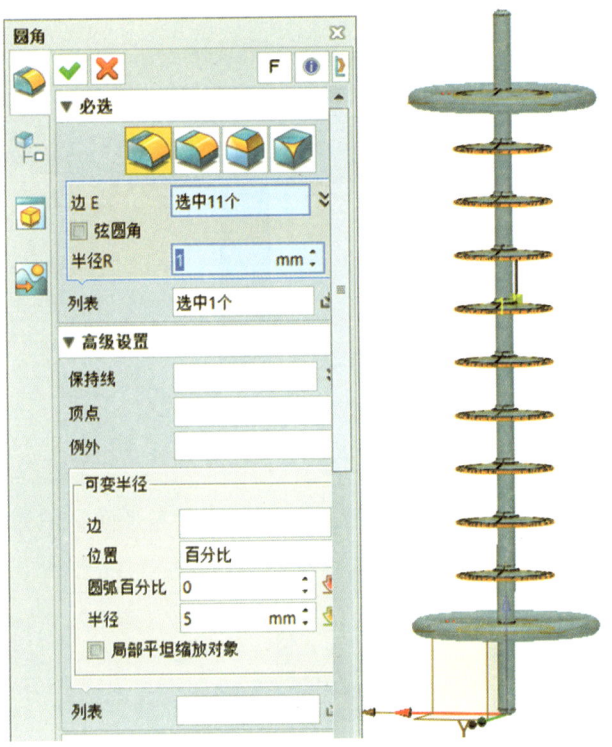

图 10-41　创建伞尖圆角

#### 10.3.1.5　建立绝缘子串端部连接金具

（1）创建基准面：工具栏基准面，点击创建基准面图标 ，设置基准面参考平面为 XY 平面，偏移距离为 85 mm，点击"确认"，创建基准面 3，如图 10-42 所示。

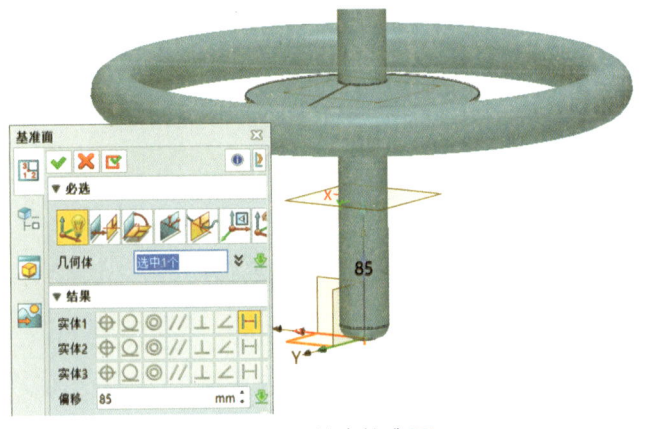

图 10-42　创建基准面 3

215

（2）通过分割创建绝缘子串端部连接金具：工具栏编辑模型，点击分割图标 ，选择护套为基体，设置分割面为基准面 3，点击"确认"，进行模型分割，如图 10-43 所示。

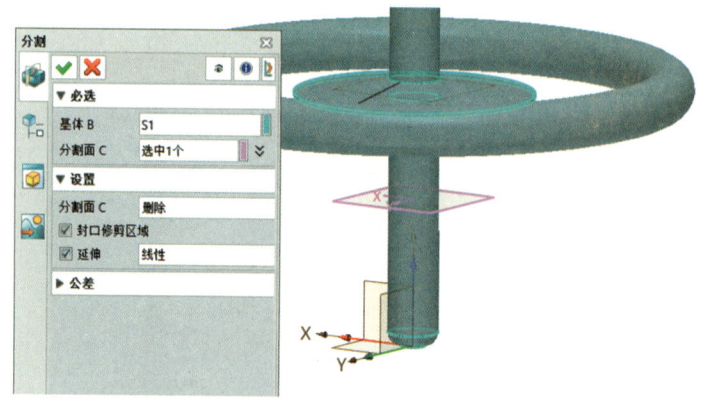

图 10-43　分割金具

（3）创建高压端端部连接金具：创建基准面 4，参考平面为护套顶部平面，偏移距离为 -85 mm，如图 10-44 所示。

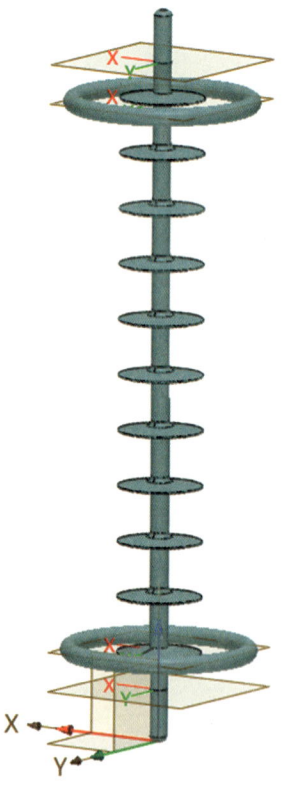

图 10-44　绝缘子串模型

### 10.3.2 仿真模型预处理

（1）创建空气域：菜单栏切换到造型界面，点击工具栏"基础造型中六面体"下拉三角，选择圆柱体图标 ，设置中心坐标为（0，0，-500），设置半径 1 000 mm，设置长度为 2 200 mm，选择方向为 Z 轴正方向（0，0，1），点击"确认"，创建空气域，如图 10-45 所示。

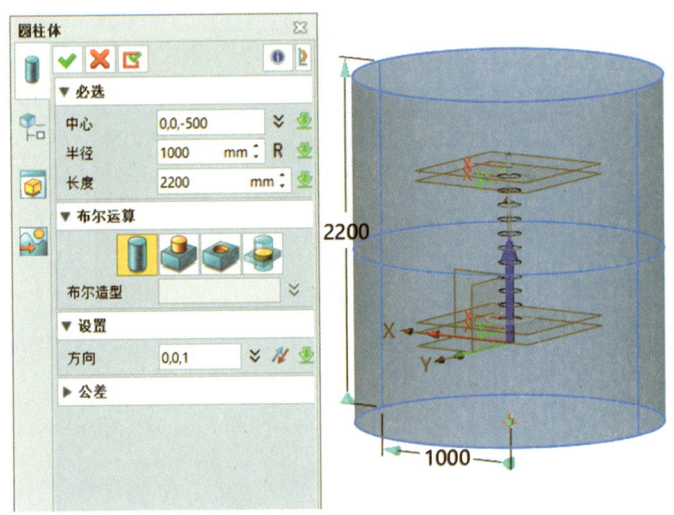

图 10-45　创建空气域

（2）布尔运算：工具栏基础编辑，选择移除实体图标 ，点选空气域为基体，移除选择所有绝缘子串零件，勾选"保留删除实体"，点击"确认"，进行布尔运算（可采用 3D 自动布尔运算功能一键布尔运算），如图 10-46 所示。

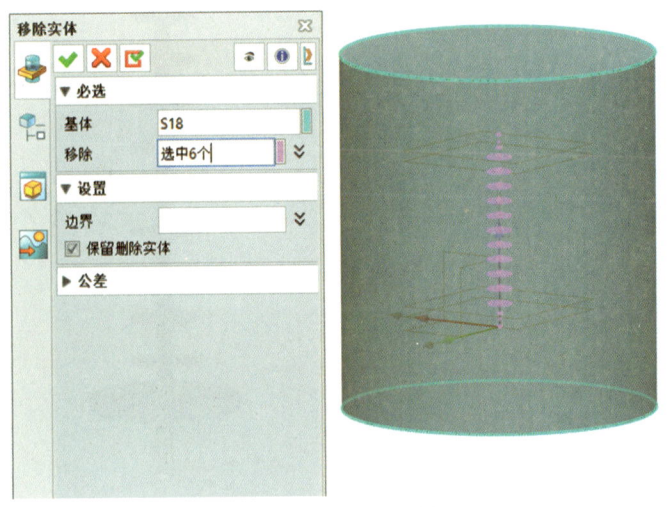

图 10-46　布尔运算

### 10.3.3 网格剖分

(1)菜单栏切换到网格,点击新建网格任务图标 ，。

(2)兼容对设置:工具栏点击兼容对图标 设置,点击通过几何体识别图标 ，框选所有造型,点击"查找接触对",点击"生成全部",点击"确定",完成兼容对设置,如图 10-47 所示。

图 10-47 兼容对设置

(3)绝缘子网格剖分:选择 3D 网格剖分图标 ，框选绝缘子串,点击切换高级网格设置图标 ，设置单元最小尺寸 5 mm,最大单元尺寸 30 mm,单元尺寸变化率 0.3,点击"确定",绘制兼容网格,如图 10-48 所示。

图 10-48 绝缘子网格剖分

（4）空气域网格剖分：选择 3D 网格剖分图标 ，点选空气域，点击切换高级网格设置图标 ，设置单元最小尺寸 60 mm，最大单元尺寸 300 mm，单元尺寸变化率 0.3，点击"确定"，绘制空气域兼容网格，如图 10-49 所示。

图 10-49　空气域网格剖分

## 10.4　变压器有载调压分接开关触头三维模型导入及修复实例

本节以变压器有载调压分接开关触头结构为例，介绍三维模型导入、修复和预处理的详细步骤。

### 10.4.1　模型导入

（1）启动页面点击新建图标 。
（2）新建文件界面点击几何图标 ，选择零件图标 ，设置新建文件"唯一名称"：Contacts.Z3PRT，点击"确认"进入建模主界面，如图 10-50 所示。

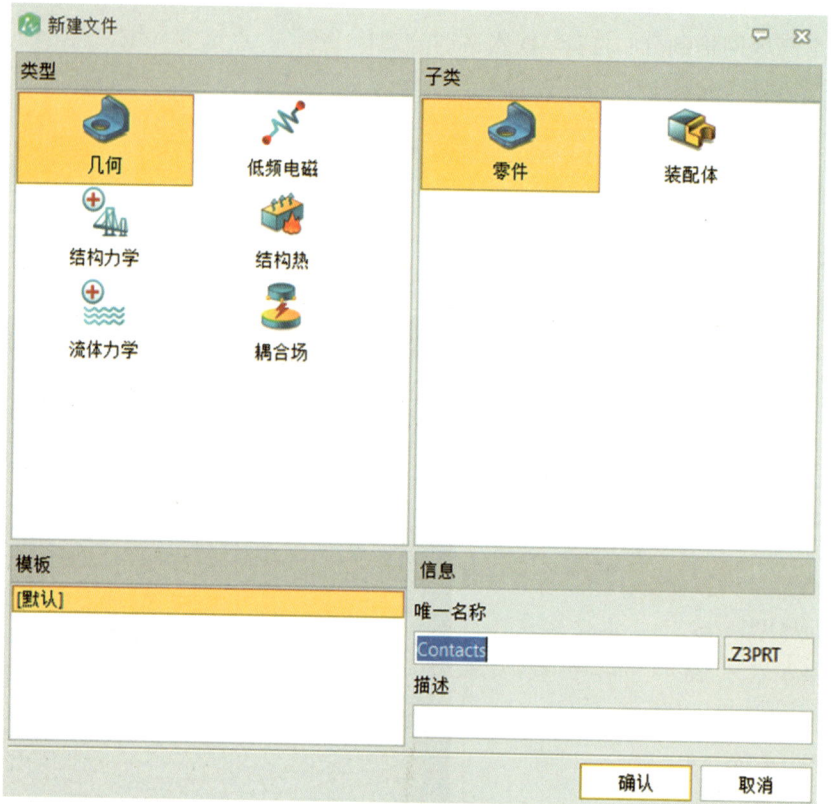

图 10-50　新建零件

（3）菜单栏左上角点击"文件（F）"，弹出文件选项中点击"输入"，选择需要导入的三维模型，点击"确认"导入，如图 10-51 所示。

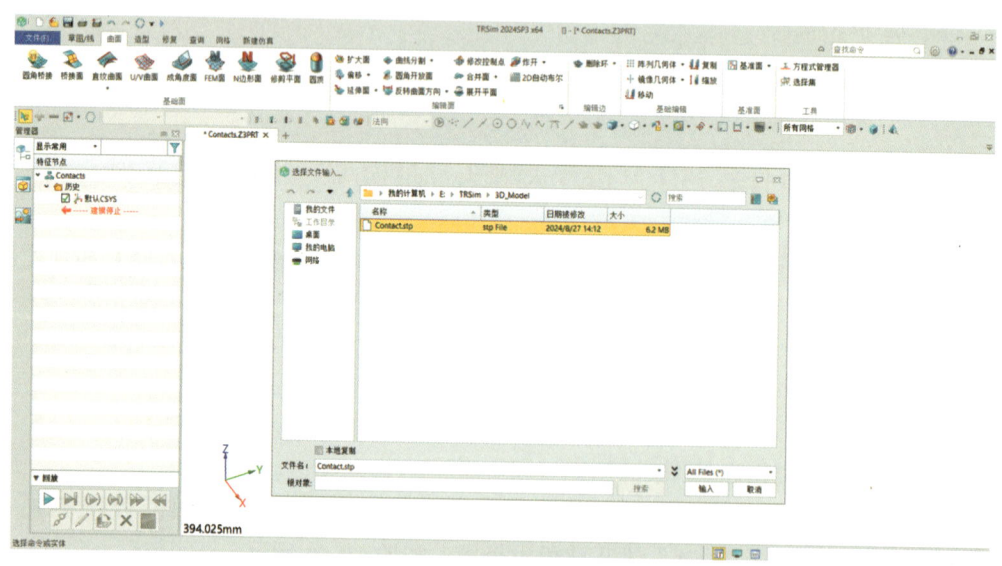

图 10-51　模型导入界面

（4）导入后根据导入文件的格式，弹出对应格式的文件输入选项，可对文件导入位置、零件/装配体导入、导入坐标等参数进行修改，如图 10-52、图 10-53 所示。

图 10-52  输入选项

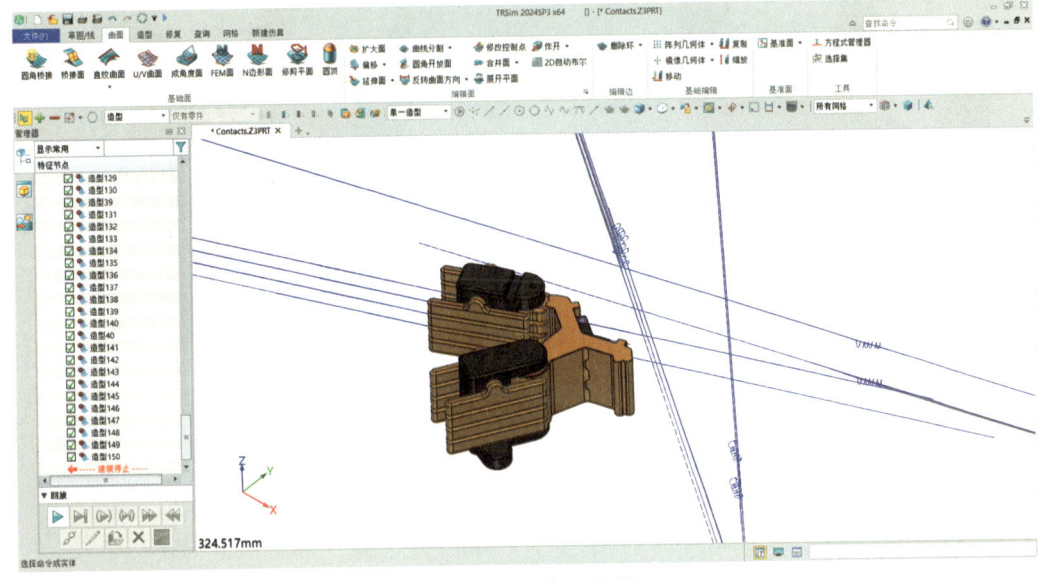

图 10-53  输入选项

### 10.4.2 模型修复

#### 10.4.2.1 删除冗余部件

（1）工具栏左下"选择管理器"切换为全部选择，从右至左框选冗余部件，右键弹出命令框，选择"删除"，如图10-54所示。

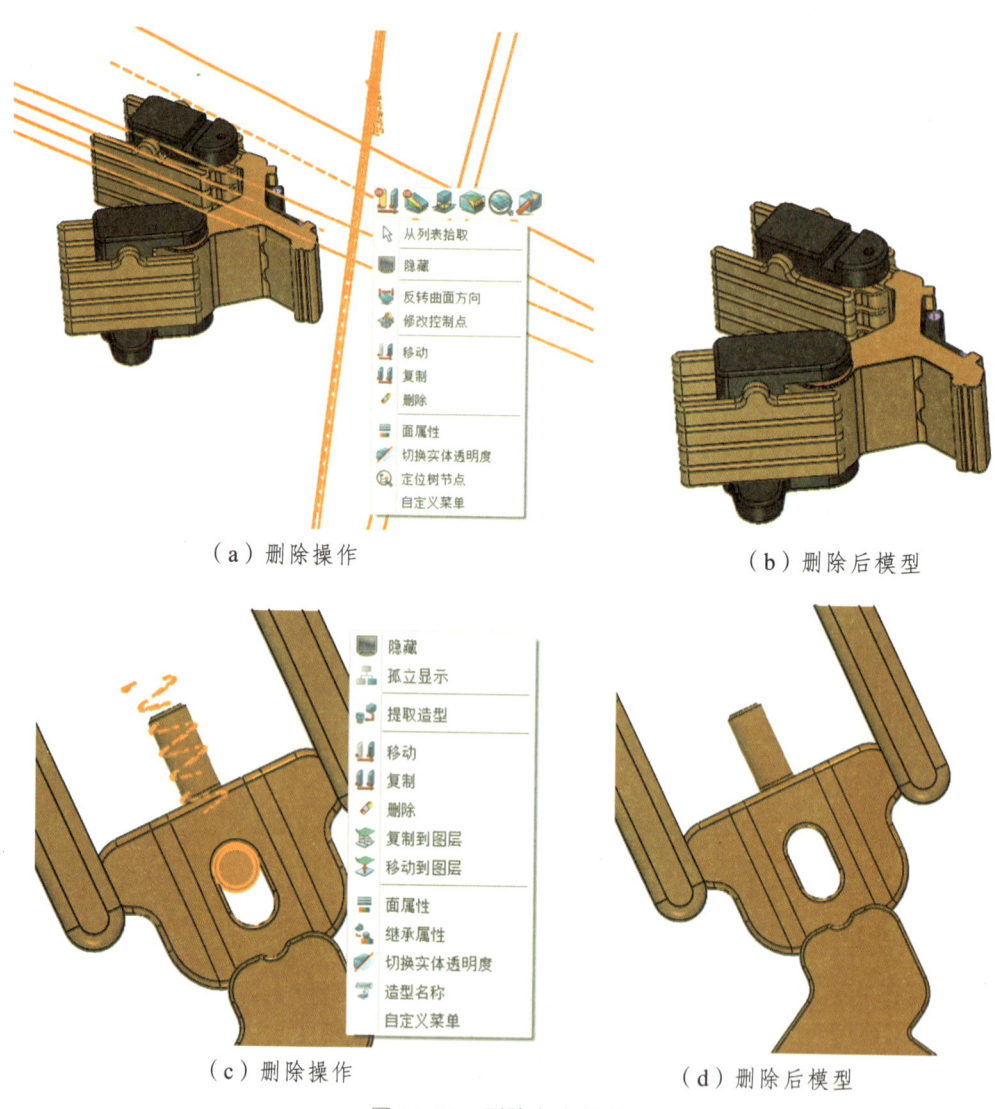

（a）删除操作　　　　　　　　　　（b）删除后模型

（c）删除操作　　　　　　　　　　（d）删除后模型

图 10-54　删除杂余组件

#### 10.4.2.2 简化模型孔

菜单栏切换至修复界面，工具栏选择闭合空隙图标 ![icon]，选择孔洞边缘，点击"确定"，缝合孔洞，将开孔的曲面缝合为实体造型，如图10-55所示。

第 10 章 工程案例和综合应用

（a）闭合空隙　　　　　　　　　（b）修复后

图 10-55　缝合曲面

### 10.4.2.3　简化触头倒角

（1）切换菜单栏造型功能，工具栏编辑模型中，选择添加多个实体图标，选择 4 个触头中一个组件作为基体，添加其余触头，点击"确定"，将互相接触的多个触头合并为一个单独造型，方便后续简化模型，如图 10-56 所示。

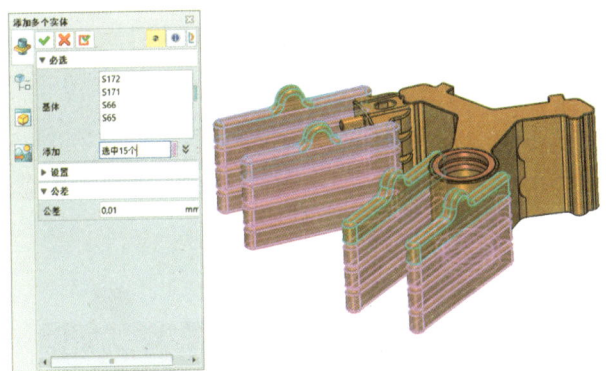

（a）添加多个实体

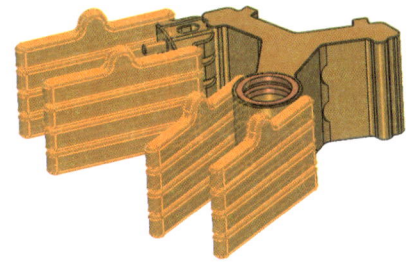

（b）合并后

图 10-56　实体合并

223

（2）点选4个触头，右键弹出命令框，选择"孤立显示"，点击"确定"，如图10-57所示。

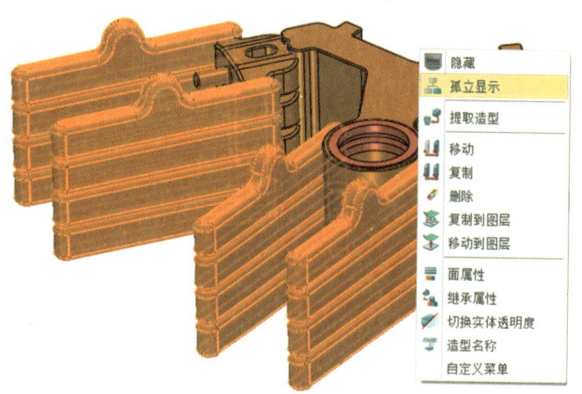

图10-57 孤立显示

（3）切换菜单栏造型功能，工具栏编辑模型中选择简化图标 ，框选触头中部倒角，点击"确定"，将中部倒角简化，如图10-58所示。

（a）简化前

（b）简化后

图10-58 几何简化

### 10.4.3 仿真模型预处理

触头模型修复完毕后，开展电磁场仿真计算，需建立空气域，通过布尔运算生成3D仿真计算模型，操作步骤如下：

（1）菜单栏切换草图/线界面，选择创建基准面图标，点选触头下表面，输入偏移 100 mm，点击"确定"，创建基准面，如图 10-59 所示。

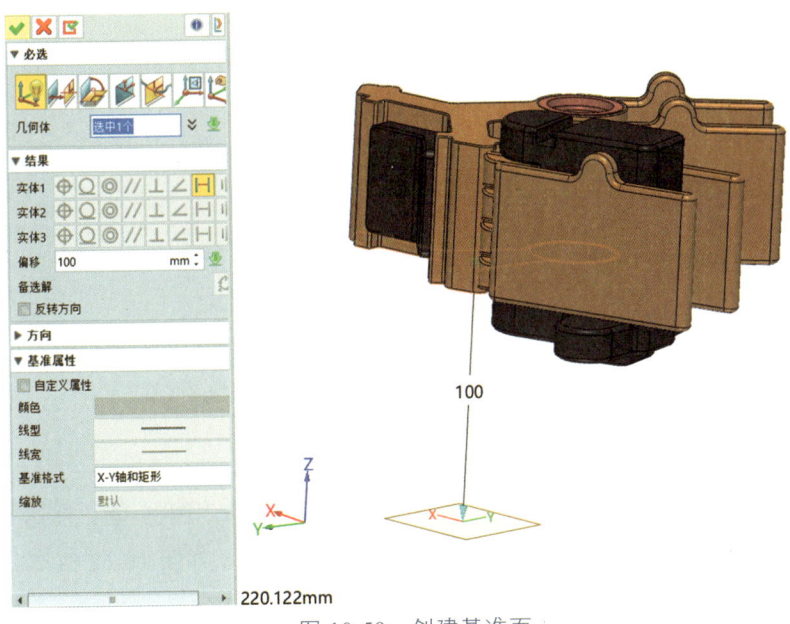

图 10-59　创建基准面

（2）建模主页面左上点击草图图标，设置草图平面，视图窗口单击已创建的基准面，点击"确认"，进入草图建模界面；绘图工具栏点击创建圆图标，设置圆心、半径后点击"确认"，退出草图窗口，如图 10-60 所示。

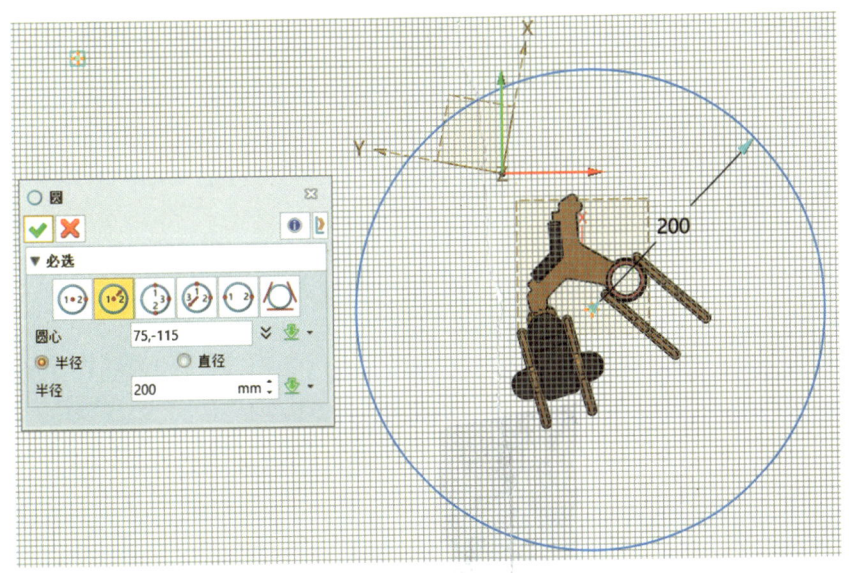

图 10-60　创建圆

225

（3）菜单栏切换至造型界面，基础造型工具栏中点击拉伸图标 ，点击圆形轮廓，设置拉伸结束点位移，点击"确认"，创建空气域，如图 10-61 所示。

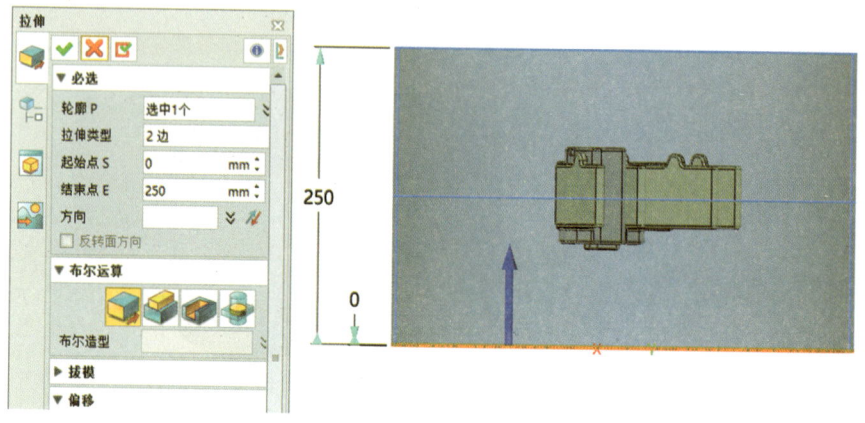

图 10-61　创建空气域

（4）造型菜单栏中，编辑模型工具栏中点击 3D 自动布尔图标 ，框选所有造型，点击"确认"，消除所有干涉实体，形成触头仿真计算模型，如图 10-62 所示。

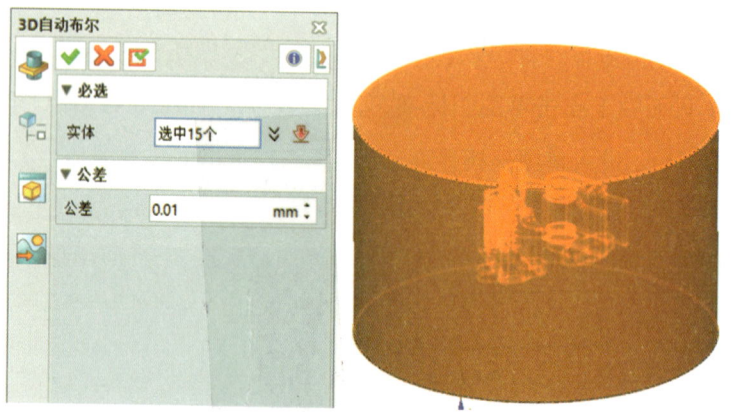

图 10-62　3D 自动布尔